KB260722

뉴질랜드 요트와 경합하는 일본 요트 JPN-41(제29회 아메리카컵의 도전자 시리즈에서).
Photo By Kaoru Soehata / Photo Wave

●1932년부터 1996년까지 오랫동안 올림픽 경기정으로 채택된 2인승 스타(Star)급 용골보트(1998년 애틀랜타 올림픽에서). Photo By KAZI 왼쪽
●2인승 토네이도(Tornado)급 쌍동선. Photo By KAZI 오른쪽
●솔링(Soling)급 요트의 출발 장면. 올림픽에서는 수준 높은 싸움이 전개된다. Photo By KAZI 아래

- 외해 경기에서의 순풍 구간. 색색의 스피니커를 펼쳤다.
  Photo By KAZI 왼쪽
- 풍상 표지(mark)로 근접 경합 중인 J24급 요트. 실력이
  비슷한 요트 승조원들이 혼전을 벌이고 있다. Photo By
  Kaoru Soehata / Photo Wave 오른쪽
- 대형 요트의 내해 경기. 박력 있는 범주 장면. Photo By
  Kaoru Soehata / Photo Wave 아래

● 강풍에서 역풍범주로 범주하는 전형적인 외해 경기. Photo By Kaoru Soehata / Photo Wave 위

● 1988년에는 뉴질랜드의 초대형 요트(전장 37.5m)와 미국의 쌍동선(전장 18.3m) 사이에 변칙적인 아메리카컵 경기가 열렸다. Photo By Kaoru Soehata / Photo Wave 아래 왼쪽

● 전장 6.5m인 대서양 횡단 경기용 1인승 요트. Photo By Haruhiko Kaku 아래 오른쪽

● 세계일주 경기 요트. 측풍범주(순행)하는 기회가 많다. 비대칭 스피니커 전개를 계획한다. Photo By Kaoru Soehata / Photo Wave 왼쪽

● 같은 세계일주 경기 요트의 역풍범주. Photo By Kaoru Soehata / Photo Wave 오른쪽

● 외해 경기용 대형 삼동선. Photo By Kaoru Soehata / Photo Wave 아래

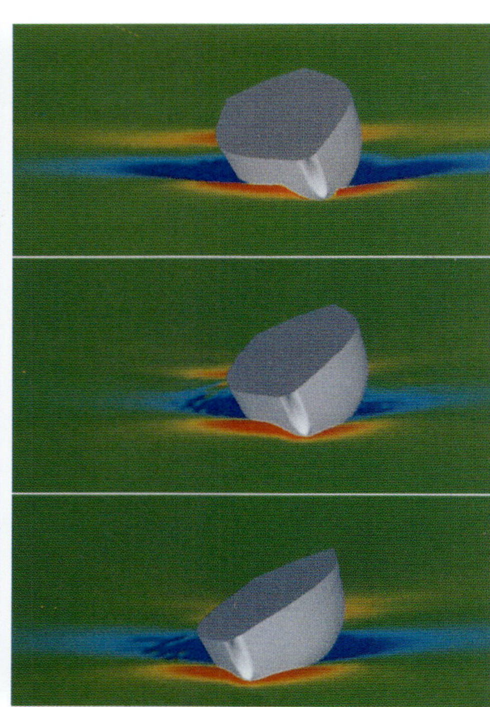

1. 수조시험. 횡경사와 옆밀림이 있는 상태에서 예인하는 것이 가능하다. Photo By Kaoru Soehata / Photo Wave 2. 수조시험. 기본적인 직립 직진 상태에서의 저항 시험. 저항 크기만이 아니라 조파 현상도 해석 대상이다. Photo By Kaoru Soehata / Photo Wave 3. 시험 차례를 기다리는 모형들. Photo By Kaoru Soehata / Photo Wave 4. 돛 주위의 공기 유동을 계산하여 컴퓨터 영상으로 가시화하였다(제공 : 도쿄대학 선박해양공학과). 5. 컴퓨터에 의한 동적 모의실험. 위에서 아래 방향으로 요트가 침로를 바꾸고 있다(제공 : 도쿄대학 선박해양공학과).

•돛 모양이 요트의 원동력이다. 돛 개발자는 보이지 않는 공기 유동을 과제로 다룬다. Photo By Kaoru Soehata / Photo Wave 위
•아메리카컵 요트인 경우 거대한 스피니커에서는 수백 킬로그램의 추진력이 발생한다. Photo By Kaoru Soehata / Photo Wave 아래 왼쪽
•아메리카컵 대회에 참가한 뉴질랜드 NZL32호의 부가물. 용골은 어느 정도 앞에 위치하고 조절탭이 붙어있다. 날개와 타는 작게 되어 있다. Photo By Kaoru Soehata / Photo Wave 아래 오른쪽

스피니커를 교환하기 위해 스피니커
봉 끝에서 작업하는 승조원. 교환할
때 발생하는 속력 저하를 막기 위해
서는 곡예사 같은 기능이 필요하다.
Photo By Kaoru Soehata / Photo Wave

풍상 표지를 돌고 있는 IMS급 요트. 요트가 표지를 돌아 주 돛을 펴고, 스피니커를 올려
지브 돛을 내린다. 요트의 조정에서 가장 복잡한 경우로, 많은 승조원들이 시간을 맞춰 작
업한다. 갑판 배치는 이 작업이 효율적으로 이루어질 수 있도록 설계된다. Photo By KAZI

요트의 과학

요트의 과학

요트의 과학

초판 5쇄 발행일 2023년 8월 18일
초판 1쇄 발행일 2006년 9월 25일

지은이 미야타 히데아키 외
옮긴이 홍성완 외

펴낸이 이원중
펴낸곳 지성사 출판등록일 1993년 12월 9일 등록번호 제10-916호
주소 (03458) 서울시 은평구 진흥로 68, 2층
전화 (02) 335-5494 팩스 (02) 335-5496
홈페이지 www.jisungsa.co.kr 이메일 jisungsa@hanmail.net

ISBN 978-89-7889-143-1 (93550)

요트의 과학

미야타 히데아키 외 지음 | 홍성완 외 옮김

지성사

요즘 들어 해양 레저 활동으로 요트를 즐기거나 요트 경기를 직접 또는 TV 등을 통해 관전하면서 즐기는 사람들이 늘어나고 있다. 이러한 기회를 통해 많은 사람들이 바다와 친해지고 바다에 대한 이해를 넓혀나간다면 해양국인 일본으로서는 크게 바람직한 일이 아닐 수 없다. 이러한 관점에서 해양 스포츠의 하나로 요트 경기를 보급하는 것은 시급하고도 중요한 일이 될 것이다.

요트를 많은 사람들이 흥미롭게 즐기려면 범주(帆走) 성능과 안전 성능이 우수한 요트가 필요하다. 그러나 일본은 조선(造船) 기술 면에서는 세계 굴지의 능력을 보유하고 있으면서도 요트에 대한 연구는 오히려 크게 뒤져있는 실정이다. 본인은 이러한 실정을 보고 우선 이 분야 기술을 시급히 연구 개발해야 한다는 점을 깊이 인식하게 되었다.

그런 뜻에서 종전에는 경험과 감각에만 의지해오던 요트 관련 연구를 학술적으로 정비하고 여기에 최첨단 기술을 접목하여 3년 내에 세계 정상 수준까지 기술력을 향상시킬 것을 목표로, 1993년 선박해양재단에 '첨단선박(Advanced Craft, AC)기술위원회'를 설치하고 요트의 연구 개발에 착수하였다. 이 연구에서는 컴퓨터를 비롯한 최첨단 기술을 구사하여 선형, 공기역학, 선체 운동 등 요트의 성능 향상에 필요한 모든 기술 개발 과제를 계통적으로 수행함으로써 최고 효율의 요트 설계 기법을 확립하고자 하였다.

그 후 이마이치 겐사쿠(今市憲作) 오사카대학 명예교수(현 선박해양재단 회장)께서 AC기술위원회 위원장직을 물려주셨고, 모든 연구자와 관계자들의 열의와 적극적인 추진력으로 연구가 순조롭게 진행되었다. 이 연구의 성과는 세계 최고의 요트 경기로 알려진 <아메리카컵 '95>에 도전한 닛폰 챌린지(Nippon Challenge)호에 적용되었다.

이 소중한 연구 내용을 널리 일반에게 알리고, 특히 우리 분야의 장래를 맡아주어야 할 젊은이들에게 도움이 되어야겠다는 생각에서 출판을 계획하게 되었다. 이 연구 개발을 직접 담당하신 미야타 히데아키

(宮田秀明) 교수를 비롯한 네 명의 전문가들께서 그들의 연구 성과를 중심으로 요트에 관한 과학적, 기술적 내용을 알기 쉽게 집대성해주셨으며, 그것이 이제 '요트의 과학'이란 이름으로 출판되게 되었다.

　이 책이 요트에 흥미가 있는 분들은 물론 해양과학이나 해양 수송수단에 관심이 깊은 고등학생 및 대학생을 비롯한 많은 분들에게 도움이 될 것을 확신하며, 바다와 배에 관한 입문서로서만이 아니라 전문서적으로서도 활용될 것을 기대한다.

1998년 1월

재단법인 선박해양재단(일본)
첨단선박(AC)기술위원회
명예위원장 사사가와 요헤이(笹川陽平)

배는 자동차나 비행기보다 훨씬 오랫동안 인간과 관계를 맺어온 수송수단이다. 그중에서도 바람의 힘을 동력으로 삼는 범선이나 요트는 특히 긴 역사를 가지고 있다. 기술 진보의 역사에서 어찌 보면 원시적인 수송 방법이 이제는 경제 활동 수단으로서의 역할을 마치고 레저라는 또 다른 중요한 인간 활동 안에서 생존하고 있다. 지금 환경과 에너지 문제로 인간과 자연과 기술의 조화가 강조되고 있다. 지나친 경제 활동을 반성하고 기술의 독선을 회개하며 인간과 자연의 조화를 추구함으로써, 21세기는 밝은 세상이 될 것이다. 이 책을 저술하면서 요트가 조화로운 기술의 전형임을 새삼 알게 되었다. 인간이 요트를 즐기는 것은 바로 기술과 자연의 조화를 즐기는 것이다.

1995년 아메리카컵 요트 경기에 참여하기 위해 기술 개발에 몰두하고 있을 때, 나는 줄곧 요트의 문화, 기술의 문화, 기술과 자연을 조화시키는 분위기 등 모든 면에서 우리가 유럽, 미국, 호주, 뉴질랜드 등과 큰 차이가 있음을 느꼈다. 또한 비록 닛폰 챌린지호는 준결승에서 패했지만 적어도 요트에 대한, 바다의 문화에 대한 일본인들의 관심을 고조시키는 데는 도움이 되었다. 바다의 문화를 풍요롭게 하려면 앞으로도 이런 활동이 지속되어야 한다. 다행히도 여러 분들의 열성적인 노력으로 이러한 염원이 실현되어, 2000년 제30회 대회를 향한 활동이 본격화된 것을 기뻐해 마지않는다.

1995년의 대회가 끝난 직후 일본재단 사사가와(笹川) 이사장, 선박해양재단 이마이치(今市) 회장으로부터 바다와 요트의 문화를 높이기 위한 요트 교본을 만들자는 제안을 받았다. 일본의 기술 분야에는 교육용 교본은 있어도 일반인을 위한 교본은 많지 않으며, 그마저도 즐겁게 읽을 수 있는 책은 흔치 않다. 지금도 출판물은 문화의 수준을 높이기 위한 유력한 수단 중 하나이다. 요코야마, 다카하시, 나가이, 미야타, 이 네 사람은 아메리카컵 도전을 위해 함께 기술을 개발해온 동지들이다. 그래서 이들이 이 책의 출판을 책임지게 되었으며, 이것이 이 책이 출간되는 동기가 되었다.

요트에 흥미가 있는 분이라면 반드시 한 권은 갖고 싶어 하는 책이 될 것, 이 책 한 권으로도 요트의 모든 것을 알 수 있을 것, 평이한 내용과 약간 전문적인 내용을 좌우 양쪽 면에 나누어 설명함으로써 어떤 수준의 독자에게나 모두 만족을 줄 수 있을 것, 통독하지 않아도 사전처럼 활용할 수 있는 구성이 될 것, 보기만 해도 즐거운 책이 될 것, 이것이 이 책을 쓰면서 저자들이 가장 바란 점들이다. 또한 다양한 크기의 요트와 범선이 있지만 되도록이면 길이 32피트(ft) 정도의 배만을 대상으로 하기로 하였다. 독자 여러분들이 얼마나 만족하실지 불안한 마음이지만, 통상 업무 외에도 2000년의 아메리카컵 대회에 대비하여 기술 개발에 바쁜 집필자과 코디네이터 가쿠 씨, 일러스트레이터 기요미즈 씨 등 여러 분들의 노력에 의해 마침내 이 책이 출간되었다.

독자 여러분들께서 즐겁게 이 책을 읽어주실 것을 진심으로 바란다.

1998년 1월

저자 대표 미야타 히데아키(宮田秀明)
도쿄대학 교수
AC기술위원회 총괄 코디네이터

일본 도쿄대학 선박공학과의 이누이 교수 연구실에 객원교수로 있을 때의 일이다. 당시 같은 연구실의 전임강사이던 미야타 히데아키 교수와 가깝게 지냈는데, 어느 날인가 기억이 분명치는 않으나 새로 출간된 『요트의 과학』이라는 저서를 받게 되었다. 두 차례에 걸쳐 아메리카컵 요트 경기에 출전한 '닛폰 신디케이트'의 기술위원으로 활약하였던 미야타 교수를 중심으로 네 명의 요트 전문 기술자들이 요트의 이론과 실제를 망라하여 저술한 책이었다.

정년퇴임 후 시간적인 여유를 갖게 되어서야 뒤늦게 이 책을 자세히 살펴보게 되었다. 최첨단 조선 기술을 집성하여 두 차례나 아메리카컵 대회에 도전한 경험을 바탕으로 집필한 이 책을 살펴보면서 요트에 흥미를 가진 분들은 반드시 한 권 갖고 싶어 하는 책이 되리라 생각하였다. 요트의 역사로부터 건조와 운항에 이르기까지 요트에 관한 거의 모든 것을 엿볼 수 있으며, 더욱이 내용이 이해하기 쉬워 요트에 대한 전문적 지식이 일천한 독자들도 과학적 배경에 쉽게 접근할 수 있을 뿐만 아니라, 선박 유체역학적 지식이 요구되는 전문적인 내용에 대해서도 많은 정보를 얻을 수 있을 것이라 생각되었다.

이 책은 요트에 관심을 두는 체육인부터 전문적인 조선학적 기술을 가지고 요트를 개발하려는 조선 기술자들에게까지 유용한 정보를 제공하는 책이다. 이 책의 차례에서도 확인할 수 있듯이, 요트의 기술적 요소별로 서술되어 있어서 이 책 전체를 통독하지 않고 필요한 부분만을 추려 읽더라도 이해하는 데 어려움이 없도록 집필되어 있다. 따라서 요트를 이해하려는 사람에게 사전처럼 이용될 수도 있는 책이며, 읽기만 해도 꿈이 자라고 즐거워지는 책이 될 것이다.

출간된 지 상당 기간이 지났음에도 사랑받을 수 있는 이 책이야말로 우리나라 젊은이들의 바다를 향한 꿈을 키우는 데 밑거름이 될 수 있으리라 생각되었다. 또한 최첨단 조선 기술을 융합하여 아메리카컵 경기에 도전할 수 있는 용기를 북돋워주는 도서가 되리라 판단하여 이 책을 번역하기 시작하였다. 그리고 그 과정 중에 뜻을 같이하는 분들이 동참하게 되어 비로소 끝을 보게 되었다. 이 한국어판에는 이제 걸음

마 단계에 있는 우리나라 요트 관련 자료를 부록으로 첨가함으로써, 우리 독자들이 우리나라 요트계의 현황을 이해하는 데 도움이 될 수 있도록 하였다.

끝으로 이 책의 한국어판을 준비한다는 소식을 접하자 즐거운 마음으로 동의하고 성원해주신 미야타 교수를 비롯한 집필진 모두에 충심으로 감사의 뜻을 표한다. 그리고 출판을 후원해주신 인하대학교 공과대학 선박해양공학연구소에 감사드린다.

2006년 8월

역자 대표 홍성완
인하대학교 명예교수

요트의 역사와 종류

Chapter · 1   History

1. 요트의 역사

2. 요트의 종류

3. 요트 경기의 종류

1.1 요트의 탄생

'요트(yacht)'라고 하면 우선 커다란 삼각형 돛(sail)을 달고 바람을 한껏 받아 경쾌하게 항해하는 배를 떠올리게 될 것이다. 그러나 이런 요트는 엄밀히 말한다면 '범주 요트(sailing yacht)'라 부르는 것이 옳다. 요트의 어원은 네덜란드어로 '쾌속선'이란 의미였다고 한다. 16세기 말은 유럽의 많은 나라들이 전쟁을 되풀이하던 시기였는데, 이때 주로 활약한 상선이나 군함은 모두 전통적인 가로돛을 단 횡범선이었다. 바로 이 무렵 '세로돛'을 단 쾌속선이 등장하였으며, 이런 배를 '요트'라고 부르기 시작하였다.

요트는 소형인데도 돛대(mast)에 커다란 세로돛(fore-and-aft sail)을 달고 바람을 거슬러 범주할 수 있어서, 항행 범위가 넓고 경쾌하게 항해할 수 있는 범선이었다고 한다. 요트는 국왕이나 귀족들의 개인적인 놀잇배로 많이 쓰였으나, 그 밖에도 국가 간의 밀사 수송 등 특수한 임무에도 사용되었으며, 정세가 불안했던 17세기에는 영국해협에서 북해에 걸친 바다를 배경으로 암약하였다고 한다. 또한 요트가 정치 무대에 등장하는 경우도 많았는데, 이 경우 '요트 선상회담'이란 말처럼 국가 원수나 고위 대표들의 은밀하고도 아름다운 회담 장소로 이용되었다.

평화 시대가 되자 요트는 귀족들의 물놀이 도구로 발전되어왔으며, 근대에 와서는 바람의 힘을 빌리지 않는 '동력(motor) 요트'가 나타나 사교계와 외교계 등에서 널리 쓰이고 있다. 그리고 이제 돛을 단 범주 요트는 특수층뿐만 아니라 많은 사람들이 즐길 수 있는 해양 스포츠의 하나가 되었다.

초기의 아메리카컵 요트 경기에 사용된 거대한 스쿠너(schooner)

가로돛을 단 대형 범선

요트의 발상지인 네덜란드에서는 쾌속선인 요트를 통신 연락용 전령선이나 정찰용 척후선으로 활용하였다. 좁은 운하나 얕은 내해에서도 항해할 수 있도록 흘수(draft, 수면에서 배의 바닥까지의 거리)를 줄이고, 배가 바람에 의해 옆으로 밀리는 것을 방지하기 위해 옆밀림막이판(lee board)을 사용하는 것이 주변 바다의 수심이 얕은 네덜란드 요트의 특징이었다.

대형화된 군함 등에 비해 요트는 소형이기 때문에 경쾌하고 기민하게 항행할 수 있고, 또 바람 방향과 무관하게 항해할 수 있다는 것, 즉 바람을 거슬러 항해할 수 있다는 것이 큰 특징이다. 다시 말하면 종래의 횡범선은 뒤에서 부는 바람(순풍, following wind, trail wind)을 받아 항주하기 위해 가로가 긴 사각형 돛을 많이 달고 있는 데 반해, 요트는 앞에서 부는 바람(역풍, head wind)에 의해 발생되는 양력을 이용하기 위해 세로가 긴, 즉 가로세로비(aspect ratio)가 큰 돛을 사용하는 것이 가장 큰 차이점이다. 물론 요트가 출현함에 따라 적은 수의 승무원으로 배를 신속하게 조종할 수 있는 편리한 장비들의 필요성도 커졌을 것이다.

네덜란드에서 영국에 전래된 요트는 해상이 거친 북해에서 항행할 수 있도록 선저에 긴 용골(keel)을 장착하고, 수면 아래 선체 모양(선형)을 날씬하게 하여 파도를 잘 헤쳐 나갈 수 있도록 하는 등 성능 개선이 이루어졌다. 이렇게 영국에 정착된 요트는 왕후 귀족들의 놀이도구로 발전되었고, 때로는 국왕이나 요인들의 망명 등에 사용되기도 하였다. 이후 범선의 시대가 지나고 동력선이 출현한 이후에도 요트는 더욱 발전을 거듭하여 오늘날에 이르고 있다.

네덜란드의 요트. 옆밀림막이판이 붙어있다.

영국의 요트

1.2 범선의 역사

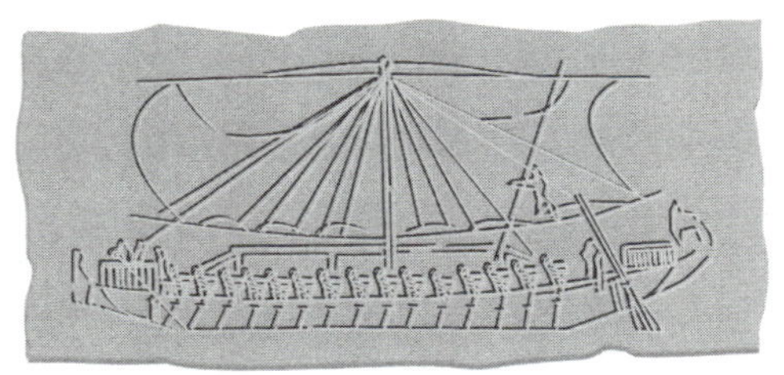

이집트의 범선

인류가 물에 뜨는 배를 고안하여 수상 활동을 시작한 이후, 돛을 달고 바람을 이용하여 물 위를 달리는 방법을 발견하는 데는 그리 오랜 세월이 걸리지 않았을 것이다. 세계 4대 문명 발상지 중의 하나인 고대 이집트 유적에서 발굴된 기원전 5~6세기의 항아리에도 돛을 단 배의 그림이 남아있는데, 이집트인들은 나일 강에서 지중해로 진출하기 위해 상당히 큰 범선을 건조한 것 같다. 따라서 이때부터 18세기 산업혁명에 의한 동력화 시대까지, 대형 원거리 수송수단으로서의 범선 시대가 계속되었다고 생각할 수 있다.

고대뿐만 아니라 근대에 이르러서도 일반적으로 말하는 범선의 돛은 대부분 바람을 뒤에서 받아 배를 전진시키는 저항면(抵抗面)으로만 사용되어왔다. 그러나 요트의 경우에는 돛의 모양을 변형시켜 양력면(揚力面)으로도 활용함으로써, 배가 바람 부는 방향으로 전진할 수 있게 되었다. 이때 해결해야 할 것이 옆밀림(leeway, 풍압 변위, 배가 바람에 의해 옆으로 밀리는 현상)을 방지하는 것과 충분한 복원력을 확보하는 문제였는데, 옆밀림은 용골(keel)을 붙여 줄일 수 있었다. 또한 요트는 비무장의 최소 장비만을 갖춘 배이기 때문에 선체의 경량화나 무게중심을 낮추어 복원력을 높이는 일도 어렵지 않았을 것이다.

1.3 범선의 발달과 종류

앞에서 말한 바와 같이 범선은 이미 고대문명 시대에 등장하고 있지만, 본격적인 활약상은 그 후 지중해를 누비며 상업 활동을 전개한 페니키아인의 범선, 그리스나 로마 시대, 페르시아의 세계 제패 등에 등장하는 대형 군함 등에서 볼 수 있다. 이 시대의 대형 범선은 범선이라고는 해도 대부분 많은 노예가 노(oar)를 젓는 인력선의 기능도 갖추고 있었다. 이것은 범주 성능과 항해술이 아직 잘 발달하지 못했기 때문이기도 하지만, 바람의 힘만으로는 상선이나 함선이 상황에 즉각 대응하기 어려운 경우가 많아 긴급할 때에는 인력으로도 배를 움직일 수 있어야 했기 때문이다. 지중해에는 옛날부터 많은 배들이 활동하고 있었으나, 중세에 들어서면서 십자군의 범선이나 북해를 누빈 바이킹선 등 항행 범위가 넓은 범선들이 두드러진 활약을 시작하였다.

고대 이집트는 주위가 사막으로 둘러싸여 있어 배를 만들 목재를 구하기 어려웠다. 그래서 이집트인들은 나일 강가에 자생하는 키 큰 파피루스를 엮어 타르로 굳혀서 배를 만들었다. 결국 이집트는 견고한 대형 목선을 건조하지 못하여 높은 파도가 이는 지중해로는 진출하지 못하였다.

이집트의 국력이 쇠약해지자 지중해에서 활발하게 활동하기 시작한 부족은 지금의 레바논 주변에서 도시국가를 형성하고 있던 페니키아인들이었다. 페니키아인들은 조선 기술을 발전시켜 대형선을 건조하고 무역에 힘을 쏟으면서 지중해에서 널리 활약하였다. 페니키아의 산지에는 좋은 목재가 풍부하여 일찍부터 목선 조선술이 발달하였다. 용골을 깔고 거기에 늑골(frame)을 엮은 뒤 외판(shell plate)을 붙이는 등 목선 구조의 기초를 닦아놓은 것이 페니키아인이었다는 설도 있다. 페니키아인은 조선 기술뿐만 아니라 항해술도 뛰어나, 지중해를 넘어 아프리카 남부와 북유럽에 이르는 넓은 활동 무대를 가지고 있었다고 한다.

유럽으로 문화의 중심이 옮겨진 중세를 대표하는 배는 십자군의 배이다. 기독교 성지인 팔레스타인이 이슬람교도에게 점령되어 유럽인들의 성지 순례가 어려워지자 성지를 되찾기 위해 시작한 전쟁이 십자군 원정이다. 십자

십자군의 배

노르만족의 바이킹선

군은 주로 해로를 이용하였으므로, 병력 수송은 대부분 목적지에서 가깝고 지중해 항해에 익숙한 선원과 출입하는 상선이 많은 이탈리아의 베니스나 제노바 항에서 이루어졌다. 이 과정에서 항해 기술도 발달하고 배의 모양도 변화하기 시작하였다. 돛대가 두 개로 늘어나자 앞뒤 두 장의 가로돛을 이용, 순풍에서뿐만 아니라 앞에서 비스듬히 부는 바람을 안고서도 항해할 수 있는 기술이 발달하면서 인력으로 노를 젓는 노예선이 사라지기 시작하였다.

중세 초기부터 북유럽을 중심으로 장거리 항해를 잘하는 노르만(바이킹)족이 있었다. 이들 바이킹족은 무역을 위해 장거리 항해를 하는 것이 아니었다. 혹한의 불모지에서 따뜻하고 풍요로운 지방으로 이동하며 때로는 약탈을 일삼았고, 때로는 그곳에 정착하기도 하였다. 그들의 배는 건현(freeboard, 수면에서 상갑판까지의 거리)이 작고, 선수와 선미가 극단적으로 높으며, 선체는 가늘고 길며 무게중심이 낮아서 파도를 헤치고 나아가기 좋게 만들어진, 북해의 거친 바다에 알맞은 배였다. 또한 전투를 중시하였으므로 노를 장착해 유사시에는 전원이 노를 저어 강을 타고 올라가 성을 공략하기도 하였다. 현측에는 방패를 나란히 세워 파도를 피하고 적의 화살을 막기도 하였다. 이와 같이 낮고 가늘고 긴 배는 파도가 배 안으로 넘어 들어오기 쉽다는 약점은 있지만, 무게가 가볍고 흘수가 작은 선형이기 때문에 속력이 빠르고 복원력도 높아 파랑 중에서 흔들림이 적다. 이것은 바이킹족이 파도가 거칠고 조류가 빠른 북해에서 배를 타면서 터득한 경험에서 얻은 선형일 것이다. 노르만족의 활동 범위는 매우 넓어 아프리카 남단을 돌아 인도양까지 진출했었다는 설도 있다.

1.4 대항해 시대의 범선

중세까지는 해상 교통로가 지중해를 중심으로 발달하여 이곳이 십자군의 거점이 되기도 하였다. 이에 따라 제노바나 베니스는 크게 번영하였고, 더 넓은 세계를 찾아 모험하려는 사람들이 많이 모여들었다. 13세기에 베니스의 상인 니콜로 폴로와 그의 아들 마르코 폴로는 육로로 몽고를 거쳐 중국에 도달하였고, 귀국 후 마르코 폴로는 『동방견문록』을 저술하였다. 이 책에 자극을 받은 유럽인들은 세계의 광대함에 더욱 큰 관심을 갖게 되었다.

이 무렵 계속 국력을 신장시켜온 스페인과 포르투갈은 신천지 발견을 위해 자주 탐험선을 해외로 파견하고 있었는데, 마침내 스페인 이사벨라 여왕의 지원을 받은 제노바 출신의 콜럼버스가 15세기 말에 아메리카 대륙을 발견하였고 그 후에도 여러 차례 대서양을 왕래하며 아메리카 연안을 탐험하였다. 이것이 대항해 시대의 시작이다.

그 후 한동안 스페인 시대가 계속되었으나, 얼마 후 영국이 해양국으로서 국제 해양 무대에 대두하고 마침내 엘리자베스 여왕 시대에 스페인 무적함대(The Armada)를 격파하여(1588년) 해상 주도권을 장악하게 되었다. 그러는 사이에 상술이 능한 네덜란드는 1602년에 벌써 동인도회사를 설립하는 등 본격적으로 동양과의 교역을 확대하고 있었다.

이러한 환경 속에서 동양과 서양을 연결하는 대형 고속 범선인 클리퍼(clipper)가 대양 항해에 빈번히 투입되기 시작하였고, 그 과정에서 항해술과 범주 성능도 급속히 향상되었다. 다행히 그 시대의 범선 성능을 추정할 수 있는 흥미로운 자료가 보존되어 있다. 1886년 5월 30일, 중국 차(茶)를 싣고 영국으로 돌아가는 세 척의 배가 거의 동시에 중국의 푸저우(福州) 항에서 출범하였다. 세 척의 배가 자연히 항해 경쟁을 하게 된 것인데, 이것이 그 후까지 이어지며 유명해진 티 클리퍼 경기(Tea Clipper Race)의 시작이다. 아프리카 남단의 희망봉을 돌아 런던에 제일 먼저 도착한 배의 귀항 시각은 9월 6일 오전 9시 45분, 두 번째의 배는 그 직후에 귀항하였고, 마지막 배도 2시간 반 후에 도착하였다. 즉 12,500해리(1해리는 약 1,852m)를 단 99일 만에 완주한 것이다.

런던을 향해 경기하는 세 척의 티 클리퍼

마르코 폴로의 『동방견문록』에는 동양 나라들의 풍요로운 정황이 매력적으로 서술되어 있어서, 이것이 당시 모험가들의 야심을 불러일으키는 동기가 되었다. 그들은 그 후로 지중해 중심의 세계관에서 벗어나 대서양, 인도양, 그리고 태평양까지 진출하기 시작하였다. 이에 따라 세계의 물류 중심도 그때까지 번영하던 지중해 내해의 베니스나 제노바에서, 지중해 출구에 자리한 스페인과 포르투갈로 옮겨갔으며, 이들 나라는 국가 이권의 확대를 위한 새로운 모험에 도전하고 있었다.

산타마리아호

15세기에 접어들면서 조선 및 항해술도 많이 발달하였다. 범선은 세 개의 돛대를 장착하고 나침반을 사용하기 시작하였으며, 돛을 돛대에 2, 3단으로 나누어 달아 바람에 맞춰 돛을 조절할 수 있게 되었다. 그러면서 장거리 항해에 견딜 수 있는 대형 범선의 형태가 갖추어지기 시작하였다.

제노바 출신의 선장 콜럼버스는 신대륙 발견의 야망을 안고 당시 항해 강대국인 포르투갈을 찾아갔으나 실패하고, 스페인으로 가서야 비로소 후원자를 찾게 된다. 그는 "지구는 둥글다. 그러므로 마르코 폴로가 말한 황금의 나라 지팡구(Japan의 어원)로 가기 위해서는 대서양을 서쪽으로 도는 것이 지름길이다"*라고 이사벨라 여왕을 설득하고, 그녀의 후원으로 산타마리아호, 니나호, 핀타호 등 세 척의 배로 선단을 구성하여 탐험을 시작하게 되었다. 이 1492년의 항해에서 콜럼버스는 71일 만에 서인도제도의 산살바도르 섬을 발견하였으며, 그 후에도 세 차례에 걸쳐 신대륙인 아메리카 연안을 탐험하였다. 20세기에 들어 스페인 정부는 그의 업적을 기념하여 콜럼버스의 배 산타마리아호를 복원, 대서양을 횡단시킨 바 있다.

마젤란도 조국 포르투갈에서는 꿈을 이루지 못하고, 1519년 스페인의 후원으로 다섯 척의 선단을 이끌고 세계일주 항해를 떠났다. 마젤란은 남미의 남단 마젤란해협을 돌아 태평양을 발견했으나, 항해 도중 필리핀에서 원주민에게 살해당했다. 그러나 탐험대는 항해를 계속하여 1522년 스페인에 돌아왔는데, 출발 당시 배 다섯 척에 200명을 넘던 선원이 겨우 배 한 척에 18명의 선원으로 줄어들었다. 이 세계일주 항해로 지구가 둥글다는 것이 확실히 증명되었고, 그들이 가지고 온 향료 및 향신료 등이 유럽에서 진귀하게 여겨지기 시작하였다. 이로써 이후 전개되는 대항해 시대의 발전에 큰 계기가 되었으며, 아시아와 유럽 사이의 무역도 확대되었다.

그 후 미국 서부의 캘리포니아에서 금광이 발견되어 동서 간 물자와 인원의 교류가 급증함에 따라, 신속하고 대량으로 수송할 수 있는 수단이 필요하게 되었다. 그러나 육로는 아직 불안하였으므로 남미 대륙의 남단을 우회하는 항로가 발달하여 클리퍼형 고속 화객범선이 많이 건조되었다. 뉴욕에서 샌프란시스코까지 90일이라는 항해 기록은 동력선 시대에 들어와서도 한동안 깨지지 않았다.

현재의 범선(항해 훈련선) Photo By Kaoru Soehata / Photo Wave

*콜럼버스는 지팡구가 아니라 인도 항로를 개척하기 위하여 항해를 시작한 것으로 알려져 있음(역자 주).

1.5 아메리카컵의 역사

아메리카호의 범주

영국이 세계 패권을 장악하고 산업혁명이 진행되고 있을 때인 19세기 무렵부터 요트는 귀족들의 놀잇배로 사용되기 시작하였다. 1851년 런던박람회가 개최되었을 때 런던에서는 빅토리아 여왕이 하사한 컵을 놓고 요트 경기가 열리기로 계획되어 있었다. 이 요트 경기 소문을 들은 뉴욕의 사업가 세 사람이 영국에 도전하려는 계획을 세우고, 공동 출자로 최신예 요트를 제작하기 시작하였다. 이 무렵 미국은 공업화가 활발하게 진행되어 조선 분야에서도 세계 최초로 증기선을 취항시킬 정도로 기술이 발달해 있었으며, 신흥 독립국가로서 국력이 날로 성장하여 세계 세력 판도에 영향을 미치기 시작할 때였다. 이들이 건조한 아메리카호는 전장 100피트인 스쿠너(schooner)형 요트로, 당시로서는 여러 가지 신기술이 적용되었다. 예를 들면, 선수의 폭이 좁아 파도를 헤쳐 나가기 좋은 새로운 선형이 채택되었고, 돛의 재질로는 잘 늘어나지 않는 면포(cotton cloth)가 사용되었다.

이것이 '아메리카호 도전'의 시작이었다. 아메리카호는 대서양을 횡단하여 경기에 참가하였는데, 영국 남부 해상에 있는 와이트(Wight) 섬을 일주하는 약 50마일 코스에서 뒤따르는 요트가 보이지 않을 정도의 큰 차로 우승하였다.

아메리카컵(America's Cup)은 스포츠 트로피로서 세계에서 가장 오랜 역사를 가지고 있다. 아메리카컵 도전과 방어를 지휘한 사람들이 주로 그 나라 경제계를 대표하는 사람들이며, 경기용 요트 개발에 그 시대 최첨단 기술들이 투입되었다는 것도 아메리카컵의 역사에서 빼놓을 수 없는 사실들이다. 아메리카호 공동 출자자 중의 한 사람인 당시 뉴욕 요트클럽 회장 스티븐스(J. Stevens) 씨 일가는 조선 기술 향상을 위하여 스티븐스 공과대학(Stevens Institute of Technology)까지 설립하였으며, 이 대학의 수조실험실에서는 오랫동안 아메리카컵에 참가하는 요트를 개발해왔다.

이러한 아메리카호의 도전과 승리는 그 후의 시대 변화, 즉 미국이 세계 주역으로 등장하고 있음을 예고하는 상징적인 사건이었다.

아메리카컵 / AULD MUG Photo By Kaoru Soehata / Photo Wave

아메리카호의 출자자 세 사람이 요트 경기에서 획득한 빅토리아 여왕의 순은(純銀) 컵(100Guineas Cup)을 뉴욕 요트클럽에 기증함으로써 이 컵은 '아메리카컵(America's Cup)'이라고 불리게 되었으며, 이때의 증여 증서가 아메리카컵 요트 경기의 기본 규약이 되었다. 이후 영국은 컵 탈환을 위해 계속 도전하였으나 아직도 성공하지 못하였으며, 1983년 호주의 오스트레일리아Ⅱ호에 패배할 때까지 미국은 132년이라는 세계 스포츠 역사상 가장 긴 승리의 행진을 계속하였다. 1987년 미국의 샌디에이고 요트클럽이 이 컵을 탈환하였으나 1995년 뉴질랜드에 내주었으며, 현재는 2003년 제31회 경기에서 승리한 스위스의 알링기(Alinghi)호가 컵을 보유하고 있다.

아메리카컵 요트 경기에는 각 시대적 배경이 반영된 다양한 요트가 사용되었다. 1920년의 제13회 대회까지는 이른바 '대부호들의 게임'으로, 요트 크기에 제한이 없어 전장 140피트나 되는 거대한 요트로 경기한 적도 있었다. 31년 동안 다섯 번 도전하고도 컵 탈환에 실패한 영국의 홍차왕 토머스 립턴(Tomas Lipton) 경도 이 시대의 대부호였다.

1930년부터 비로소 통일된 등급인 'J급'에 의한 경기가 시행되었다. 전장 120~135피트의 근대화된 경기용 선박으로 다시 태어난 J급 요트에서는 개프 범장(gaff rig, 개프를 달 수 있는 범선 의장. '개프'는 사각 돛의 윗가장자리를 매달기 위하여 돛대에 부착한 둥근 장대, 또는 거기에 매달린 돛을 뜻함) 등이 사라지고, 돛대와 선체에는 당시의 최첨단 소재인 두랄루민(duralumin) 합금이 사용되었다. 이 J급 요트의 건조와 유지에는 막대한 비용이 들었으므로 제2차 세계대전 발발을 앞둔 1937년도 대회까지 단 3회만 사용되었을 뿐 점차 사라져, 현재는 인데버(Endeavour)호 등 단지 몇 척만이 남아있다.

2차 대전 후인 1958년에 재개된 대회에 등장한 것이 12m급의 요트로, J급의 3분의 1 정도 크기에 유지 비용도 저렴한 요트이다. J급과 같은 당당한 풍채도 없고 별로 빠르지도 않았지만 기동성은 매우 우수하여, 아메리카컵 경기는 요트 조종술의 뜨거운 격전장으로 변해갔다. 또한 1988년 뉴질랜드의 120피트급 요트의 도전을 미국이 60피트급 쌍동선으로 방어한 이례적인 사건 때문에 제정된 'IACC(International America's Cup Class) 규정'에 의하여 80피트급 경기정이 등장하게 되었다.

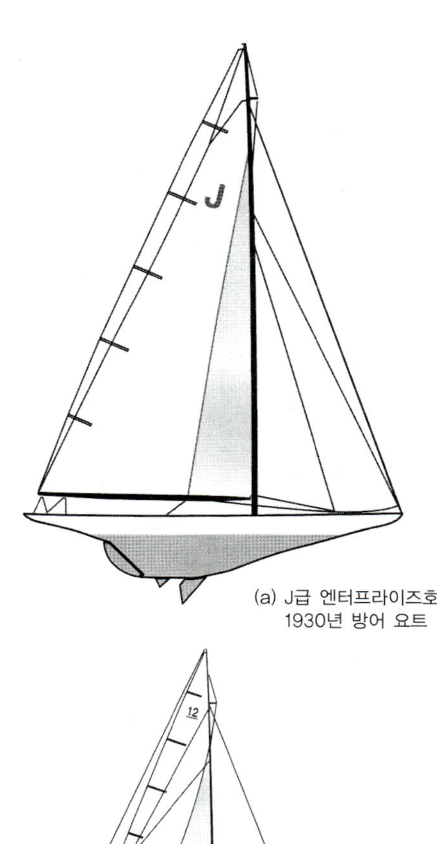

(a) J급 엔터프라이즈호
1930년 방어 요트

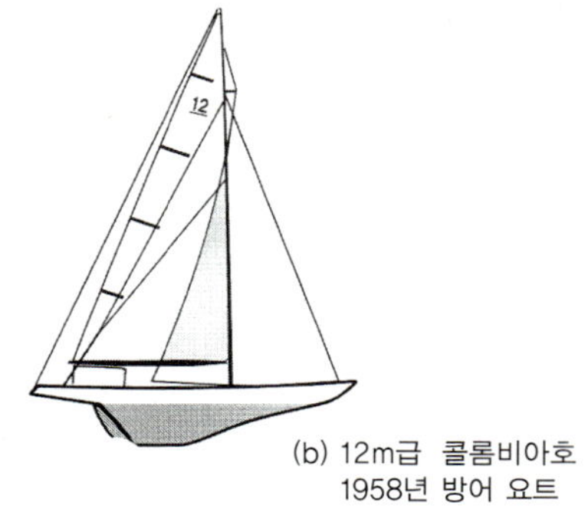

(b) 12m급 콜롬비아호
1958년 방어 요트

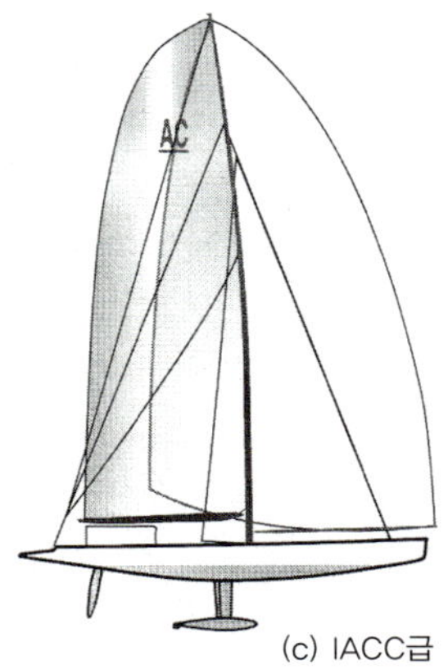

(c) IACC급

아메리카컵 경기에 사용된 요트(동일 축척)

요트에는 1인승 요트에서부터 수십 명이 타고 국제적인 경기에 참가하는 맥시급 요트, 호화 장비를 갖추고 돛의 조작도 전동이나 유압장치를 이용하는 100피트 이상의 메가 요트에 이르기까지 다양한 종류가 있다. 그중에서도 경기용 요트는 등급 규정(class rule)에 의해 규격이나 치수가 정해져 있는 경우가 많다.

2.1 돛 모양에 의한 분류

범선 돛의 설치에 관련된 의장을 '범장(rig)'이라고 하는데, 돛이 한 장인 '캣(cat) 범장'과 돛이 두 장인 '슬루프(sloop) 범장'이 일반적이다. 슬루프 범장은 돛대는 하나지만 앞에는 지브 돛(jib sail), 뒤에는 주 돛(topsail, mainsail)을 장착한 것이다. 캣 범장은 소형 1인승 요트에 많이 사용되고, 슬루프 범장은 소형에서 대형 요트까지 널리 채택되고 있다.

대형 요트의 경우에는 돛대가 두 개인 것도 있는데, 주 돛대 뒤에 그보다 낮은 미즌(mizzen) 돛대가 있는 것을 '케치(ketch) 범장', 슬루프나 커터와 비슷하나 주 돛대 훨씬 뒤쪽에(간혹 선미에) 작은 미즌 돛대가 설치되어 있는 것을 '욜(yawl) 범장', 주 돛대 앞에 그보다 낮은 앞돛대(foremast)가 붙어있는 것을 '스쿠너(schooner) 범장'이라고 한다. 옛날에는 스쿠너 범장을 채용한 요트가 많았으나 최근에는 케치 범장을 채용하는 경우가 많아졌는데, 그 이유는 돛의 전체적인 효율을 높이기 위해서다. 즉, 뒤쪽 돛이 앞쪽 돛에 의해 교란된 공기 유동장 내에 놓이면 효율이 나빠지므로 가장 면적이 넓은 주 돛 앞에는 되도록이면 다른 돛을 설치하지 않는 편이 유리하기 때문이다. 참고로, 아메리카컵으로 유명해진 아메리카호는 아름다운 실루엣의 스쿠너였다.

최근의 요트는 돛대가 하나인 슬루프 범장을 채택하는 경우가 많아졌다. 어차피 두 번째 돛은 효율이 낮으므로 아예 없애버리고 돛대의 높이를 늘리는 것이 더 좋다고 생각한 결과이다. 옛날 요트에 굳이 두 개의 돛대를 장착한 경우가 많았던 것은, 길이가 긴 돛대를 강하고 가볍게 만드는 기술이 없었고, 키가 높은 돛채비(sail plan)에 따른 과도한 선체 횡경사를 억제하기에 충분한 복원력을 확보할 수 있는 기술이 없었기 때문이었다. '개프(gaff) 범장'도 같은 이유로 낮은 돛대에 붙일 돛 면적을 늘리기 위해 옛사람들이 생각해낸 명안이었다. 그러나 두 개의 돛대를 갖는 요트나 개프 범장을 단지 '옛날 것'이라고 무시해서는 안 된다. 대부분의 항해 구간에서 바람이 옆이나 뒤에서 부는 경우에는, 케치 범장이나 스쿠너 범장, 때에 따라서는 개프 범장이 유리할 수도 있다.

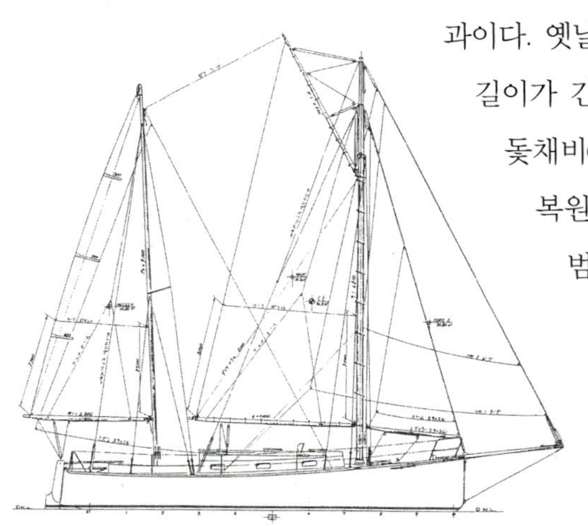

11m 개프–케치 범장(橫山晃 설계)

가장 진화된 횡범선인 티 클리퍼(tea clipper)에서도 바람이 강해지면 선원들이 돛대에 올라가 횡목(橫木)에 돛을 잡아매 돛 면적을 줄여야 했다. 돛에 바람을 받아 항해하는 배에서는 돛이 바로 엔진인데, 바람은 항시 변하므로 배의 속력과 안전을 확보하기 위해서는 항상 돛의 면적을 조절해야 하기 때문이다.

옛날 요트에는 그림과 같은 개프 범장 스쿠너가 많았다. 이 배가 강풍에 대처하기 위해서는 우선 돛대 상부의 돛(topsail)을 내린 후, 사각형의 개프 돛을 아래로 내리고 처진 부분을 아래활대(boom)에 감아 돛 면적을 줄여야 하는데, 이것을 '돛 줄이기(reef, 축범)'라고 한다. 반대로 바람이 약할 때는 두 돛대 사이에 여러 장의 돛을 추가로 더 펴는 것도 가능하였다.

개프 범장과는 대조적으로 삼각형의 주 돛을 장착한, 현재 흔히 볼 수 있는 요트를 '마르코니(marconi) 범장'이라고 부르기도 한다. 또한 앞에서 말한 바와 같이 최근에는 유체역학적 효율이 좋은, 한 개의 높은 돛대를 가진 슬루프가 주류를 이루고 있는데, 이것은 선박 건조 기술의 진보 때문만은 아니다. 즉, 가볍고 신뢰성 높은 돛대와, 가볍고 질긴 소재를 사용한 우수한 돛, 그리고 손쉽게 돛 줄이기를 할 수 있는 시스템과 의장품 등의 기술 개발이 뒷받침하고 있기 때문이라는 것을 잊어서는 안 될 것이다. 슬루프는 의장도 단순하고 조작도 간편하여 현대 요트의 기본형이라 할 수 있으며, 단순한 외돛 요트인 캣 범장은 1인승 소형 딩기(dinghy) 등에서 주로 사용된다.

최근 대형 요트에서는 돛을 조작하는 윈치(winch, 권양기)를 전기나 유압모터로 구동하는 등 기계화되어 있으며, 돛도 돛대나 아래활대 안으로 감아들일 수 있어 손쉽게 돛 면적을 줄일 수 있게 되었다. 이와 같은 편리한 범선 항해 장비가 개발됨에 따라, 옛날의 J급과 같은 크기의 요트를 이제는 3~4명의 선원만으로도 운항할 수 있게 되었다.

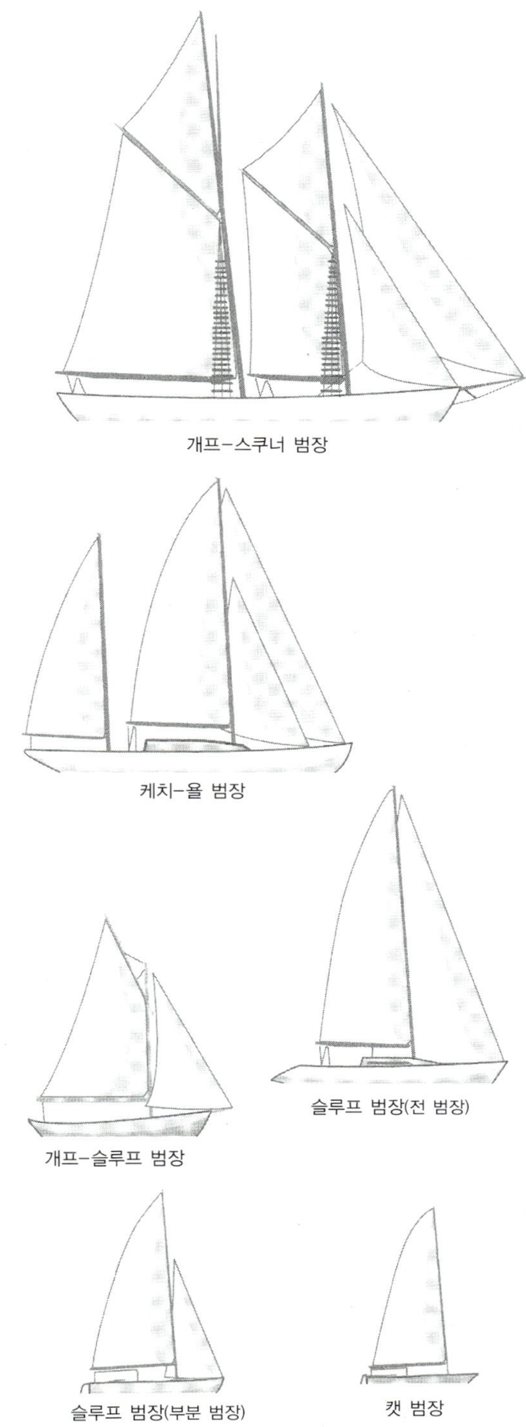

돛 형상에 의한 요트의 분류

한두 사람이 겨우 탈 수 있는 작고 단순한 모양의 요트를 '딩기(dinghy)'라고 한다. '딩기'란 원래 '선박 또는 요트에 싣고 다니는 작은 배'라는 뜻이었는데, 이러한 작은 배에도 돛대를 세우고 돛을 달아 범주를 즐기다 보니 발전하여 현재의 모양이 된 것이다.

딩기의 특징은 대형 요트와 같이 무거운 용골이 없으므로 배를 탄 사람의 체중 이동으로 균형을 잡아 복원력을 확보한다는 점이다. 이러한 딩기는 청소년의 요트 입문에 사용되는 경우가 많아, 전장 2.3m인 옵티미스트급(optimist class)은 어린이들의 항해 연습에 사용하고 있고, 전장 4m인 FJ급(flying junior class)은 2인승으로 고등학교 요트부 등에서 사용하고 있다. 또한 전장 4.2m인 레이저급(laser class)은 단순한 1인승 캣 범장 요트로, 승용차의 지붕에 얹어 운반할 수 있을 정도로 가벼워 널리 보급되어 있다. 470급은 전장 4.7m인 2인승 요트로, 장비는 좀 복잡하지만 세계적으로 널리 보급되어 있고, 일본에서는 대학 요트부의 지정 요트로 사용하고 있으며, 일반인이나 전국체전 등에서도 사용하고 있다. 레이저급과 470급은 모두 올림픽 종목으로 채택되어 있는 경기용 딩기로서, 수준 높은 항해자들이 선호하는 요트이다.

이러한 딩기들은 세계적으로 보급된 국제 규격의 요트로 외국에서 설계된 것이다. 그 밖에 일본에서 설계된 일본 규격(national class)으로 시호스급(sea horse class)(横山晃 설계, 5.0m), Y15급(横山晃 설계, 4.6m), 시호퍼급(sea hopper class)(야마하 설계, 4.2m), 시컬러급(sea color class)(야마하 설계, 4.1m) 등 다양한 등급의 요트가 활약하고 있다.

호일 슈바이처(Hoyle Schweitzer)가 창안한 '윈드서핑(wind surfing)'은 딩기와는 다르지만 근년에 새로 등장한 경쾌한 범주 기구이다. 서프보드(surf board)에 돛을 세우고 인력으로 돛대를 지지하는 시스템은 한동안 특허 때문에 보급이 제한되어왔으나, 지금은 많은 제작사가 다양한 모델을 판매하고 있어 세계적으로 널리 보급되고 있다. 여러 가지 의미에서 이러한 돛을 단 활주판은 새로운 차원에서 범주를 즐길 수 있는 도구이다.

초기의 딩기

세일 보드(sail board, wind surfing board)의 범주

딩기의 복원력은 승조원이 체중을 이동해 발생시키므로 이를 위해 여러 방법이 고안되었다. 옛날엔 하이킹보드 (hiking board) 등을 바람 부는 쪽의 현측으로 밀어내고 그 위로 체중을 이동시켜 횡경사를 억제하는 방법을 사용하였다. 그러나 배 안에 붙어있는 벨트에 발목을 걸고 무릎 윗부분을 모두 배 밖으로 내밀어 균형을 잡는 발 벨트(foot belt)가 발명된 이후 하이킹보드는 자취를 감추었으며, 체중을 더욱 많이 이동시킬 수 있는 균형그네(trapeze)도 발명되었다. 이것은 돛대 상부에 연결된 철선에 안전벨트와 갈고리를 이용해 매달린 사람이 체중을 완전히 배 밖으로 이동시켜 배의 균형을 잡는 것이다. 이 중 어떤 방식을 택할 것인가 하는 것은 각 등급별 규정에 의해 정해져 있다. 등급에 따라서는 돛 면적이 넓어 두 사람이 함께 균형그네 (double trapeze)를 타야 하는 고도의 기술이 필요한 경우도 있다.

딩기는 이러한 방법으로 복원력을 발생시킬 수 있기 때문에 배의 밸러스트(ballast, 바닥짐)를 위한 용골이 필요 없고, 중량이 가벼워 승선자들은 활주 상태의 스릴을 마음껏 즐길 수 있다.

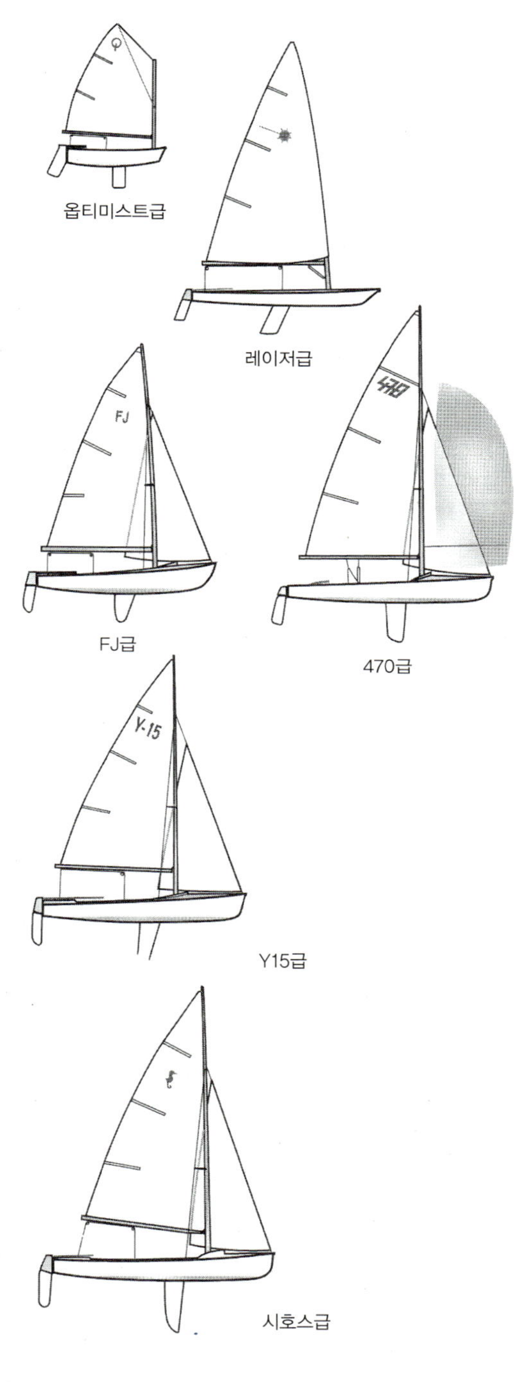

각종 등급의 요트

범주하는 각종 등급의 요트

2.3 경기용 순항 요트

딩기는 이름의 유래 그대로 '작은 요트'이지만, 외해용 요트의 종류는 더욱 다양하다. 이것을 크게 분류하면 '순항용(cruising)'과 '경기용(racing)'으로 나눌 수 있는데, 그중에서 경기용 순항 요트(racing cruiser)는 외해 요트로서의 성능을 추구하되 장비를 추가하여 경기 참가를 또 다른 하나의 큰 목적으로 하여 제작된 요트이다.

현재 세계적으로 인정받고 있는 요트 건조 규정에는 IMS(International Measurement System)라는 규정이 있다. 이 규정은 배의 속력을 예측하여 경기용 핸디캡을 산출하는 VPP(Velocity Prediction Program, 속도 예측 프로그램), 그리고 VPP를 계산하기 위하여 요트의 선체 형상이나 돛 면적 등의 치수를 계측하는 시스템, 배의 안전성과 선체 내부 공간의 확보 및 의장품 지정 등을 결정하는 규정 등으로 구성되어 있어 공평한 경기를 보장하고 있다. 딩기급에서는 주로 같은 선형의 배들이 모여 경기하기 때문에 성적 평가에 어려움이 없지만, 순항 요트급은 다른 크기, 다른 모양의 요트가 모여 경기하는 것이 보통이므로 이러한 상이점을 극복하고 공정한 경기가 이루어지도록 각 요트에 핸디캡을 주고, 이것으로 경기 기록을 수정하여 성적 순위를 결정하고 있다.

경기용 순항 요트의 특색은 불필요한 군살을 철저히 뺀 날씬한 선체에 얇고 깊은 용골과 타(rudder)를 장비하고, 가늘고 긴 돛대를 장착하고 있다는 것이다. 즉, 저항이 작은 선체에 가로세로비가 큰 날개를 달아 효율을 높이고 있는 셈이다. 경기용 순항 요트에서는 경기에서 이기기 위해 극단적으로 선체를 경량화하는 경우가 많아, 선체와 승선자의 안전을 위한 규정을 제정하여 이를 규제하고 있다. 그러나 경기용 요트로서의 성능 향상을 최대한도로 추구하되 견실한 요트를 만들어 순항 요트 자체로서의 수명과 적정한 가치를 오래 유지할 수 있게 함으로써, 선주가 극단적인 불이익을 받지 않도록 보호할 수 있는 더 좋은 규칙을 만들고자 하는 노력이 지속되어야 할 것이다.

IMS 경기용 요트의 시합 모습(Kenwood Cup Race) Photo By Kaoru Soehata / Photo Wave

IMS급 요트

IMS 규정의 전신인 MHS(Measurement Handicapping System)는 MIT 공과대학에서 1974년 이래 연구 개발해온 '외해 요트의 속력 예측과 핸디캡 시스템'으로, 이 규칙은 1978년의 버뮤다 경기(Bermuda Race) 때부터 사용되기 시작하였다.

요트의 속력을 추정하기 위해 이 연구팀은 시험수조에서 체계적인 선형 실험을 수행하고 그 결과를 데이터베이스화하여 성능을 지배하는 여러 요소를 찾아냄으로써, 컴퓨터상에서 요트의 성능을 예측할 수 있게 하였다.

구체적인 IMS 계측은 요트를 육상에 수평하게 놓고 선체 형상을 계측하는 일부터 시작된다. 요트에서 옆으로 조금 떨어진 곳에 요트 중심선과 평행한 기준선을 설정하고, 이 선을 따라 계측기를 이동시키면서 선체의 단면 형상을 40개소 정도에서 계측하여 요트의 선형을 전산화한다. 그 다음 요트의 떠있는 상태, 복원력, 돛이나 돛대의 치수 등을 계측하여 중량, 무게중심 높이, 돛 성능(sail power) 등을 알아내고, VPP로 핸디캡을 계산한다.

경기용 순항 요트는 경기에 이기기 위해 선형이나 돛 면적 결정법 등을 연구하여 요트의 성능을 높여야 하지만, 거주 공간이나 의장품의 간소화 및 생략에 의한 경량화도 성능 향상에 큰 도움이 된다. 따라서 자칫 성능 향상만을 중시한 나머지 선내에 잠잘 장소도, 서서 걸어다닐 통로조차도 남지 않는 불건전한 요트가 만들어질 가능성도 있다. 이와 같은 문제에 대한 규제를 종래의 규칙보다 강화한 것도 IMS 규정의 특색이다.

그러나 돛대의 굵기나 복원력 등에 따른 핸디캡 부여는 실선의 성능 평가에 의한 것보다 낮게 나오는 경향이 있어, 이러한 점을 보완하기 위한 규칙의 개량이 계속되고 있다.

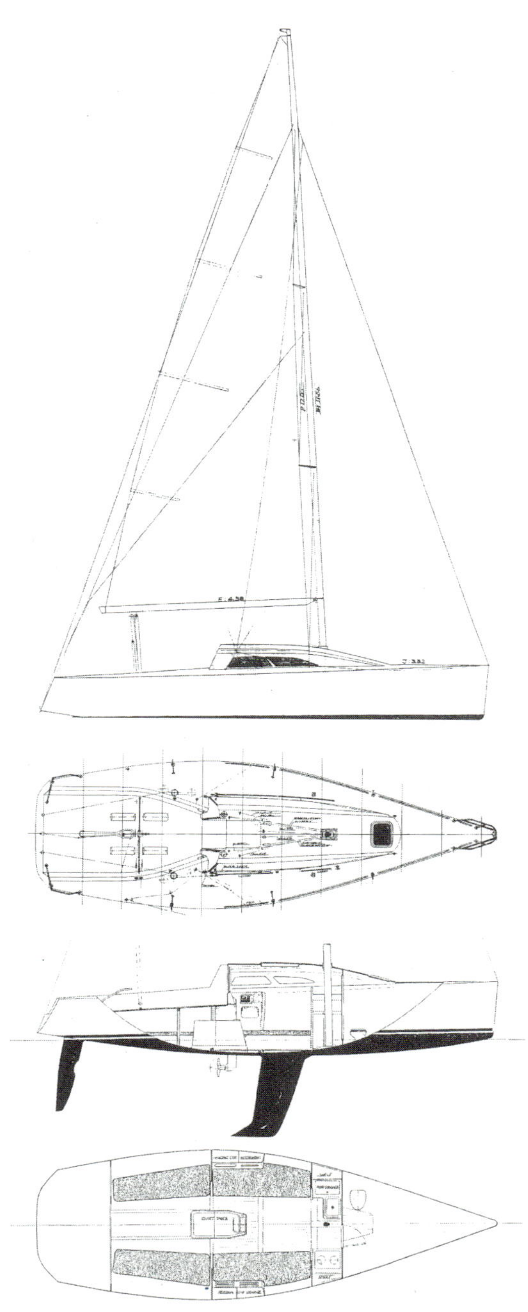

30피트급 경기용 요트(SHARK · J)

2.4 순항 요트

흔히 요트 항만에서 볼 수 있는 배는 대부분 순항 요트로, 다시 여러 가지 종류로 분류된다.

경기용 순항 요트 계통에 속하며 고성능과 거주성을 모두 지향하는 고성능 순항 요트는 일본에도 비교적 많은데, 주말 항해, 순항, 또는 경기 참가 등 다목적으로 즐기고 싶은 항해자들이 선호하고 있다.

한편 '순항'과 '주말에 떠다니는 별장'만을 주목적으로 하는 요트도 늘어나고 있다. 요트를 즐기는 방법도 다변화되어 '편안하게 바다에서 즐기고 싶다, 다른 요트보다 빨리 달리지 않아도 좋다'라고 생각하는 사람이 적지 않다. 이런 요트의 설계에서는 자연히 성능보다는 거주 공간의 넓이, 마감재의 품질, 재질, 스타일 같은 면들이 더욱 중시되므로, 순항 요트 설계는 경기용 요트와는 달리 다양한 변화를 주는 것이 가능하다.

또한 장비 면에서 에너지의 절감이나 엔진에 의한 기동성에 중점을 두는 경우도 많다. 때로는 적은 승선 인원, 심지어는 단 한 사람의 숙련된 승선자만으로도 운용할 수 있어야 한다는 것이 중요한 주제가 되기도 하며, 엔진으로 달리는 기관 주행 속력도 중요한 요소가 되고 있다. 한정된 휴가 기간 동안 바람에만 의존하여 순항하려면 계획대로 움직일 수 없기 때문에 엔진의 힘에 의존하는 경우도 많아, 순항 요트에 대형 엔진을 탑재하기도 한다.

그러나 순수한 장기 순항 요트는 입항할 때나 출항할 때에만 엔진을 사용하기 때문에 작고 가벼운 엔진을 택하고 여분의 무게만큼 식량 등의 화물을 더 많이 실을 수 있게 하는 것이 보통이다.

알바트로서(Albatrosser) 26호의 범주 모습. 대형 엔진을 탑재한 '고속 기범선'이다. Photo By Yachting

기범선

요트를 즐기는 방법이 다양화되면서 전통적인 모양뿐만 아니라 대폭 변화된 모양 또는 독특한 특성을 지닌 요트가 나타나게 되었다.

여기서 소개하는 요트는 '기범선(motor sailer)' 종류에 속한 것이다. 기범선의 선형은 요트와 동력요트의 중간 형태여야 하지만, 동력요트 선형은 범주에 적합하지 않으므로 범선 선형에 가깝게 설계하는 경우가 많다. 기범선의 개념은 ① 대형 엔진을 탑재하여 순항 속력을 대폭 향상시킴으로써 넓은 항해 범위를 확보할 것, ② 순풍에서는 범주를 즐길 수 있는 성능을 갖고 있을 것, ③ 거주 공간에는 큰 창이 있어서 선실 안에 앉아서도 주위 경관을 즐길 수 있을 것, ④ 일반적인 선외 조종설비에 추가하여 실내에도 조타실을 설치할 것 등이다.

오른쪽 그림의 요트는 범선으로서 기본적으로 갖추어야 할 요구조건들을 모두 무시하고 오로지 엔진을 이용해 요트 속력을 높이는 데만 중점을 두고 설계한 것이다. 즉, 수선 길이(waterline length, 수면에서 잰 배의 길이)를 길게 하여 고속선형으로 하고, 큰 엔진을 탑재하였다. 그 결과 전통적인 요트 선형보다 약 40%나 빠른 최고속력 9노트를 기록하였는데(다른 성능상의 제약 때문에 동력요트와 같은 고속은 나지 않는다), 전통 선형의 80% 정도로 기대했던 범주 성능도 예상 외로 우수하였다. 거주 공간 중 가장 중요한 주 선실 공간도 전통적인 요트의 반지하실 같은 모양과는 전혀 다르게 일반 주택처럼 밝고 시야가 넓은 방으로 꾸몄다. 방 안에 설치한 조타실도 큰 창에 둘러싸여 있어서 시야가 넓고, 독립된 화장실과 두 개의 침실도 갖추고 있어서 종래의 26피트급 요트에 비하면 두 단계쯤 높은 거주성을 갖고 있는 것으로 평가되고 있다.

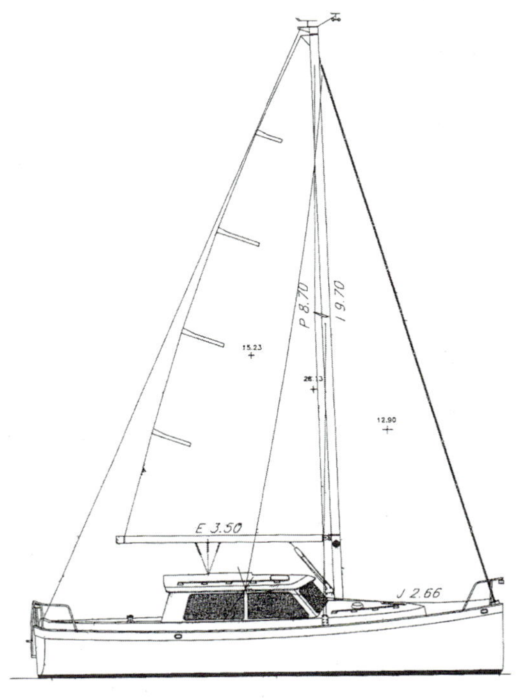

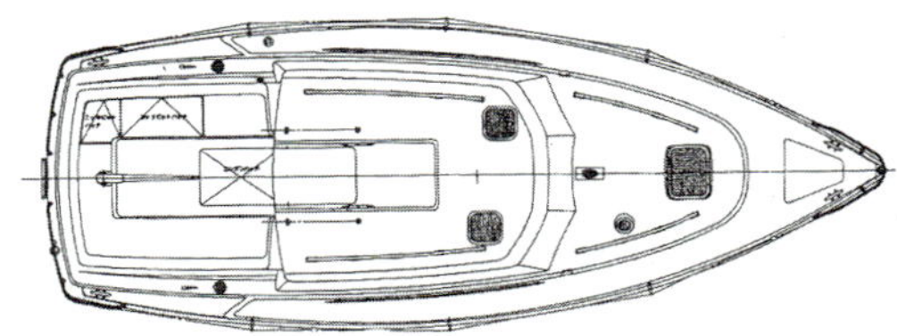

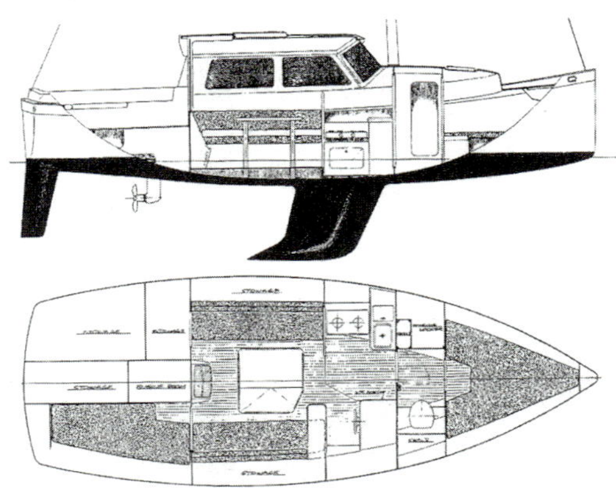

알바트로서 26호의 조타실

2.5 다동선

얇은 두 개의 선체(hull)로 구성된 배를 '쌍동선(catamaran)', 세 개로 구성된 것을 '삼동선(trimaran)'이라 하며, 이를 총칭하여 '다동선(multihull)'이라 한다. 일본에서는 소형 범주용 쌍동선은 흔히 볼 수 있으나 대형 다동선은 그리 많지 않다. 일본에서는 요트 정박지의 조건이 까다로워 폭이 넓은 다동선을 정박시킬 만한 장소를 찾기가 어렵고, 있더라도 정박료가 비싸다는 것이 다동선 보급을 저해하는 큰 이유 중 하나이다.

쌍동선은 가늘고 흘수가 깊은 선체 두 개로 구성되어 있어서 선체 전체의 폭이 넓어지기 때문에 충분한 초기 복원력을 확보할 수 있다. 좌우 양 선체에 각각 센터보드(center board) 혹은 용골과 타를 갖추고 있으며, 용골의 중량(밸러스트 중량)은 대단히 가벼워 때로는 무게가 거의 없는 경우도 많다. 형상적인 특징 때문에 초기 복원력은 크지만 90도 이상의 횡경사에는 취약하여 다시 수평 위치로 복원하는 것은 불가능하다.

다동선의 커다란 특징 중 하나는 속력이다. 가는 선체로 이루어져 있어 저항이 작고 선체 중량도 가볍지만 초기 복원력이 높기 때문에 큰 돛을 달 수 있다. 경기용이나 기록에 도전하는 쌍동선은 섬세하게 균형을 유지하면서 바람 부는 쪽 선체를 수면 위로 부상시켜 저항을 낮추고 속력을 높일 수 있다. 대서양 횡단에 10일, 세계일주에 75일이란 기록을 내고 있는 요트들은 모두 이러한 다동선이다.

그러나 이런 요트들에게는 강풍이 몰아치는 황천(荒天)에 어떻게 대처하느냐가 중요한 과제이다. 돛을 줄여 동력을 줄임(power down)과 동시에 큰 파도를 타고 넘는 고도의 조종 기술이 요구되는 것이다. 그러지 못하면 가는 선체의 뱃머리가 파도 아래 파묻히면서 저항이 갑자기 증가하여 균형을 잃게 되므로, 배가 앞으로 꼬꾸라지듯 엎어지는 상태로 옆으로 회전하여 재기 불능 상태가 돼버리는 경우도 나타날 수 있다.

경기용 삼동선(왼쪽)과 순항용 쌍동선(오른쪽)의 범주

쌍동 요트

쌍동선은 넓은 폭에서 복원력을 얻고 있다. 그러므로 가볍고 빠른 속력을 중시하는 경기용 쌍동선(racing catamaran)에서는 복원력을 최대로 확보하기 위해 폭을 선체 길이와 같을 정도로 늘린 것도 있다. 이러한 요트는 바람 부는 쪽의 선체를 공중에 쳐들고 다른 한쪽의 선체만으로 아슬아슬한 고속 곡예 범주를 하게 되는데, 이와 같은 범주 상태는 절묘한 균형으로 이루어진 매우 '위험한 상태'이며, 경기용 쌍동선 특유의 범주 스타일이다. 쌍동선을 겉모양만 보고 네 바퀴를 가진 자동차와 같이 '뒤집히지 않는' 요트라고 생각해서는 안 된다. 속력이 빠르기 때문에 선체 운동 속도도 같이 빨라지므로 자칫 부주의하면 '위험한 상태'에 빠질 수 있다.

순항용 쌍동선(cruising catamaran)은 선실 내에 무거운 장비를 갖추고 있고 폭도 그리 넓지 않으며, 물탱크를 밸러스트 대용으로 사용하는 경우가 많기 때문에 경기용 쌍동선보다 훨씬 무겁다. 그러므로 한쪽 선체를 들고 달리는 등의 곡예 범주는 할 수도 없을 뿐 아니라 안전을 위해서도 절대로 해서는 안 된다. 그림의 순항용 쌍동선은 길이가 36피트로 폭은 정박지의 제약 때문에 좁아졌지만 그래도 갑판 면적은 보통 요트의 두 배 가까이 늘어났다.

쌍동선은 두 개의 가는 선체와 중심부에 마련된 선교루(bridge)로 구성되어 있으므로 내부 공간 배치도 보통 요트와는 약간 다르다. 중앙부에는 거실에 해당하는 주선실이 있고, 각 선체부에는 계단으로 연결된 주방, 화장실, 침실 등이 마련되어 있다. 이와 같이 쌍동선은 2층 내부 구조와 훤히 뚫린 주방 등 보통 요트로는 가질 수 없는 공간적 여유를 갖고 있다. 이러한 배치가 쌍동선에서는 일반적이며, 엔진도 두 기가 좌우 선체 각각에 탑재되어 있다. 갑판 배치도 여유롭게 설계할 수 있어서 조종실(cockpit)도 넓게 낼 수 있으나, 선실 배치 관계로 선실 주위의 갑판 폭은 넓게 잡을 수 없다.

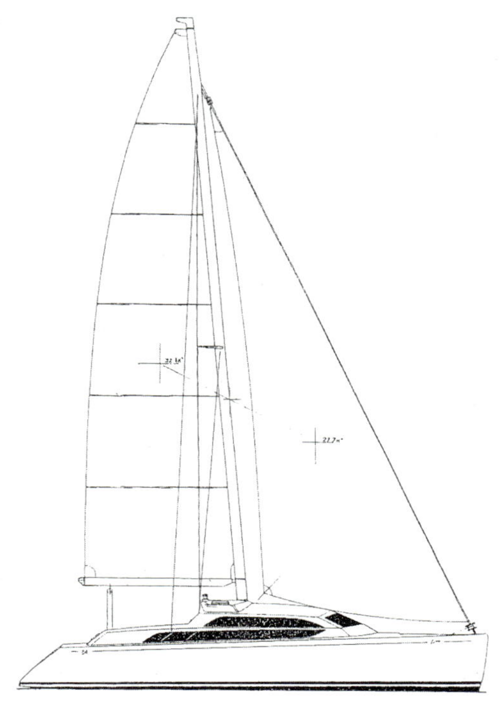

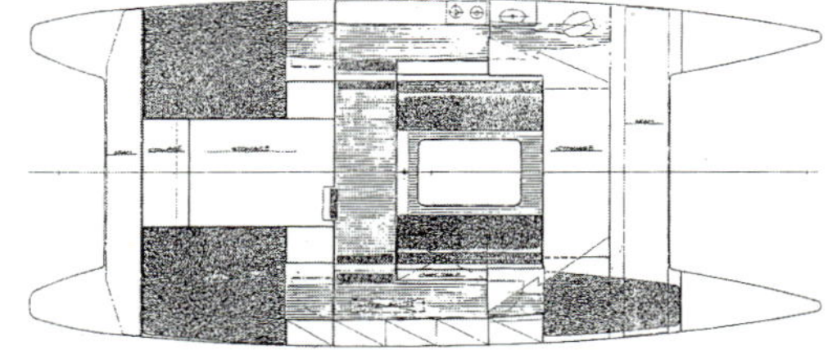

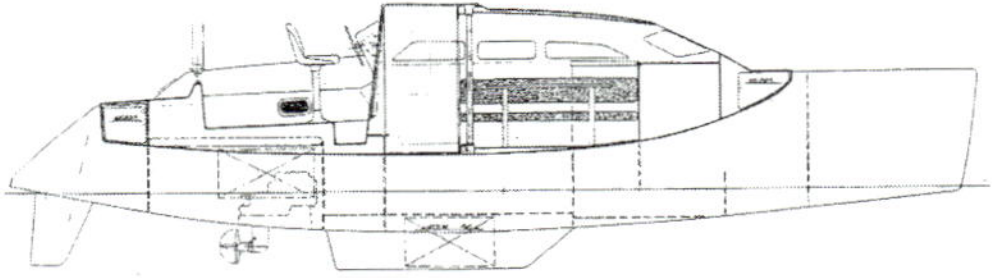

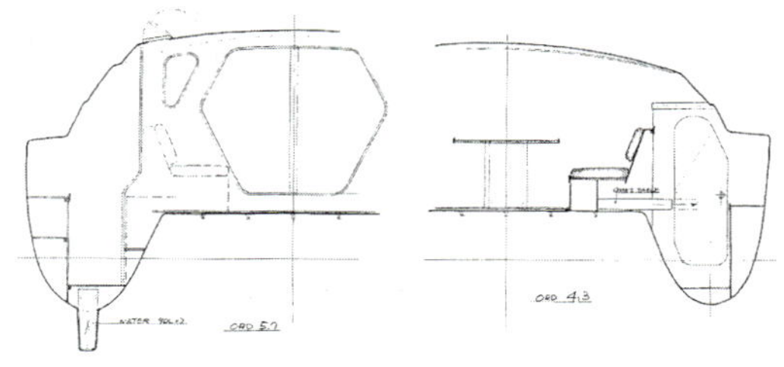

36피트급 쌍동선(오노코로호)

2.6 경기 전용 요트

앞에서 소개한 요트들은 일반 용도의 다목적 요트이다. 이에 비해 경기 전용 요트는 참가하는 경기에 가장 적합하게 설계된 요트로, 다른 용도를 위한 장비는 전혀 갖추고 있지 않다. 그 대표적인 것이 아메리카컵 요트로, 150년의 긴 역사를 가지고 있어 참가 요트의 조선 규칙이 여러 차례 변경되었으며, 현재는 1992년도에 채택된 IACC 규칙(International America's Cup Class Rule)에 의해 설계와 건조가 규제되고 있다.

혹독한 장거리 경기를 해야 하는 경기용 요트는 독특한 선형의 경기 전용선으로 설계·건조되는 예가 많다. 세계일주 경기는 이와 같이 경기 전용선을 제작하여 도전하는 전형적인 경기로, 최근에도 여러 대회가 개최되고 있다. 단독 무(無)기항 세계일주 경기인 '벤디 글로브(Vendee Globe)'는 프랑스를 출발하여 남극 대륙을 일주한 후 다시 프랑스로 돌아오는 코스를 단독으로 항해하는 대단히 가혹한 경기이다. 이 경기에 는 1인승 경기 요트들이 참가하는데 독특한 모양으로 설계된 것이 많다.

4년에 한 번 거행되는 '위트브레드 경기(Whitbread Race)'*는 저명한 항해자들이 많이 참가하는 인기 높은 경기이다. 1993~1994년의 제4회 대회에는 일본 기업이 소유한 경기 전용 요트가 참가하였고, 이때 일본인 승조원도 세 명이나 포함되어 세계의 이목이 집중된 바 있다. 이 경기는 31,000해리에 달하는 전 코스를 9개 구간(leg)으로 세분하여 약 9개월에 걸쳐 행해지고, 성적은 각 구간 순위, 누계 시간에 의한 종합 순위 등으로 판가름한다. 이 대회는 종래에 사용해온 약 85피트 길이의 '맥시급'과, 이 대회 전용 조선 규칙에 따른 65피트 길이의 '위트브레드 60급(W60급)'의 두 종류 요트로 경기한다.** 이 경기는 각 요트에 다수의 승선원이 승선하여 각 구간을 약 3~4주라는 비교적 단기간 동안에 주파하면서, 항시 상대방 요트를 가시거리 내에 두고 혹독한 경합을 전개하는 경기이다.

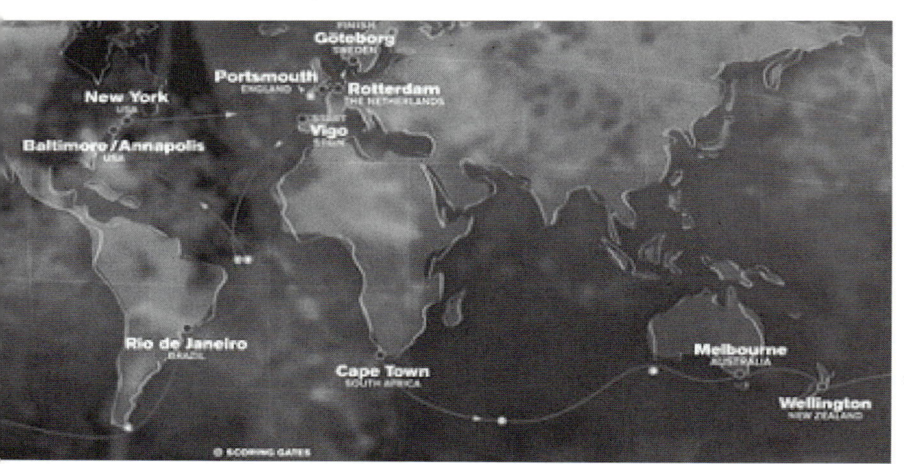

볼보오션 경기(구 위트브레드 경기) 항로

---

*2001~2002년 대회부터 위트브레드사에서 볼보(Volvo)사로 넘어가 볼보오션 경기(Volvo Ocean Race)로 바뀜(역자 주).
**1997~1998년 대회에서는 W60급만이, 2001~2002년 대회에서는 볼보오픈 60급(VO60급)만이, 그리고 2005~2006년 대회에서는 VO60급보다 1톤 정도 가벼운 VO70급이 사용되고 있다(역자 주).

위트브레드 세계일주 경기와 전용 요트

1993년 9월, 요트 15척이 영국의 사우샘프턴(Southampton) 항을 출발하여 제1구간의 종착지인 남미 우루과이의 푼테 델 에스테(Punte Del Este)로 항진하였다. 이 구간에서 우승한 요트는 5,940해리를 24일 7시간 만에 주파하여 평균 속력이 10노트를 넘었다. 경기 중 대회본부에서는 인마샛(Inmarsat) C 항해위성으로 항시 각 요트의 위치를 추적하여 알려주므로, 경기에 참가한 요트들은 이 정보를 이용하여 상대 요트의 동향을 파악하고 작전을 세울 수 있다.

우루과이에 도착한 요트들은 2주간 정비와 휴양을 취하고 11월 중순경 제2구간 목적지인 호주의 프리맨틀(Fremantle)을 향해 출항하였다. 이 구간의 최단 항로는 남극 대륙에 되도록 가까이 접근하여 빙산 사이를 달리는 것이므로, 자연히 혹한과 위험을 무릅쓰고 무리한 항로를 택하게 된다. 이러한 위험을 예방하기 위하여 코스 중간(남위 46도 부근)에 위치한 프린스에드워드(Prince Edward) 제도의 북단을 반드시 통과해야 한다고 규정되어 있다. 그러나 이러한 규제에도 불구하고 항로상에 빙산이 흘러드는 경우가 있으므로, W60급은 장거리 경기 전용 요트로서 경기에 적합한 속력을 확보함과 동시에 항해 안전을 높이는 등의 개선 방안 마련에 계속 노력하고 있다.

W60급 요트는 최대 5,000ℓ 용량의 밸러스트 탱크를 선체 양측의 선폭이 최대가 되는 위치에 장치하고 있다. 바람 부는(풍상) 방향으로 달릴 때 바람이 강하여 심한 횡경사가 발생하면 그쪽 밸러스트 탱크에 해수를 주입한다. 그리고는 최대 2,500ℓ 의 물로 횡경사를 일으키고 택(tack)을 바꾸기 직전에 연결 꼭지(cock)를 열어 반대쪽 탱크로 물을 이동시킨다. 물론 바람이 약해지면 물을 배 밖으로 방출한다.

안전을 위해 선내는 수밀격벽(bulkhead)을 설치하여 4구획으로 분할되어 있다. 제2구간의 강풍이 심한 남극해에서 타가 파손된 요트가 수밀격벽 덕분에 침몰을 면한 사례도 있었다. 또 장거리 경기를 할 때에는 재화중량(deadweight)을 줄이기 위해 냉동건조 식품을 사용하고, 조수기(造水機)로 물을 만들어 먹는다.

Photo By Kaoru Soehata / Photo Wave

기항지에서 수리와 정비를 하는 경기 참가 선박

3.1 내해 경기

초기의 요트 경기는 연안 가까이 설치된 표지(mark)나 내해의 섬 등을 돌아오는 것이었다. 이와 같은 내해 경기(inshore race)의 매력은 경쟁하는 요트들이 서로 열띤 경합을 벌이는 광경을 가까이서 관전할 수 있다는 데 있다. 요즘 개최되고 있는 크고 작은 여러 선급별 국내 혹은 국제 경기의 대부분은 핸디캡 없이 도착 순서가 바로 성적이 되는, 같은 선급끼리 경쟁하는 경기들이다.

공평하고 공정한 경기를 하기 위해서는 요트 건조나 범주에 관련된 규정, 그리고 경기의 운영 방법 등이 확실해야 한다. 현재 국제범주연맹(ISAF; International Sailing Federation)이 이와 관련된 국제적 업무를 총괄하고 있으며, 거의 모든 요트 경기가 이 ISAF의 규정에 따라 행해지고 있다. 또 ISAF는 국제 경기에 참여하는 요트에 대해 몇 가지 '국제 등급(international class)'을 인정하고 있다.

| 동일설계급, 제한급, 공식급 |

현재 올림픽을 비롯한 내해 경기에서 주류를 이루고 있는 동일설계급(one design class)은 동일한 규격과 설계로 균일한 성능의 요트를 건조함으로써, 저렴한 비용으로 많은 사람들이 순수하게 기량을 겨루는 경기에 투입할 수 있게 하기 위한 것이다.

제한급(restricted class) 규정에는 요트의 길이, 중량, 돛 면적 등의 성능에 관한 범위가 정해져 있어 그 범위 내에 들어가면 동일 등급으로 인정받는다. 그러므로 요트의 설계나 건조 비용은 높아지지만 적용 기술에 관한 흥미가 요트 경기의 즐거움에 더해진다. 또한 시대적 기술 진보를 반영시킬 수 있고 요트의 성능 개선에 자극이 될 수도 있다는 특징도 있다.

공식급(formula class)은 요트의 등급 산정을 위해 성능지표 수치를 계산하는 공식을 갖고 있는 것이 특징이다. 등급은 요트의 길이나 돛 면적 등으로 계산되며, 이 수치가 일정 범위 이내에 들어가는 요트들만 동일 등급으로 인정된다. 현재 내해 경기에서는 공식급이 별로 쓰이지 않고 있으며, 아메리카컵 요트 경기가 공식급의 대표적인 외해 경기이다.

대형 요트의 내해 경기(샌프란시스코 만)
Photo By Kaoru Soehata / Photo Wave

동일설계급 : 왼쪽은 올림픽급이기도 한 1인승 캣 범장 레이저급. 개조나 특별 주문이 허용되지 않는 엄격한 동일설계급이다(Photo By KAZI). 오른쪽은 용골보트 중의 하나인 J24급 요트(Photo By Kaoru Soehata / Photo Wave).

제한급은 보통 전장이나 돛 면적 등의 상한이 정해져 있을 뿐이므로 극한적인 설계가 가능한 경우가 많다. 왼쪽은 매우 폭이 좁고 고도의 조종 기술이 필요한 모스급(moss class) 요트, 오른쪽은 1인용 세계일주 경기용 요트. Photo By Haruhiko Kaku

왼쪽은 예로부터 미터급(meter class)의 하나인 8m급. 현재도 유럽에서는 경기하고 있다. 오른쪽은 현대적인 공식급으로서는 유일한 아메리카컵급. Photo By Kaoru Soehata / Photo Wave

올림픽 경기에서는 범선, 딩기, 용골보트, 다동선 등 여러 등급의 요트가 모여 각기 성능을 겨루게 된다. 그러나 한 국가가 주최하는 여러 내해 경기도 오히려 올림픽 경기를 무색케 할 만큼 수준 높은 경우도 많다.

요트 경기는 보통 풍상(upwind), 풍하(downwind), 측면(wing, side)의 3개 또는 그 이상의 표지(mark)를 해상에 설치하고, 요트가 출발선을 통과할 수 있는 시각을 미리 정해두고 요트를 자유롭게 출발시킴으로써 경기가 시작된다. 만약 요트가 정해진 시각 이전에 출발하면 실격되어 다시 출발하는 등의 벌칙이 주어지며, 각 표지를 미리 지정된 방법으로 통과하거나 돌아서 결승선을 통과하면 경기가 종료된다. 종래 올림픽에서는 각 구간의 거리가 긴 삼각형 코스를 사용하였으나 최근에는 약간 길이가 짧아진, 사다리꼴에 가까운 코스가 사용되고 있다.

올림픽 경기는 통상 다수의 요트가 동시에 경기하는 선단 경기(fleet race) 형식으로 진행된다. 최종 경기 성적은 각 경기에서의 순위에 따른 실점을 집계하여 결정하는 것이 일반적이다. 단, 근래 일부 종목에서는 예선에서만 선단 경기를 행하고 그중 상위 몇 척만을 선정하여 양자가 대결하는 시합 경기(match race)로 결승 토너먼트를 진행하여 우승을 결정하는 방식도 시행되고 있다.

두 척의 요트가 1대 1로 경기하는 시합 경기는 요트의 발상 시대부터 널리 행해졌다. 그 대표적인 예가 방어 요트(defender)와 도전 요트(challenger)가 우승컵을 걸고 겨루는 아메리카컵 요트 경기이다.

시합 경기에서는 매 경기마다 승패가 결정되므로 한 치라도 먼저 앞서려고 상대를 견제하거나 혹은 뒤처지게 하기 위한 모든 수단과 기술이 동원된다. 그 조종 기술은 선단 경기와 다른 면이 있지만, 경기가 재미있고 승패가 알기 쉽다는 점에서 근래에 많은 주목을 받게 되었다. 그래서 현재는 올림픽 경기에도 채택되었을 뿐 아니라 일부 나라에서는 상업 스폰서가 지원하는 경우도 많아졌다.

1996년 애틀랜타 올림픽 여자 470급에서 일본의 요트 경기 첫 메달인 은메달을 획득한 시게 · 기노시타 팀의 범주 모습. Photo By KAZI

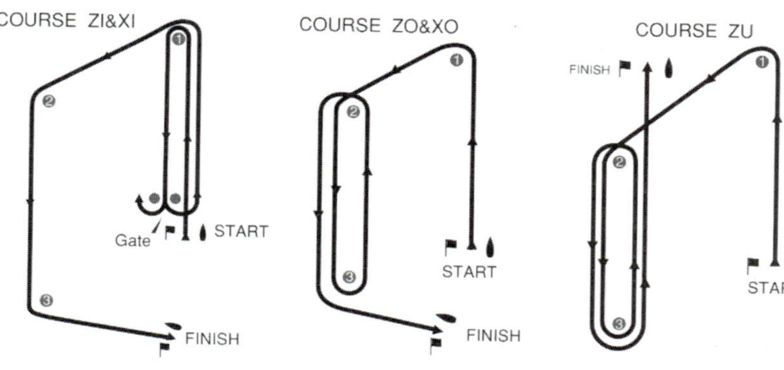

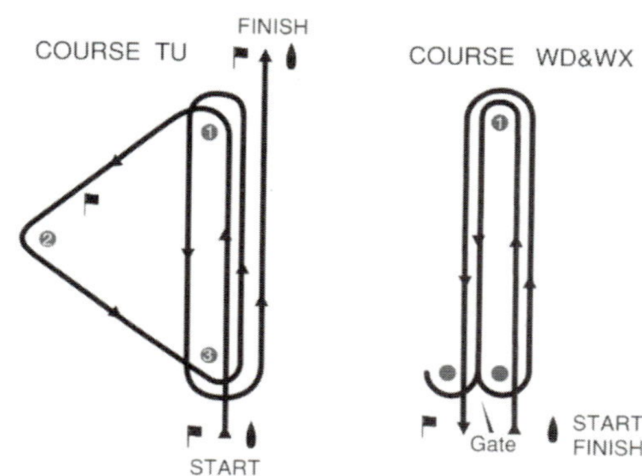

1996년 애틀랜타 올림픽에 적용된 코스

모든 경우 바람은 위에서 불고 있다. 위의 세 코스는 사다리꼴 코스로, 길이가 짧아 경기를 많이 소화할 수 있으며 승선원의 기량도 잘 발휘할 수 있다. TU 코스는 종래의 올림픽형 삼각형 코스로, 최초의 삼각형을 '트라이앵글', 다음의 상·하행 코스를 '소시지'라 부르기도 한다.

Photo By Henri Thibault / DPPI

내해 경기에서는 범주 속도 기록만으로 성적을 평가하는 특별한 경기도 있다. 정확히 계측한 500m 코스를 범주하여 그 평균속력으로 성적을 평가하는 것으로, 돛 면적에 따라 등급이 나뉜다. 이 경기에는 대형 다동선, 수중익(hydrofoil) 요트, 1인승 소형 범선 등 일반적인 경기 요트와는 다른 종류의 요트들이 참가한다. 근래에는 최고속도가 40노트를 넘어섰고, 단동선과 다동선이 서로 교대로 기록을 경신하고 있다.

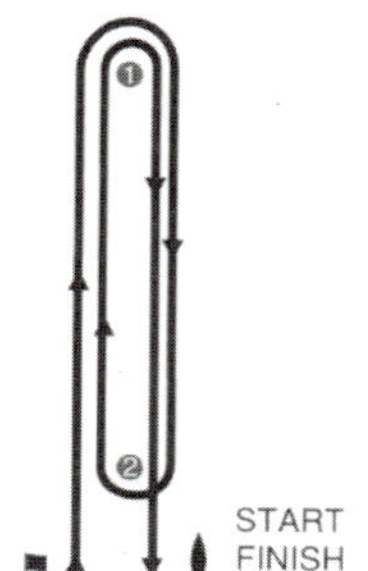

시합 경기에서는 측면 표지를 사용하지 않고 단순히 상하(소시지) 구간만으로 경기하는 경우가 많다. 선단 경기와 비교하면 코스도 짧고, 또 경기자의 기술을 되도록 많은 관중에게 보여주려는 의도도 있다.

3.2 외해 경기

'외해 경기(offshore race)'의 정의는 명확치 않지만 일반적으로 항해 거리가 60마일 이상이고 소요 시간이 하룻밤 이상이며, 해상에서 경기위원회의 직접적인 관리나 감시를 받지 않고 출발부터 도착 때까지 범주하는 경기라고 말할 수 있다. 그러므로 외해 경기에 임하는 요트는 어떤 상황에서도 범주할 수 있도록 설계 · 건조된 안전한 선박, 그리고 고도의 범주 기술과 체력을 갖춘 승조원을 필요로 한다.

외해 경기도 내해 경기와 같이 선단 경기와 시합 경기, 그리고 동일설계급 · 제한급 · 공식급 등 여러 형식의 경기가 있다. 내해 경기와 특히 다른 점은 여러 종류의 요트가 경기에 참가할 수 있는 핸디캡 경기가 주로 행해진다는 것이지만, 가끔 동일설계급이나 제한급의 경기도 거행된다. 특히 후자는 대양 횡단 혹은 세계일주와 같은 장거리 경기에서 찾아볼 수 있으며, 이와 같은 장거리 경기에서는 1인승 또는 2인승과 같이 소수 승조원(short hand)에 의한 경기도 비교적 많이 행해지고 있다.

ISAF는 요트 경기를 관할하는 세계적인 기관으로, 특히 외해 경기를 위한 별도의 조직인 외해경기연맹(ORC; Offshore Racing Council)이 설치되어 있다. ORC는 주로 외해 요트의 안전성 검토나 경기 규칙을 입안 · 유지하는 일을 관장한다.

각종 크기의 요트가 동시에 출발하는 핸디캡 경기 모습. 범주 시간을 핸디캡으로 수정하여 종합 순위를 결정한다.
Photo By Kaoru Soehata / Photo Wave

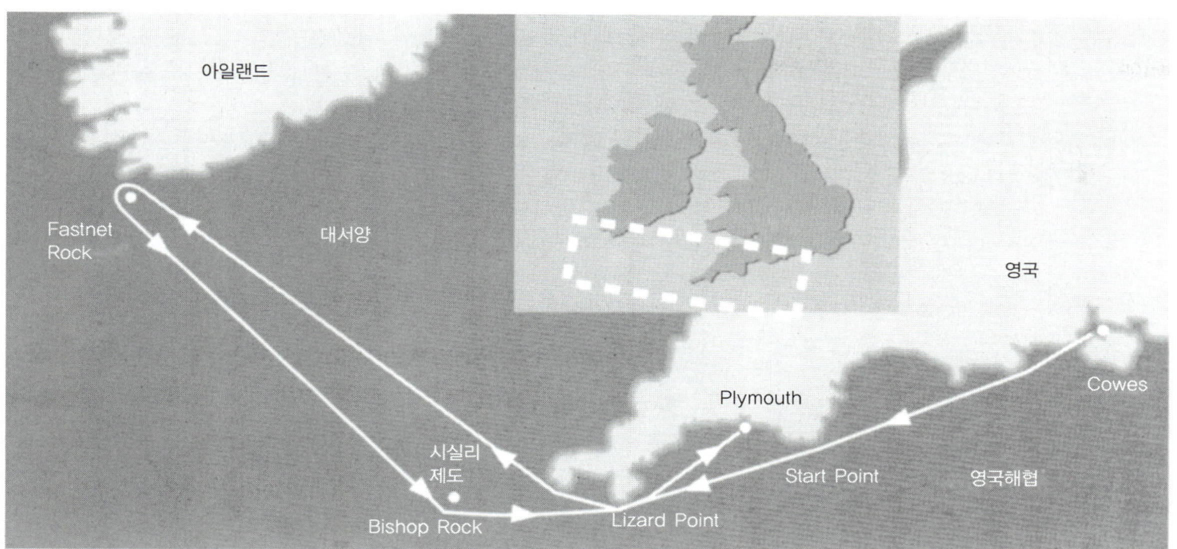

1925년부터 행해온, 유럽에서 가장 오랜 역사를 가지고 있는 영국의 패스트넷(Fastnet) 경기 코스이다. 항해 거리는 약 600마일이고, 큰 요트는 상황에 따라 약 이틀 반이 걸린다. 이 코스는 해상이 거칠기로 유명하여 1979년에는 선체 포기 24척, 사망 15명이란 대형 사고가 발생하기도 하였다.

Photo By Haruhiko Kaku

대서양 횡단 경기는 오랜 역사를 가지고 있어 19세기부터 행해온 경기이다. 다인승/1인승, 단동선/다동선, 그리고 크기가 7m에서 70m를 넘는 것까지 다종다양한 요트가 함께 경기에 임한다.

세계일주 경기. 다인승, 1인승 모두 함께 참가하는 경기이고, 현재는 아메리카컵 요트 경기나 올림픽 경기에 다음가는 큰 이벤트가 되고 있다.

Photo By Kaoru Soehata / Photo Wave

핸디캡(handicap)의 기본은 각 참가 요트의 성능에 따라 등급을 부여하는(rating) 것이다. 그리고 코스를 완주하는 데 소요된 시간을 이 등급으로 수정하여 순위를 결정한다.

핸디캡 경기에서 등급을 산출하는 방법에 조금이라도 허점이 있다면 선주들은 안전성, 거주성, 예산 등을 희생시켜서라도 유리한 핸디캡을 얻기 위해 불건전한 요트를 만들 수 있을 것이다. 핸디캡의 부여 목적은 요트의 나이나 성능의 우열이 아니라 '자신이 타고 있는 요트의 성능을 잘 활용한다', '바람의 성향을 잘 읽어내어 자신이 타고 있는 요트를 유리한 코스로 달리게 한다' 등과 같이 승조원의 순수한 범주 기량으로 승패가 결정되게 하자는 것으로, 구미에서는 19세기 후반부터 여러 가지 시스템을 연구해왔다.

각 요트에 단일 등급을 부여하는 '간이 핸디캡 시스템'이 있는데 미국의 PHRF(Performance Handicap Rating Fleet)가 그 대표적인 것이다. 이 시스템에서는 경기 실적 등을 참고하여 1마일당 몇 초라는 식으로 등급이 부여된다. 실적이 적은 경우 이 등급은 다분히 경험적인 것이 되어버릴 가능성이 있다는 단점이 있지만, 이해가 쉽다는 점에서 환영을 받고 있다.

현재는 단동선을 대상으로 IMS(International Measurement System)라는 복잡하고 치밀한 핸디캡 시스템이 널리 보급되고 있다. IMS는 여러 상황에서의 요트 속력을 컴퓨터로 계산하여 핸디캡을 결정한다. IMS로 요트의 속력을 계산하기 위해서는 요트의 상세한 선형, 주요 치수, 중량, 중심위치, 돛 면적 등 여러 가지 자료가 필요하다. 이러한 자료를 사용하여 범주 속도를 계산하는 컴퓨터 프로그램이 IMS의 핵심인 속도 예측 프로그램 VPP(Velocity Prediction Program)이다. IMS에서는 VPP의 정밀도가 공정한 경기 수행의 관건이 된다.

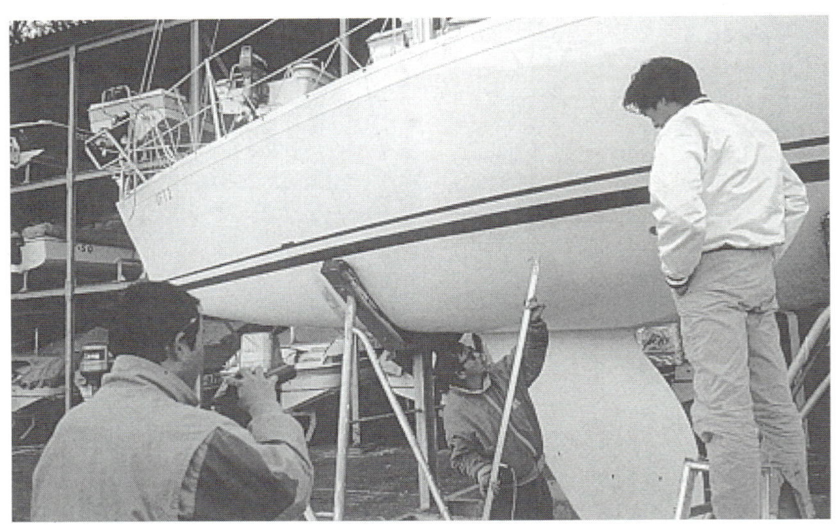

IMS의 계측. 포인터로 선체 형상을 계측한다. Photo By KAZI

THE ALLOWANCES IN SEC/MI BY TRUE WIND VELOCITY & ANGLE								
Wind Velocity	6kt	8kt	10kt	12kt	14kt	16kt	20kt	CHECKSUM
BEAT ANGLES	45.2°	43.0°	41.2°	40.5°	40.5°	40.8°	41.5°	(292.7)
BEAT VMG	1037.2	877.0	817.1	789.4	775.9	767.9	763.4	(5827.9)
52	663.8	575.7	548.1	535.5	527.6	522.0	515.8	(3888.5)
60	619.7	545.4	524.5	513.6	505.8	499.9	492.1	(3701.0)
R E A C H 75	587.9	524.0	497.4	485.3	476.5	469.4	459.1	(3499.6)
90	582.1	515.4	491.6	471.6	455.9	447.2	435.3	(3399.1)
110	597.0	522.4	487.0	462.0	445.1	434.2	416.3	(3364.0)
120	638.8	542.5	500.1	469.4	444.6	424.5	399.0	(3418.9)
135	763.0	607.5	535.8	498.3	468.7	442.2	395.2	(3410.7)
150	928.0	724.6	609.1	541.4	503.5	474.0	423.2	(4203.8)
RUN VMG	1071.6	836.7	703.2	607.1	546.8	509.1	454.2	(4728.7)
GYBE ANGLES	139.2°	143.0°	151.8°	165.7°	171.5°	174.1°	174.2°	(1119.5)

NOTE; To convert any time allowance above to speed in knots; kt = 3600 / TA

WIND AVERAGED TIME ALLOWANCES FOR SELECTED COURSES								
Windward VMG	1168.8	964.9	864.2	813.2	787.3	774.4	764.8	(6137.6)
Leeward VMG	1116.6	864.5	718.1	624.6	561.2	516.2	454.9	(4856.1)
Olympic 6-leg	1070.9	867.8	761.1	700.8	664.6	641.1	611.2	(5317.5)
Circular Rndm	872.4	710.9	626.2	577.9	548.4	528.8	502.9	(4367.5)
Non-Spinnaker	956.1	768.8	667.9	609.2	572.9	549.2	519.5	(4643.6)
Ocean for PCS	1009.7	792.7	670.5	594.8	544.4	508.3	457.6	(4578.0)

IMS로 계산된 요트의 속력(IMS 증서의 일부). 요트 성능의 평가 자료로 계산된 예측 성능이 1마일을 범주하는 데 몇 초라는 식으로 풍속별로 인쇄되어 있다. 상단은 풍속과 코스별 시간(초)이고, 하단은 경기 특성에 적합한 풍속 분포를 선택하여 사용할 수 있도록 제작된 각 코스별, 풍속별 계산 도표이다.

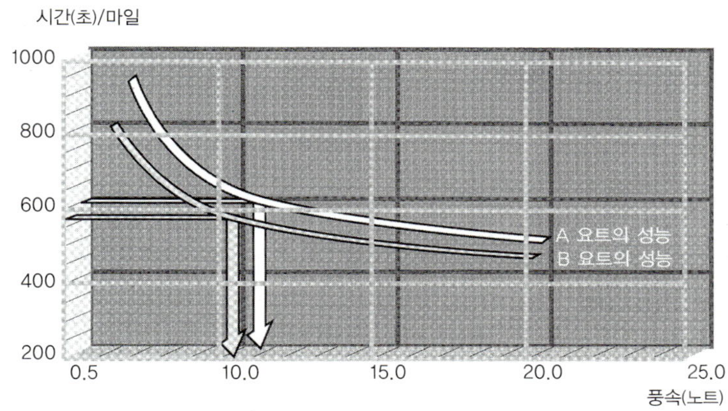

추정풍속 시스템. IMS의 VPP로 계산한 추정풍속(implied wind)을 실제 경기의 핸디캡으로 사용한 예. 성능이 다른 요트 A와 B가 어떤 경기에서 각각 600초/마일, 570초/마일로 달렸다고 하자. 추정풍속으로 보면 A는 경기 중 10.6노트의 바람 속을 달린 것으로 추정되고, B는 10.2노트로 추정된다. 이 추정풍속의 차는 A가 B보다 기술적으로 코스를 잘 잡아 바람이 센 곳을 찾아 달렸거나, 또는 손실(loss) 없이 잘 범주했다는 것을 의미한다. 이와 같이 이 시스템은 추정풍속을 실제 경기의 핸디캡으로 사용하는 방식이다.

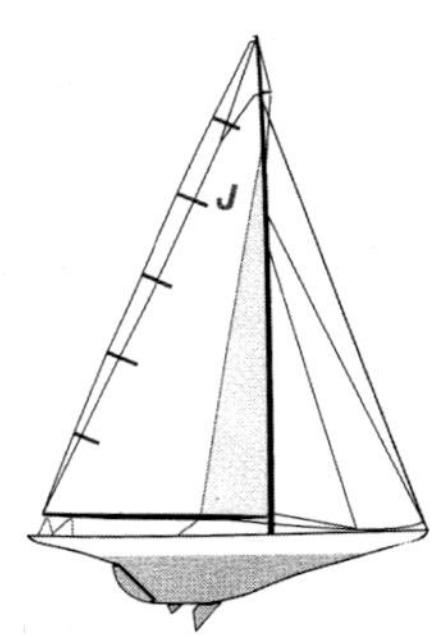

science of yacht

범주의 원리

Chapter·2　Sailing

1.1 공기와 물

요트는 바람이라는 공기의 흐름을 이용하여 수면에 떠서 움직이는 배이다. 결국 요트는 수면 위에서는 공기라는 유체로부터, 수면 아래에서는 물이라는 유체로부터 힘을 받으면서 항주하게 된다.

일반적으로 유동 속에 놓인 물체는 유체의 밀도, 물체의 면적, 그리고 유속의 제곱에 비례하는 힘을 받는다. 밀도는 온도에 따라 달라지는데, 예를 들면 기온 30℃ 이상인 여름에 비하여 10℃ 이하인 겨울에는 공기 밀도가 약 1.08배 늘어난다. 뱃사람들은 이 8% 차이를 구별하여 "겨울바람은 무겁다"라고 말한다.

바닷물의 밀도는 공기의 약 800배에 달한다. 그러므로 요트에 작용하는 물리적 현상에 이 차이가 중요하게 작용한다. 즉, 같은 크기의 유체력을 발생시키려면 수중에서는 날개 면적이 공기 중에서보다 약 800분의 1, 속도는 30분의 1 정도면 충분하다. 실제로 물속에서 손을 움직여보면 공기 중에서 손을 움직일 때보다 확연하게 강한 저항을 받는 것을 쉽게 느낄 수 있다.

유체는—극단적인 예를 들면 마치 물엿과 같이—'점성'이라는 끈기를 가지고 있어서, 유체 안에서 움직이는 물체는 이 점성을 이기며 나아가야 하므로 저항을 받게 된다. 이를 '마찰저항'이라 한다. 그리고 당연히 물의 점성이 공기보다 훨씬 크므로 물속에서 움직이는 물체가 훨씬 큰 마찰저항을 받게 된다.

공기는 기체이므로 액체인 바닷물에 비하여 1만 배 이상 압축되기 쉽다. 그러나 요트가 바다에서 흔히 만나는 최대 20m/s 정도의 풍속은 압축성의 영향이 나타날 만큼 높지 않다. 또한 물속에서 고속으로 회전하는 프로펠러 주위에서는 압력이 증기압 이하로 낮아져 물이 끓어올라 수증기 방울이 생성되는, 이른바 '공동 현상(cavitation)'이 일어나지만, 일반 요트의 경우에는 유속이 증가하여 압력이 떨어져도 이러한 현상까지 나타날 정도는 아니다.

유속의 단위로 m/s와 노트(knots, 해리/시간)라는 단위를 병용한다. 위도 1°에 해당하는 거리를 60해리로 정의하므로 지구상의 위치로 환산하기 용이하여, 선박, 항공기, 기상 등의 분야에서는 노트·해리를 사용하고 있다. 1노트=1,852m/h=0.5144m/s이므로, 1노트를 대략 0.5m/s라고 보아도 좋다.

	미터법	피트·파운드법	피트·파운드법으로부터 미터법으로의 환산률	미터법으로부터 피트·파운드법으로의 환산률	비고
길이	미터(m) meters 킬로미터(km) kilometers	인치(in) inches 피트(ft) feet 해리 nautical miles	0.0254 0.3048 1.852	39.37 3.2808 0.53996	1ft = 12in 1야드 = 3ft 1fathom = 2야드
체적	리터(ℓ) liters	갤런(영) gallons	0.21998	4.5460	1갤런(영) = 1.2009갤런(미)
중량	그램(g) grams 킬로그램(kg) kilograms	온스(oz) ounce 파운드(lb) pounds	28.350 0.453592	0.035274 2.2046	1lb = 16oz 1톤 = 0.98421톤(영) = 1.1023톤(미)

단위 환산표. 피트·파운드, 미터·킬로그램 등의 단위 환산표이다.

유체의 밀도(ρ) 및 동점성계수(ν) (1기압에서의 값)

온도	민물		바닷물		공기	
℃	ρ (kg · sec²/m⁴)	$\nu \times 10^6$ (m²/sec)	ρ (kg · sec²/m⁴)	$\nu \times 10^6$ (m²/sec)	ρ (kg · sec²/m⁴)	$\nu \times 10^6$ (m²/sec)
0	101.95	1.76867	104.83	1.82844	0.1319	13.22
5	101.96	1.51698	104.79	1.56142	0.1295	13.66
10	101.93	1.30641	104.71	1.35383	0.1272	14.10
15	101.87	1.13902	104.61	0.18831	0.1250	14.56
20	101.78	1.00374	104.49	1.05372	0.1228	15.01
25	101.66	0.89292	104.34	0.94252	0.1208	15.47
30	101.52	0.80091	104.18	0.84931	0.1188	15.93
40	101.18	0.659			0.1150	16.89
50	100.76	0.556			0.1114	17.86
60	100.26	0.478			0.1081	18.85
70	99.71	0.416			0.1049	19.86
80	99.10	0.367			0.1019	20.89
90	98.44	0.327			0.0991	21.94
100	97.73	0.296			0.0915	23.00

유체의 밀도(ρ)와 동점성계수(ν). '밀도'란 단위체적당 질량으로서, 이것에 중력가속도 g≒9.80 m/s²를 곱하면 지상에서의 단위체적당 무게가 되는데 이를 '비중'(kg/m³)이라고 한다. '동점성계수'는 유체 분자 사이의 미끄러짐에 대한 저항을 나타내는 점성계수를 밀도로 나눈 것이다. 이 값이 크면 유체 입자가 서로 미끄러지기 어렵고 점성이 크다는 것을 뜻한다.

	풍력 등급	기준 설명		상당 풍속	
		육상	해상	노트	m/s
무풍 Calm	0	정온. 연기가 똑바로 올라간다.	거울 같은 해면.	〈1	0–0.2
실바람 Light air	1	풍향은 연기가 나부끼므로 알 수 있지만, 풍향계로는 계측이 불가능하다.	비늘 같은 약한 파도가 일지만 물마루에는 물거품이 없다.	1–3	0.3–1.5
남실바람 Light breeze	2	얼굴에 바람을 느낀다. 나뭇잎이 흔들린다. 풍향계도 움직이기 시작한다.	파도가 아주 작고, 또 짧지만 확실히 일고 있다. 물마루는 평평하게 보이며 부서져 있지 않다.	4–6	1.6–3.3
산들바람 Gentle breeze	3	나뭇잎과 가는 가지가 계속 움직인다. 깃발이 가볍게 펄럭인다.	작은 파도이지만 꽤 크게 느껴진다. 물마루가 부서지기 시작한다. 물거품이 유리같이 보인다. 이곳저곳에 흰 물거품(白波)이 나타나는 곳이 있다.	7–10	3.4–5.4
건들바람 Moderate breeze	4	모래먼지가 일고, 종잇조각이 날아오른다. 작은 나뭇가지가 흔들린다.	작은 파도이지만 파장이 길다. 흰 물거품이 꽤 많이 보인다.	11–16	5.5–10.7
흔들바람 Fresh breeze	5	잎이 있는 관목이 흔들리기 시작한다. 연못과 늪의 수면에 파도가 인다.	중급의 파도로 한층 파장이 길어진다. 흰 물거품이 잔뜩 보이게 된다. (물보라를 일으키는 곳이 있다.)	17–21	10.8–13.8
된바람 Strong breeze	6	큰 나뭇가지가 흔들린다. 전깃줄이 소리를 낸다. 우산을 쓰기가 힘이 든다.	파도가 크게 일기 시작한다. 여기저기서 흰 물거품이 일어난 물마루의 범위가 한층 넓어진다. (물보라를 일으키는 곳이 많다.)	22–27	13.9–17.1
센 된바람 Near gale	7	나무 전체가 흔들린다. 바람을 안고 걷기가 힘이 든다.	파도는 점점 커지고, 물마루는 부서지며, 흰 물거품은 선을 그리며 바람이 불어가는 쪽으로 흘러가기 시작한다.	28–33	13.9–17.1
센바람 Gale	8	작은 나뭇가지가 부러진다. 바람을 안고 걸을 수 없다.	큰 파도보다는 작지만 길이가 길어진다. 물마루 끝이 부서져 물안개가 피기 시작한다. 흰 물거품은 확실하게 선을 그리며 바람이 불어가는 쪽으로 흘러간다.	34–40	17.2–20.7
큰 센바람 Strong gale	9	인가에 약간의 피해가 발생한다. 굴뚝이 넘어가고 기왓장이 벗겨진다.	큰 파도. 흰 물거품은 짙은 선을 그리면서 바람이 불어가는 쪽으로 흘러간다. 물마루는 고꾸라지며 붕괴되어 떨어져 역으로 말리기 시작한다. 물보라로 인해 시계(視界)가 좋지 못한 곳이 있다.	41–47	20.8–24.4
폭풍 Storm	10	내륙에서는 드물다. 나무가 뿌리째 뽑힌다. 인가에 큰 피해가 발생한다.	물마루가 길게 이어진 것 같은 매우 높은 큰 파도. 큰 덩어리가 된 물거품은 짙은 흰색의 선을 그리며 바람이 불어가는 쪽으로 흐른다. 해면은 전체적으로 희게 보인다. 파도의 부서지는 모양이 격하다. 앞이 잘 보이지 않는다.	48–55	24.5–28.4
강한 폭풍 Violent storm	11	거의 일어나지 않는다. 넓은 범위의 파괴를 동반한다.	산과 같이 높은 파도. (중소형 선박은 높은 파도로 잠깐씩 보이지 않는다.) 해면은 바람이 불어가는 쪽으로 흘러가는 긴 흰색 물거품의 덩어리로 완전히 덮인다. 여기저기서 물마루의 끝이 날아올라 물안개가 된다. 앞이 잘 보이지 않는다.	56–63	28.5–32.6
태풍 Hurricane	12		풍속계를 사용하지 않는 경우, 풍력 12 이상은 모두 풍력 12에 포함된다.	64–71	32.7–36.9

보퍼트(Beaufort) 풍력 등급표(풍력 12 이하만 기재)

1.2 바람

바람은 공기의 흐름으로서, 원칙적으로 온도차에 의한 대기의 순환 현상 때문에 일어난다. 바람은 그 규모에 따라 분류하는데 큰 순서로 열거하면 다음과 같다.

① 지구의 적도 부근에서 데워져 상승하는 가벼운 공기와, 북극과 남극 부근에서 냉각된 차고 무거운 공기가 순환하는 지구 규모의 대류 현상이 일어난다. 여기에 지구 자전에 의한 영향이 더해지면 편서풍이나 무역풍이라 불리는 대단히 강한 바람이 형성되는데, 이를 '탁월풍' 또는 '우세풍'이라 한다.

② 고기압 지역의 차가운 하강 기류가 따뜻한 상승 기류가 있는 저기압 지역으로 흘러들어가면서 일으키는 바람은 기압차가 클수록 강하게 나타난다. 기상도에 나타나는 등압선의 형상과 간격에 따라 바람의 방향과 세기를 추정할 수 있다.

③ 날씨가 좋은 날, 낮에는 육지의 온도가 상승하여 상승 기류가 발생하게 되므로 이를 메우기 위해 바다에서 육지로 바람이 불게 된다. 반면 밤에는 육지의 온도가 먼저 냉각되므로 공기의 흐름도 반대로 나타난다. 이러한 대류 현상 때문에 육지와 바다 사이에서 일어나는 바람을 '해풍' 또는 '육풍'이라 부른다.

④ 해면의 수백 미터 이내의 범위에서 대류 현상이 일어났을 때를 '와동'이나 '난류'가 발생했다고 말할 수 있다. 기온에 비해 해수면의 온도가 높아지면 대기 상태가 불안정해지므로 이러한 국지적인 대류 현상이 발생하는데, 이것이 바로 '바람의 주기적 변동'의 원인이 된다. 일반적으로 높은 곳(상공)의 바람이 아래로 하강하면서 바람이 점점 강해지게 되는데 이것을 '돌풍(blow, puff, gust)'이라 부르며, 잠잠해지면 이를 '소강 상태(lull)'가 되었다고 한다.

실제로 해상에서 마주치는 바람은 이러한 현상들이 중첩되어 아주 복잡한 모습을 나타내게 되지만, 지배적인 요소가 무엇인지를 알고 있으면 이러한 변화에 대한 장단기적 예측이 어느 정도 가능하다.

공기에도 점성이 있기 때문에 지상 또는 수면에 가까워질수록 바람은 약해진다. 높이에 따라 풍속이 변하는 정도를 '풍속변화도(wind gradient)'라고 부르며, 기상학에서는 해면 또는 지면에서 높이 10m인 곳을 풍속의 측정 기준으로 한다. 풍속처럼 풍향도 높이에 따라 변하는데, 특히 대형 요트에서는 돛의 위아래에 부는 바람 방향이 전혀 다른 경우도 있으므로 돛 조절(sail trim)에 주의해야 한다.

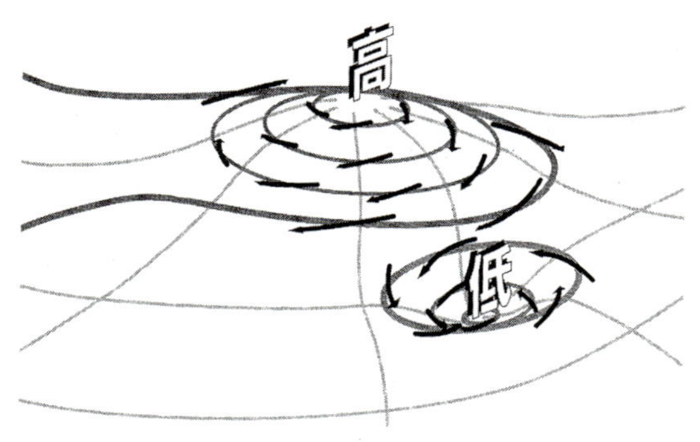

고기압과 저기압이 존재하면 지형의 등고선같이 생긴 등압선으로 기압 분포 상황을 나타낼 수 있다. 바람은 등압선에 수직한 방향으로 불어야 하지만, 지구 자전 등의 영향으로 바람 방향이 일정한 각도만큼 바뀌게 된다.

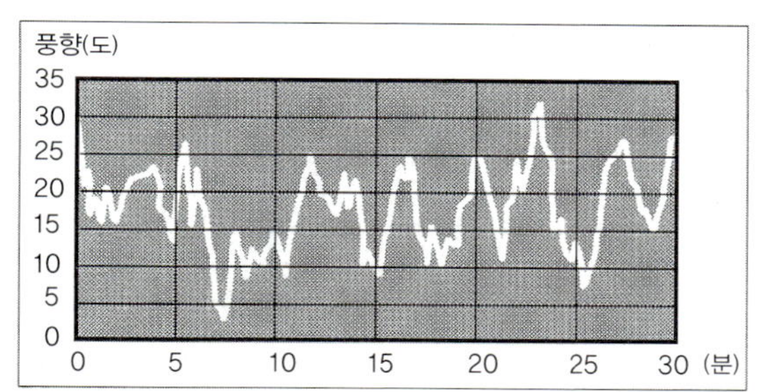

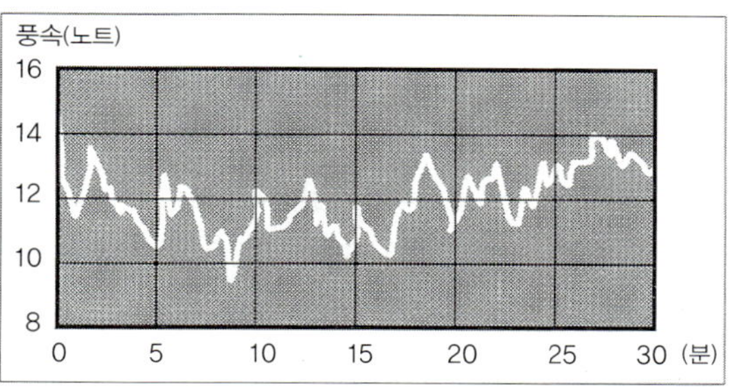

대류는 상승 기류와 하강 기류의 조합인데, 상승 기류가 일어나는 곳에서는 구름이 발생하고 하강 기류가 있는 곳에서는 온도가 떨어진다. 또한 그 규모도 달라, 태풍 중심에서는 심한 상승 기류가 발생하기도 하고, 상공에서 빠른 바람이 해면으로 하강하면 항해 해역에서 흔히 볼 수 있는 국지적인 돌풍이 생기기도 한다.

요트에서 실제 계측한 바람의 그래프를 보면 풍향, 풍속이 모두 일정하지 않고 계속 변동하고 있다.

높이 방향 풍속변화도의 예. 기상학의 풍속 기준인 해면상 10m에서의 풍속을 1로 보았을 때 높이에 따른 풍속 변화 곡선을 보이고 있다. 곡선의 기울기는 대기 상태나 지형에 따라 다르지만, 대략적인 값은 다음과 같은 식으로 계산된다.

U를 풍속(m/s), Z를 높이(m)라고 할 때,

높이 10m까지는

$$U = U_{1m} (0.465 \log Z + 1)$$

높이 10m 이상에서는

$$U = U_{10m} \left(\frac{Z}{10}\right)^P, \quad P = \frac{1}{6} \sim \frac{1}{7}$$

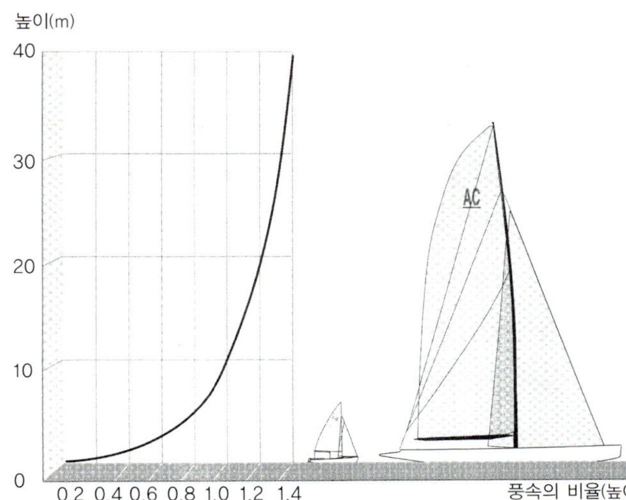

1.3 겉보기 바람

겉보기 바람. 요트가 항주하고 있기 때문에 겉보기 바람은 언제나 앞에서 오게 된다.

| 겉보기 바람 |

요트 위에서 느낄 수 있는 바람이 있다면 요트는 이를 이용할 수 있다. 바람이 전혀 없는 날에도 모터보트를 타고 달리면 바람을 느낄 수 있는 것처럼, 요트 위에서 느끼는 바람은 실제 바람(참바람)과 요트가 움직여서 생긴 바람이 합쳐진 것이다. 이러한 바람을 '겉보기 바람(apparent wind)'이라고 한다. 즉, 요트에 고정되어 있는 돛에 불어오는 바람이 겉보기 바람이며, 이 바람이 바로 요트의 동력원이다.

요트의 항주 상태를 파악하기 위해서는 참바람의 속도와 풍향을 아는 것이 바람직하다. 일반적으로 해면에 일고 있는 파도의 높이나 나부끼는 깃발을 보고 참바람의 세기와 방향을 짐작할 수 있지만, 고성능 요트에서는 계측된 겉보기 바람과 요트 속도로부터 역산한 참바람의 방향과 속도를 계기에 표시하기도 한다.

| 조류풍과 참바람 |

조류(潮流, current)로 인하여 요트가 받는 바람을 '조류풍(潮流風)'이라 한다. 참바람이 없는 경우에도 요트가 조류를 따라 떠내려가면 요트 위에서는 조류와 반대 방향의 바람을 느끼게 된다. 따라서 겉보기 바람이라는 것은 참바람과 요트의 속도에 의한 바람, 그리고 조류에 의한 바람을 합성한 것이라고 할 수 있다. 그러나 요트에서는 참바람을 '조류를 따라 움직이는 관측점에서 계측한 해면에 상대적인 바람', 즉 '대수풍(對水風)'으로 정의하는 것이 관례이다. 즉, 지상에서 관측하면 바람이 없는 경우에도 바다에 떠있는 요트에는 분명히 조류풍이 불고 있기 때문에 조류풍을 참바람에 포함시키는 것이다. 실제로 조류에 관한 정보가 없으면 요트 위에서 조류풍과 참바람을 구별할 방법도 없다.

이렇게 참바람을 정의하면 속도의 합성 요소 중 하나가 줄어들기 때문에, 요트에서 계기나 감각으로 파악할 수 있는 겉보기 바람과 요트의 속도만으로 참바람을 역산할 수 있게 된다. 물론 이때 요트의 속도는 해면을 기준으로 계측한 대수(對水) 속도이다. 즉, 요트와 해면의 상대적인 운동이 가장 중요하게 다루어지며 해면이 지구에 대하여 어떻게 움직이는가는 다루지 않으므로, 결국 요트가 지구에 대하여 어떻게 움직이는가와는 상관없는 문제가 된다. 또한 고정점에서 관측한 참바람과 요트에서 사용되는 참바람은 언제나 그곳의 조류 특성만큼 차이가 있기 때문에 항해시 주의할 필요가 있다.

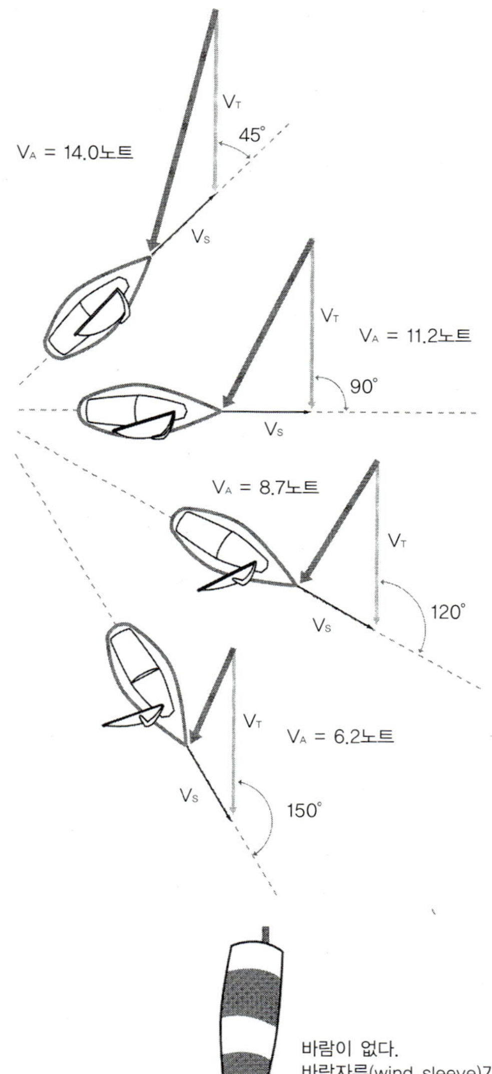

크기와 방향을 가지는 물리량을 '벡터(vector)'라 한다. 바람이나 요트의 속도도 벡터량이므로 화살표의 길이와 방향으로 표시할 수 있고, 그림과 같이 합성(더하기)하면 새로운 속도의 크기와 방향을 구할 수 있다. 즉, V_T를 참바람의 속도라 하고 V_S를 요트의 속도라고 할 때, 겉보기 바람의 속도 V_A는 V_T와 V_S를 합성한 것이 된다. 이와 같은 풍속 벡터의 합성을 나타낸 것을 '풍속 삼각형(wind triangle)'이라 한다. 그림에서는 V_T=10노트, V_S=5노트라 하였을 때 V_A의 계산 과정을 보여주고 있다.

지표에서 보면 바람이 없고 조류만 있을 때에도, 바다에 떠있는 요트 위에서는 조류풍이 참바람의 일부로 존재하게 된다. 요트에서 사용하는 참바람은 이와 같은 해면에 상대적인 바람을 뜻하므로 '대수풍'이라고도 불린다. 바람이 없는데도 요트가 움직인다는 것은 얼핏 생각하기에는 이상해 보이지만, 요트가 움직이고 있는 융단 위에 있다면 요트도 그 융단과 같이 움직이게 된다는 것을 생각하면 쉽게 이해할 수 있다.

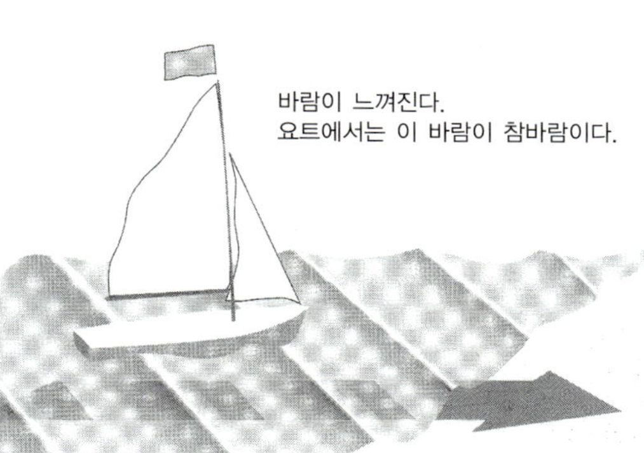

1.4 파도

파도(wave)는 바람의 에너지를 받아 발생한다. 바람이 불기 시작하면 해면에 국지적으로 잔물결(ripple)이 일어나고, 지속적인 폭풍에 의해 대양파로 발달하면 대양을 건너 전파되기도 한다. 파도의 발달은 바람의 세기, 지속 시간, 그리고 바람이 부는 해면의 넓이와 수심의 영향을 받으며, 바람의 주기적인 변동 상태에도 영향을 받는다. 예를 들면, 바람이 육지에서 불어오고 있어서 바다에는 파도가 발달하지 않았을 것으로 생각될 때에도 요트를 타고 육지에서 좀 떨어진 바다로 나가면 예상보다 높은 파도가 이는 경우도 있다.

간략하게 말하면 파도란, 해면상의 모든 점에서 물 입자의 상하운동이 순차적으로 전해지는 현상이다. 이 상하 방향의 운동이 규칙적이면 파도의 모양도 일그러지지 않고 규칙적으로 안정된다. '파정(wave crest)'으로 불리는 파도의 제일 높은 곳과 '파저(wave trough)'로 불리는 제일 낮은 곳의 높이차를 '파고(wave height)'라 하고, 파정에서 파정까지의 길이를 '파장(wave length)'이라 부른다. 또 어떤 점이 파정이 되었다가 다음에 또 파정이 될 때까지의 시간을 '주기(wave period)'라 한다. 파도의 성질은 이러한 파고, 파장, 주기, 그리고 파도의 방향을 더한 네 가지 값으로 거의 다 표현할 수 있다.

수심이 충분히 깊은 바다에서 파도 운동을 살펴보면, 수면 위의 각 위치에서 물 입자들은 순수한 상하 운동이 아니라 원운동을 하고 있음을 확인할 수 있다. 원운동의 영향으로 파도 모양은 파정 부근에서는 다소 뾰족한 꼴이 되고 파도 진행 방향으로 흐르는 표면류가 관측되며, 파저 부분은 펑퍼짐하게 되고 반대 방향의 표면류가 관측된다. 이 같은 파도의 유동 특성이 요트가 파도를 비스듬히 타고 넘을 때나 파도가 배를 앞질러 갈 때의 항주 상태에 결코 적지 않은 영향을 주게 된다.

실제로 바다에서 만나게 되는 파도는 호수와 같이 잔잔한 수면에 일정한 바람이 계속 불었을 때 나타나는 파도처럼 단순하지 않으며, 여러 종류의 파도가 혼합된 파도이다. 파도의 방향이나 파고, 파장, 주기에 이르기까지 서로 다른 여러 파도가 합성되어, 그 결과 평균 파고의 1.5배 이상 높은 파도나, 주기성이나 방향성을 감지할 수 없는 '삼각파'가 돌연히 발생하기도 한다. 또한 수심이 깊은 곳에서 얕은 곳으로 파도가 진행하는 경우나 파정의 기울기가 너무 급해진 경우에는 파정이 붕괴하게 되는데, 이러한 현상을 '쇄파(wave breaking)'라 한다. 그리고 이것은 요트를 전복시키는 가장 큰 원인 중 하나로 대단히 위험한 현상이다.

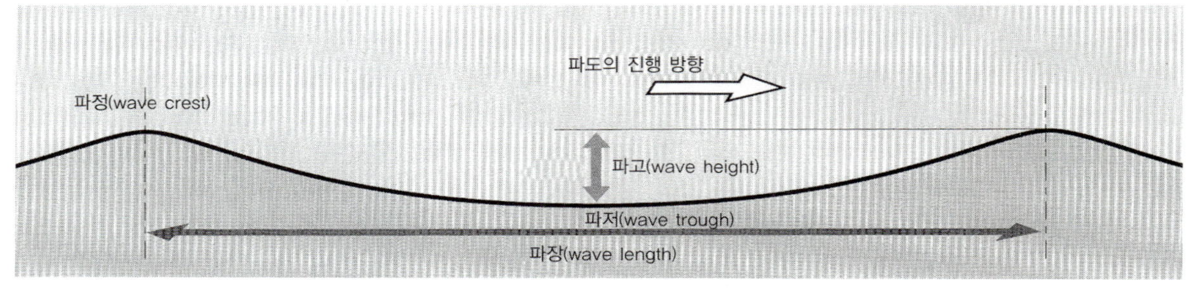

파정에서 다음 파정이 될 때까지 걸리는 시간을 '주기(wave period)'라고 한다.

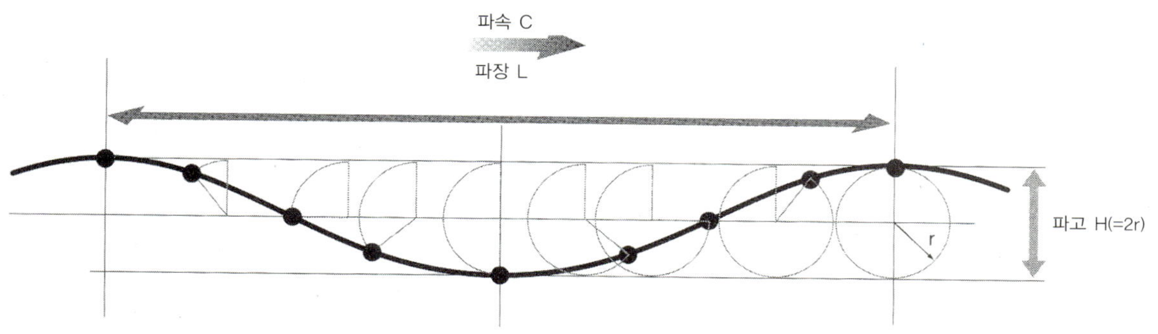

수면파는 각 점의 입자가 원운동을 하고 있다(trocoidal wave).
수심이 충분히 깊을 때 파속 C와 파장 L, 주기 T 사이에는(g는 중력가속도)
$C = \sqrt{gL/2\pi}$ 또는 $L = gT^2/2\pi$ 의 관계를 가진다.

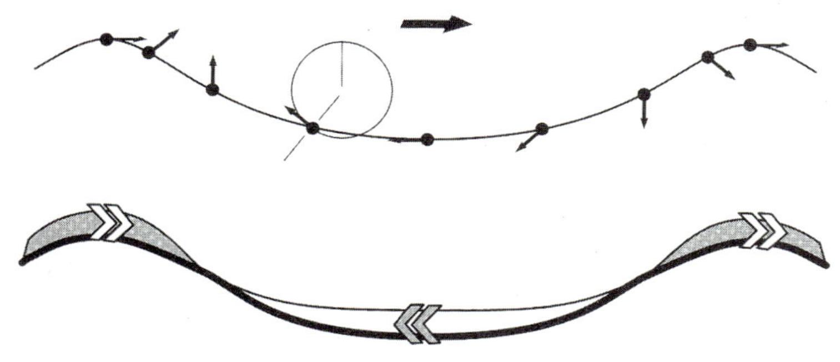

원운동에 의한 각 점의 속도(위)와 그로 인한 표면류(아래). 파정에서는 파도의 진행 방향, 파저에서는 반대 방향의 표면류가 생긴다. 파정 부근 표면류의 방향은 바람 방향과도 일치하기 때문에 더욱 강해지는 경향이 있다.

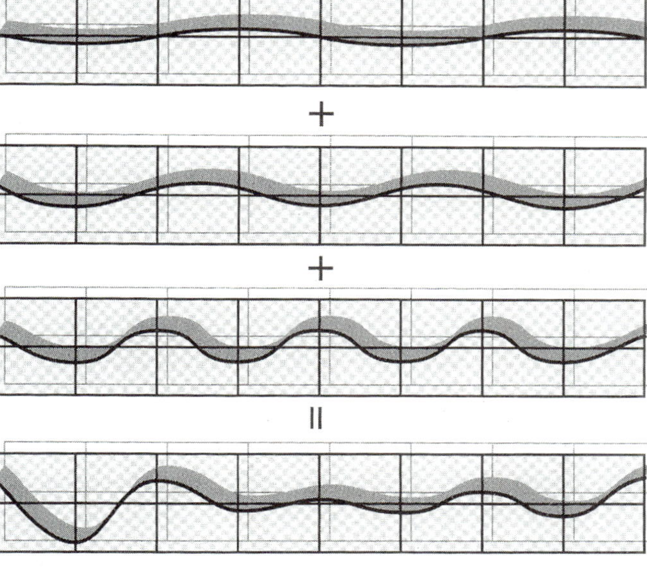

실제로 수면에 나타나는 파도는 단일파가 아니고 몇 개의 파도가 합성되어 이루어진 것이다. 그러므로 이러한 파도의 구성 정보를 알아내면 파도를 구성하는 단순한 파도 성분들로 분해하는 것이 가능하다.

2.1 요트의 범주

요트 조종자는 기본적으로 타(rudder)와 돛(sail) 두 가지를 조종한다. 예를 들면, 어떤 방향으로 항주하고 싶다면 돛을 조작하여 적당한 속력을 내도록 하면서 타를 이용해 요트의 방향을 일정하게 유지한다.

요트는 바람 불어오는 방향으로는 제한된 각도 내에서만 범주할 수 있지만, 그 밖의 방향으로는 비교적 자유롭게 범주할 수 있다. 참바람과 범주 방향 사이의 각도, 즉 바람각(close reach)에 따라 각각의 범주 상태에 대한 이름이 붙여져 있다.

먼저 바람을 우현 쪽에서 받으며 항주하는 '우현택(starboard tack)'과 좌현 쪽에서 받는 '좌현택(port tack)'이 있다. 또 바람을 거슬러 올라 한계각까지 항해하는 '역풍범주(close hauled, beating)', 참바람과 직교하는 방향으로(abeam) 항해하는 '측풍범주(reaching)', 바람을 타고 항해하는 '순풍범주(sailing down wind, running)' 등이 있다. 이와 같은 명칭들 중에서 오래된 것은 기원전의 범선 용어에서 유래된 것도 있다.

요트는 범주가 불가능한 맞바람(head wind) 영역이 있어서, 만약 요트의 목적지가 이 영역 안에 들어 있으면 요트는 적어도 한 번은 우현택에서 좌현택으로, 또는 좌현택에서 우현택으로 택을 바꾸어가며 범주해야 한다. 이와 같이 바람을 맞으며 역풍범주할 때 좌우로 택을 바꾸어주는 방향 전환을 '택바꾸기(tacking 또는 tack)'라고 한다. 한편 바람을 타고 순풍범주할 때 돛의 방향을 바꾸어 우현택에서 좌현택으로, 또는 그와 역순으로 택을 바꾸는 것을 '돛돌리기(gybing 또는 gybe)'라고 한다. 이와 같이 택을 전환하거나 돛을 돌리는 기술은 요트 조종에 매우 중요한 기술이며, 이런 기술에 익숙해져야만 비로소 요트를 바람 방향에 구애받지 않고 자유로이 조종할 수 있게 된다.

택바꾸기가 필요한 역풍범주 코스를 '역풍(upwind) 코스' 또는 '상행 코스'라고 하며, 바람과 같은 방향으로 향하는 코스를 '순풍(downwind) 코스' 또는 '자유(free) 코스'라 한다.

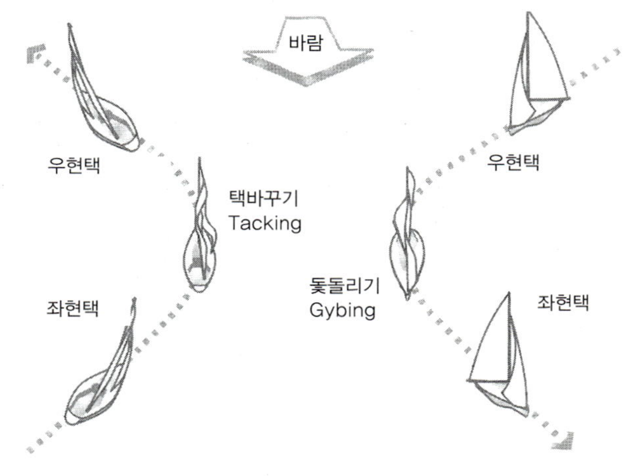

택바꾸기와 돛돌리기. 목적지가 풍상의 범주 불가능 범위에 있는 경우, 역풍범주로 택을 바꿔가면서 범주한다. 택을 바꾸려면 먼저 타를 틀어 선수를 바람 방향으로 돌아가게 한다. 요트는 관성에 의하여 선회를 계속하므로 새로운 택에 도달하면 타를 중립으로 되돌려야 한다. 이 같은 방향 전환 기술을 '택바꾸기'라 한다. 또 바람을 타고 내려가면서 택을 바꿀 때는 타를 잡아 침로를 바꿈과 동시에 돛을 반대측으로 돌리는데 이것을 '돛돌리기'라고 한다. 택을 바꿀 때와는 달리 돛은 스스로 제자리로 돌아가지 않으므로 사람 손으로 제때 돛을 제자리로 되돌려주어야 한다.

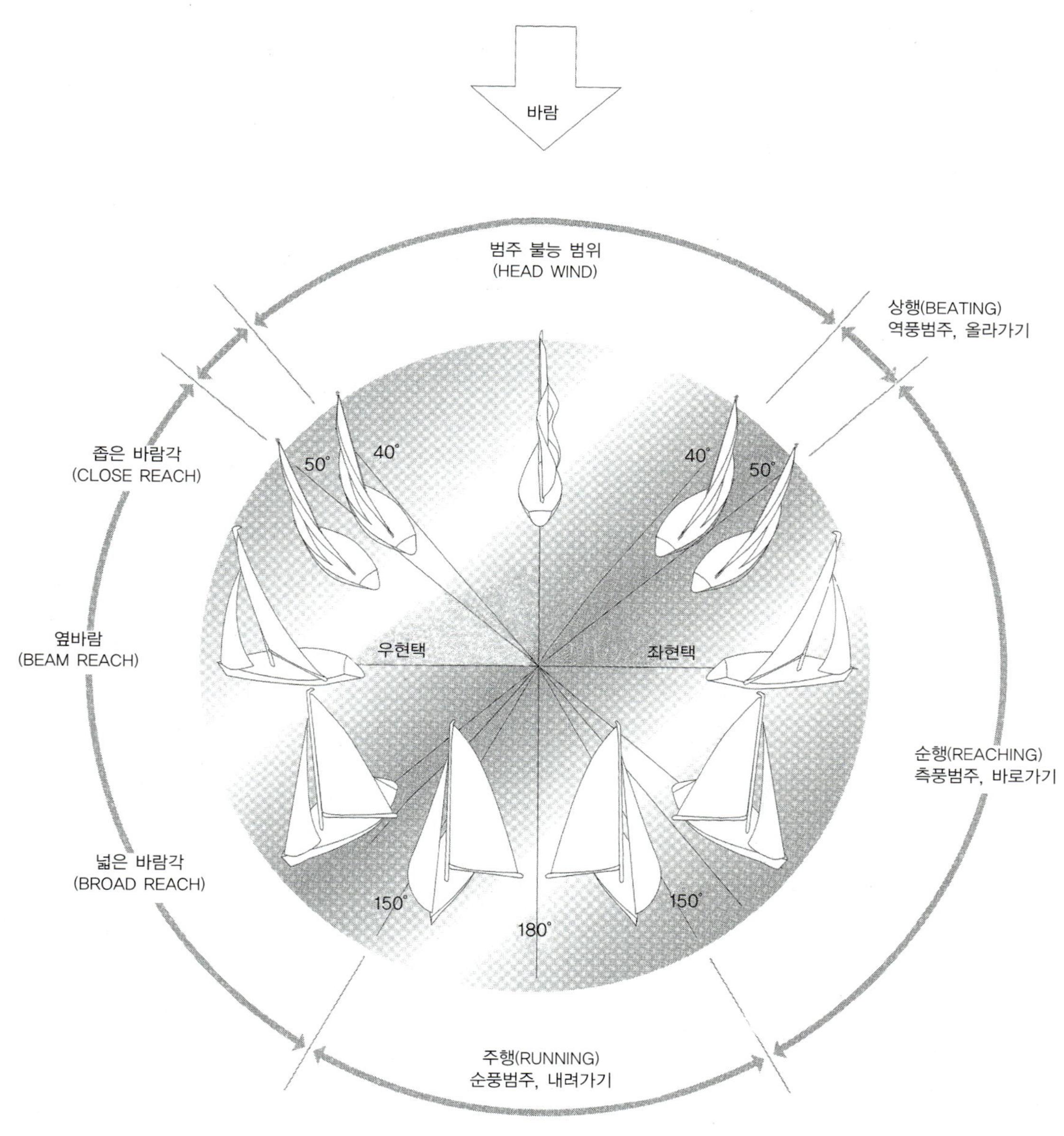

요트의 범주에는 기본적으로 세 가지 형식이 있다. 상행(beating, close hauled, 역풍범주, 올라가기), 순행(reaching, 측풍범주, 바로가기), 주행(running, 순풍범주, 내려가기)이 바로 그것이다. '상행'과 '주행'은 각각 바람을 거슬러 또는 바람을 타고 유효한 방향으로 범주하는 것인데, 각각 역풍 코스 또는 순풍 코스에서 사용한다. 그 밖의 각도에서의 범주는 모두 '순행'이라고 부르는데, 그 범위는 좁은 바람각으로부터 넓은 바람각 사이의 거의 100~110° 정도의 넓은 구간이 된다. 순행 각도 내에 목적지가 있으면 요트는 바로 목적지로 침로를 고정할 수 있다. 이러한 점이 택바꾸기나 돛돌리기가 필요한 역풍 코스 또는 순풍 코스의 범주와 근본적으로 다른 점이다.

2.2 요트의 3요소

요트는 다음의 세 가지 요소로 구성된다.

① 공기 중에서 날개 역할을 하는 돛

② 수중에서 날개 역할을 하는 용골과 타

③ 위 두 요소를 하나로 묶어, 물에 떠서 항주할 수 있게 하는 선체(hull)

요트가 일정한 자세를 유지하며 일정한 속도로 항주하고 있을 때에는 요트를 구성하는 세 요소에 작용하는 힘들은 서로 평형을 이루어 상쇄되므로, 전체적으로 보면 힘이 전혀 작용하지 않는 상태와 같다. 만약 힘이 서로 평형을 이루지 못하고 조금이라도 남아있다면 요트는 그 힘의 방향으로 가속 또는 감속하게 될 것이다. 이와 동시에 이들 세 가지 힘에 의한 모멘트(moment)도 모두 평형을 이루어 서로 상쇄되어야 한다. 모멘트는 '토크(torque)'라고도 부르는데, 힘이 물체를 회전시키려는 능력을 말하는 것으로 힘과 거리의 곱으로 나타낸다. 예를 들면, 긴 스패너를 사용하면 작은 힘으로 큰 모멘트가 얻어져 볼트와 너트가 잘 조여진다.

이번에는 역풍범주 상태를 가상하고 요트의 세 요소에 작용하는 힘에 대하여 좀 더 상세하게 살펴보자. 먼저 돛에 작용하는 힘은 겉보기 바람 때문에 발생하며, 요트를 앞으로 비스듬히 끌어당긴다. 역풍범주이므로 선체는 비스듬한 전방을 향하고, 돛은 선수 방향과 80° 정도의 각을 이루므로 거의 완전한 횡방향에 가깝게 놓인다. 따라서 요트는 앞만 아니라 옆으로도 밀리면서 항주하게 된다. 이와 같이 요트가 바람 때문에 옆으로 밀리는 현상을 '옆밀림(leeway)' 또는 '횡류'라고 한다. 또한 돛의 힘은 요트보다 훨씬 위쪽에 작용하므로, 모멘트를 발생시켜 요트가 옆으로 기울고 다소 앞으로 숙인 상태로 항주하게 만든다. 선체는 약간 밀리면서 선수 방향으로 항주하므로, 요트의 저항은 배의 진행 방향과 거의 반대 방향으로 작용하게 된다.

안정된 상태에서 항주하고 있을 때에는 힘과 모멘트가 평형을 이룬다. Photo By Kaoru Soehata / Photo Wave

용골이나 타는 물속에 잠긴 선체에 붙어있는 부가물(appendage)로서, 요트를 옆으로 기울게 하는 돛의 힘에 대항하는 것이다. 부가물은 저항은 최소로 하되 횡방향 힘을 효율적으로 발생시켜 밀림을 막도록 날개 모양으로 설계된다.

부가물을 포함하여 선체에서 발생하는 횡방향의 힘과 저항이 합성되어 선체에 비스듬한 횡방향으로 작용하므로, 이 힘은 돛에서 발생하는 힘과 평형을 이룬다.

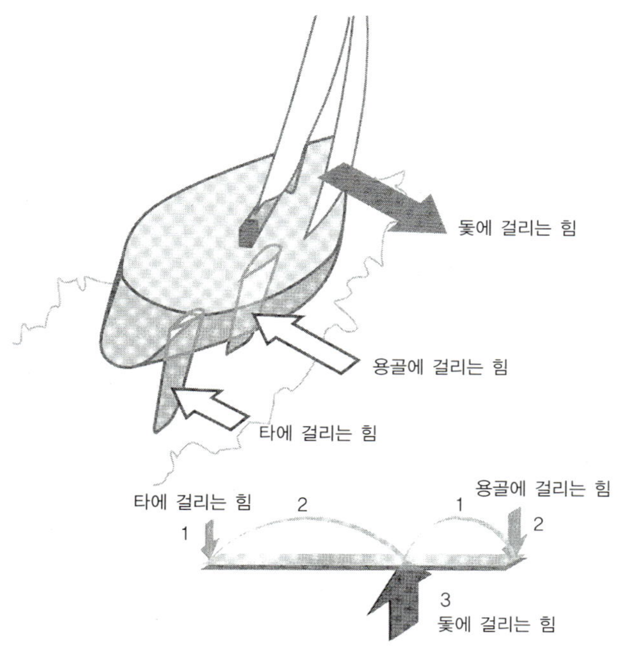

역풍범주에서의 힘과 모멘트가 평형을 이루는 관계를 이해하기 쉽도록 횡방향 힘만을 나타냈다. 용골에서 발생된 힘과 타에서 발생된 힘을 합하면 돛에서 발생되는 힘과 같다. 또 돛의 힘이 작용하는 점을 중심으로, 용골과 타의 힘에 의한 모멘트가 평형을 이루어야 한다. 이러한 평형이 깨지면 균형을 잃은 시소처럼 요트의 선수가 돌아가게 된다. 실제로 조타수는 타각을 바꾸어 타에서 발생되는 힘을 조절함으로써 요트를 직진시킨다. 좀 더 정확하게 말하자면 평형 상태에서는 방향을 고려하여 힘을 합쳐주면 (벡터 합성) 힘의 합은 0이 된다. 또 어떤 위치에서도 모든 모멘트(힘×거리)의 합은 0이 된다.

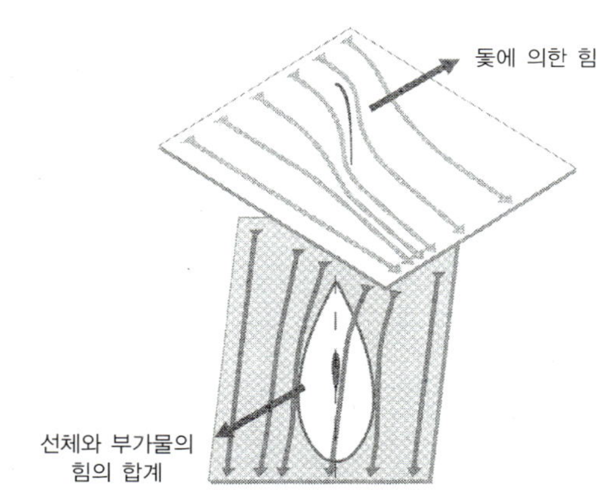

전후 방향으로 작용하는 힘도 고려하여 힘의 평형관계를 좀 더 정확하게 평면상에 나타낸 그림이다. 돛은 겉보기 바람을 받아 요트를 비스듬하게 앞쪽으로 끌어당기는 힘을 발생시키고 있다. 선체와 부가물에는 옆밀림의 영향으로 물이 어느 정도의 받음각을 가지고 흘러들게 되면서 유체력이 발생한다. 이 힘은 돛에서 발생되는 힘과 크기는 같고 방향은 반대인 상태가 되어 평형을 이루므로 일정한 상태로 항주하게 된다.

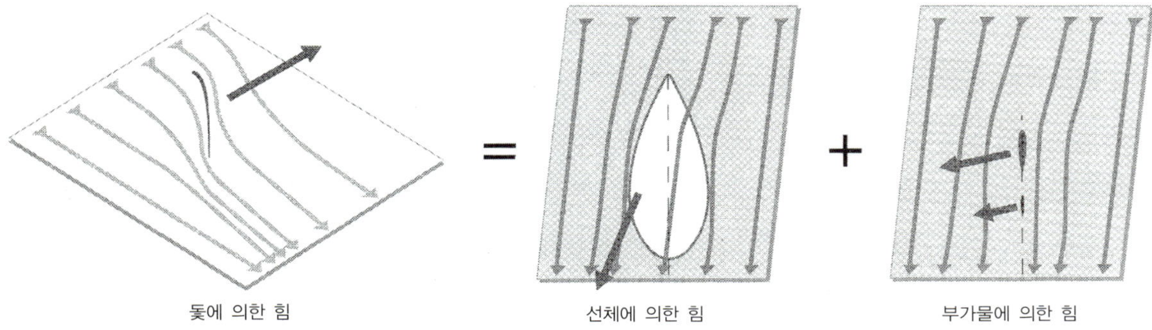

3.1 부력과 복원 모멘트

요트의 선체는 요트의 구성요소들을 물에 뜨게 하는 역할을 한다. 아르키메데스의 법칙에 의하면, 요트가 바다에 떠있을 때 물속에 잠긴 부분의 체적에 바닷물의 비중량(단위체적당 중량)을 곱한 것과 요트의 전체 무게는 서로 같다. 즉, 바다 위에 떠있는 배는 자기가 밀어낸(배수한) 바닷물의 무게만큼의 부력을 받고 있다는 것이다. 배의 무게를 '배가 밀어낸 물의 양', 즉 '배수량(displacement)'이라고 부르게 된 것도 바로 이 때문이다.

따라서 요트를 물에 띄우면 요트의 선체가 점차 가라앉으면서 물을 밀어내게 되고, 밀려난 물은 요트를 뜨게 하는 부력을 일으킨다. 요트의 무게가 배수량과 같아지면 요트의 중량과 부력이 평형을 이루어, 요트는 안정된 상태로 물에 떠있게 된다. 이때 부력의 중심은 선체의 물에 잠긴 부분의 체적중심에 놓인다.

선체의 또 다른 역할은 요트가 쉽게 기울어지거나 전복되지 않는 특성을 갖도록 하는 것이다. 기울어져도 원상태로 되돌아가려는 힘을 '복원력(restoring force)'이라고 하는데, 그 크기는 요트가 기울어졌을 때 요트의 무게중심(중심)과 부력중심(부심)의 위치에 따라 결정된다.

물체를 회전시키는 것은 단순한 힘이 아니라 힘과 힘이 작용하는 점까지의 거리를 곱하여 표현되는 '힘의 능률', 즉 '모멘트'이므로, 복원력보다는 '복원 모멘트(restoring moment)'라고 부르는 것이 더 정확하다. 일반적으로 배의 무게중심 위치가 낮고, 요트가 경사(횡경사)되었을 때 부력중심의 이동이 크다면 복원 모멘트도 크다고 볼 수 있다.

또한 복원 모멘트는 배가 길이 방향으로, 즉 Y축을 중심으로 회전할 때 나타나는 성분인 트림(trim)과 피치(pitch)가 발생하여도 나타난다. 이것을 '종 복원 모멘트'라 하며, 그 원리는 보통의 횡 복원 모멘트와 같다.

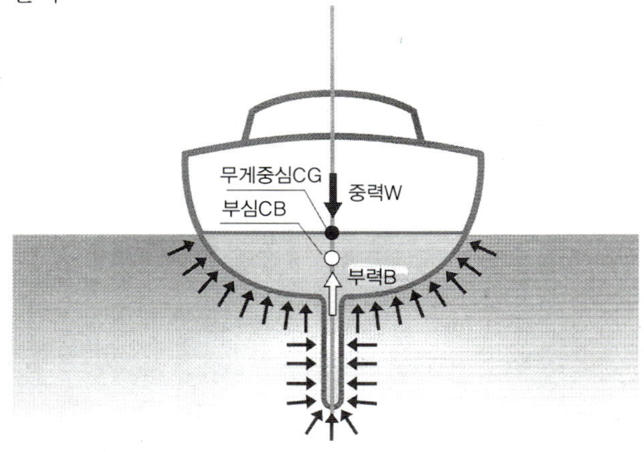

수면 아래에 잠긴 선체 표면은 수압을 받게 되는데, 각 위치에서 받는 압력을 벡터 합성하면 부력이 얻어지고, 부력의 작용중심은 물에 잠긴 선체의 체적중심과 일치한다.

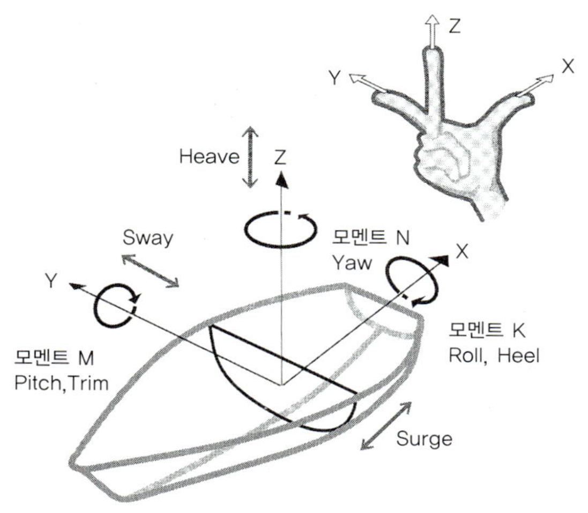

물체에는 길이, 폭, 깊이 세 방향이 있으므로 요트에서도 길이 방향(X축), 폭 방향(Y축), 깊이 방향(Z축)을 잡아야 한다. 또한 각 축의 양(+) 방향을 결정해주어야 하므로 이 책에서는 선수에서 선미 방향을 양(+)으로 하는 X축을 기준으로 한 오른손 좌표계를 택하기로 한다. 이 좌표계에서는 X, Y, Z축이 각각 오른손의 엄지, 검지, 중지에 해당하고, 이 손가락이 가리키는 방향이 각 축의 양(+) 방향이다. 또한 오른 나사의 진행 방향을 모멘트 회전축의 양(+) 방향으로 한다. 그러나 요트가 횡경사하는 경우에는 Y축과 Z축이 달라지므로 해수면에 평행한 면을 X-Y 평면, 수직 방향을 Z축으로 한다.

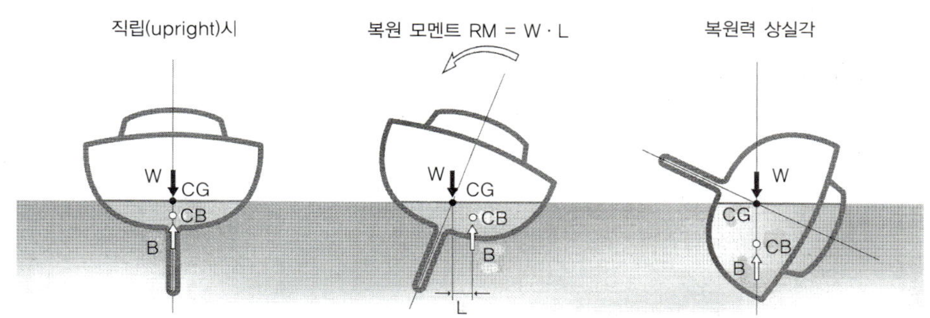

요트가 똑바로 떠있으면 부심 CB(center of buoyancy)와 무게중심 CG(center of gravity)는 동일 연직선상에 놓여있다. 그리고 요트가 기울어지면 수면 아래쪽의 형상이 비대칭형이 되므로 부심은 옆으로 이동한다. 그러나 중심의 위치는 변하지 않기 때문에 이 두 개의 힘이 작용하는 점(작용점) 사이의 수평 거리에 비례하는 복원 모멘트가 발생하게 된다. 경사되었을 때 부심이 이동한 거리가 클수록, 또는 중심의 위치가 낮을수록, 두 작용점 사이의 거리가 길어져 복원 모멘트도 커진다. 또 중량이 무거우면 역시 복원 모멘트가 커진다. 일반적으로 경사각이 20°에서 30° 정도이면 복원 모멘트의 크기는 경사각에 거의 비례한다. 그러나 경사각이 아주 커지면 중심과 부심의 위치관계가 역전되어 음의 복원 모멘트가 작용하게 되므로 요트는 오히려 전복하게 된다.

떠있는 모형 딩기(dinghy)의 선수 부분을 아래로 눌러줄 때 손에 반발력을 느끼는 것과 같이, 요트의 전후 방향으로도 종방향 복원 모멘트가 나타나는데, 그 원리는 횡방향 경사 때 복원력이 발생하는 것과 같다.

3.2 순풍범주

먼저 요트가 주행(running)이나 넓은 바람각(broad reach)에서 항주할 때, 즉 요트 조종이 용이한 순풍범주 상태일 때 요트에 작용하는 힘의 평형을 살펴보자.

정지된 요트가 뒤에서 바람을 받아 자연스럽게 앞으로 움직이기 시작하고 속력이 붙으면 요트 위에서는 바람이 약해지고 풍향도 바뀌는 것처럼 느껴지는데, 이는 앞서 설명한 바와 같이 달리는 요트 위에서는 겉보기 바람이 계측되기 때문이다.

돛은 겉보기 바람을 받아 힘을 얻게 되므로, 요트와 바람이 동일한 속력이 되면 겉보기 바람이 사라져 전진력이 발생하지 않는다. 이처럼 순풍범주 상태일 때에는 항주 속력이 증가하는 만큼 겉보기 바람이 줄어들어 전진력이 감소하기 때문에, 요트는 결코 바람보다 빠른 속력을 낼 수 없다. 더구나 일정 속력 이상이 되면 요트의 조파저항이 급격히 커져, 전진력이 증가하여도 요트의 속력은 더 이상 증가하지 못한다. 따라서 활주(planing)하는 딩기나 범선을 제외한 일반 요트는 순풍 상태에서 큰 속력의 변화 없이 비교적 안정된 항주를 하게 된다.

또한 순풍 상태에서 항주하고 있을 때 돛에서 발생하는 힘은 요트의 전후 방향 중심선(X축)과 거의 평행하게 발생한다. 따라서 돛이 내는 힘이 바로 전진력이 되고, 요트에 옆밀림(leeway)이나 횡경사(heel)를 일으키는 횡방향 힘은 거의 작용하지 않으므로, 주행시에는 횡방향 힘을 받아주기 위한 용골은 필요 없다.

순풍에서는 '스피니커'라는 순풍 전용 돛을 펼친다. Photo By Kaoru Soehata / Photo Wave

따라서 딩기가 순풍범주할 때에는 센터보드를 들어 올려 속력을 높이는데, 이때 돛에서 얻어지는 전진력은 선체의 저항과 같은 크기가 된다.

보통 돛에서 발생된 힘은 해면으로부터 상당히 높은 위치에 작용하는 반면 선체가 받는 저항은 수면 아래에 작용하기 때문에, 요트에는 선수를 잠기게 하려는 선수트림(bow trim) 모멘트가 발생하게 된다. 선체는 이러한 선수트림 모멘트를 받아줄 수 있는 종 복원 모멘트를 발생시켜야 평형 상태를 이룰 수 있다.

항주하는 요트를 위에서 보면 선체와 부가물에 작용하는 저항은 거의 선체의 중심선상에 있지만, 돛 힘도 반드시 이 선상에 있지는 않다. 이러한 차이는 요트를 선회시키려는 모멘트로 작용하게 되는데, 순풍범주 상태일 때에는 다른 상태에 비해 이러한 선회 모멘트가 크지 않기 때문에 횡경사도 크지 않다.

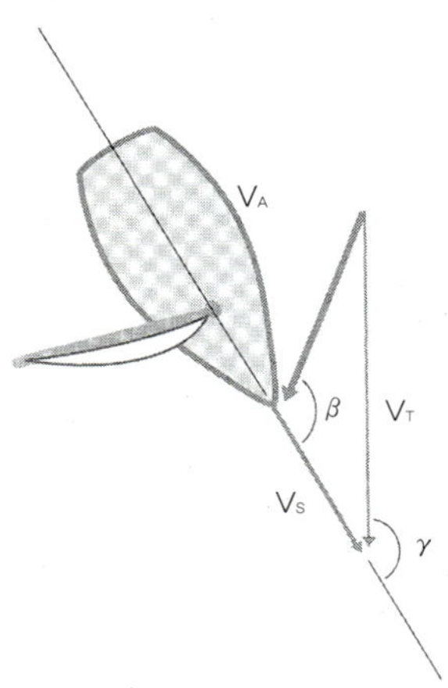

r 〉 90°일 때는

$$\beta = \tan^{-1}\left(\frac{V_T \sin \gamma}{V_S + V_T \cos \gamma}\right)$$

$$V_A = \sqrt{V_T{}^2 + V_S{}^2 + 2V_T V_S \cos \gamma}$$

혹은 β, V_A에서 γ, V_T를 구할 때는

$$\gamma = \tan^{-1}\left(\frac{-V_A \sin \beta}{V_S + V_A \cos \beta}\right)$$

$$V_T = \sqrt{V_A{}^2 + V_S{}^2 - 2V_A V_S \cos \beta}$$

순풍 상태의 풍속 삼각형. 순풍 상태에서는 요트의 속력이 빠르면 빠를수록 원동력이 되는 겉보기 바람이 감소하게 되므로, 바람 방향으로 주행하는 경우에도 요트는 결코 풍속보다 빠른 속력을 낼 수 없다.

Photo By KAZI

쌍동선이나 스키프(skiff)같이 빠른 배에서는 주행이나 넓은 바람각 상태에서도 겉보기 풍향이 상당히 앞쪽으로 돌아가 돛이 밀리는 경우가 있다. 그러므로 이러한 경우 스피니커(spinnaker)가 아니라 앞의 바람을 더 잘 받을 수 있는 '제니커(gennaker)'라는 비대칭 스피니커를 많이 사용한다.

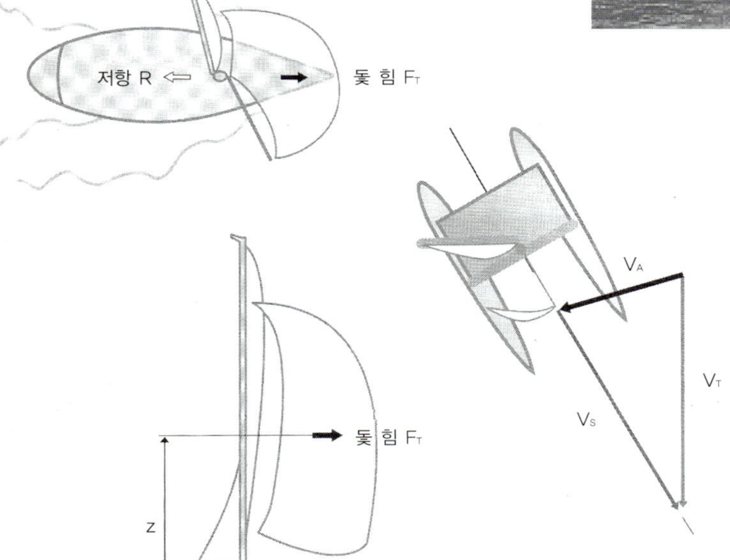

순풍에서 돛 힘은 거의 요트 진행 방향과 같은 방향으로 작용한다.
힘의 평형은 $R = F_T$
모멘트의 평형은 $R \cdot z = W \cdot x$이다.

3.3 역풍범주

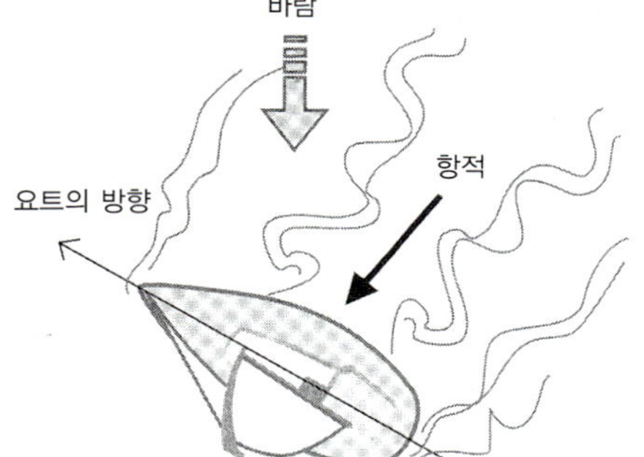

만약 용골과 타가 없다면…

역풍범주할 때에는 순풍범주 때와 달리 옆밀림이나 횡경사 현상이 나타나게 된다.

선체 중심선의 20~25° 방향에서 불어오는 겉보기 바람을 받는 역풍범주 상태를 위에서 내려다보면 돛 힘은 약 80° 정도의 방향으로 작용하므로, 돛 힘을 전진 방향의 힘과 횡방향의 힘으로 분해하면 그 비는 거의 1 : 5 정도가 된다. 즉, 돛에서 발생된 힘의 20% 정도만이 요트를 전진시키는 데 사용되고 나머지 대부분의 힘은 요트를 옆으로 밀거나(옆밀림) 기울이는(횡경사) 역할을 한다. 역풍범주에서 요트의 횡경사가 커지고 상대적으로 속도가 느려지는 것은 바로 이러한 이유 때문이다.

선체와 부가물에서 발생되는 유체력은 돛 힘과 평형을 이루어야 하지만, 특히 넓은 돛에서 발생되는 횡방향 힘을 상쇄시키는 것이 부가물의 주된 역할이다. 용골과 중립 상태에 있는 타에는 요트의 전진 속력과 옆밀림 속력의 영향을 받아 일정한 각도로 물이 흘러들어 양력이 발생한다. 양력의 방향은 유동 방향과 직각이 되므로—선체 중심선에 직각으로 작용하는 횡방향 힘과는 (옆밀림 때문에) 약간 방향이 달라지지만—이 두 힘은 거의 평형을 이룬다.

일반적으로 날개에서 발생되는 양력은 날개로 흘러드는 유동의 각도(받음각), 유체의 밀도, 날개 면적, 그리고 유속의 제곱에 비례한다. 용골과 타가 단지 몇 도에 불과한 작은 받음각에서도, 돛이 발생시키는 큰 횡력과 거의 평형을 이루는 양력을 발생시킬 수 있는 것은, 물의 밀도가 공기의 800배나 되기 때문이다. 예를 들어 30피트급 요트에서는 용골과 타 면적의 합계가 돛 면적의 3~4% 정도인데, 너무 작으면 옆밀림이 커지므로 역풍범주할 때 효율이 떨어져 바람을 거슬러 나가지 못하고, 지나치게 크면 옆밀림이 줄어드는 이점은 있으나 저항이 증가하는 불이익이 따르게 된다. 즉, 요트의 역풍범주는 물과 공기라는 두 유체의 성질 차이를 잘 이용해야 가능한 것이다.

횡경사와 옆밀림을 초래하는 역풍범주
Photo By Kaoru Soehata / Photo Wave

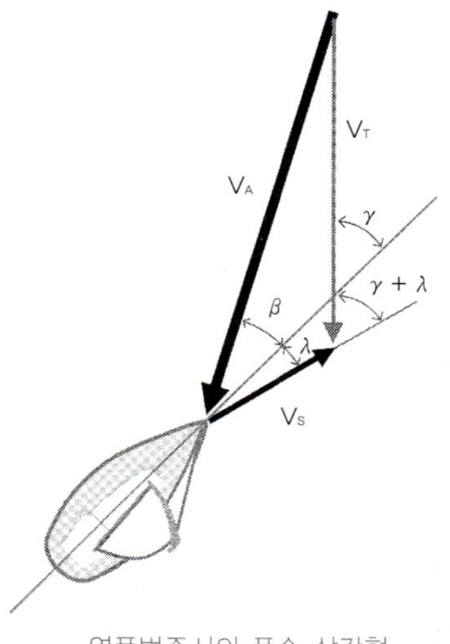

역풍범주시의 풍속 삼각형

맞바람 방향각을 γ, 겉보기 바람 방향각을 β, 옆밀림각을 λ라 하면,
$\gamma + \lambda < 90°$일 때, λ가 양의 값이라면

$$\beta = \tan^{-1}\left(\frac{V_T \sin(\gamma + \lambda)}{V_s + V_T \cos(\gamma + \lambda)}\right) - \lambda$$

$$V_A = \sqrt{V_T^2 + V_s^2 \cos(\gamma + \lambda)}$$

또는 β, V_A로부터 γ, T를 구할 때에는

$$\gamma = \tan^{-1}\left(\frac{V_A \sin(\beta + \lambda)}{V_A \cos(\beta + \lambda) - V_s}\right) - \lambda$$

$$V_T = \sqrt{V_A^2 + V_s^2 - 2V_A V_s \cos(\beta + \lambda)}$$

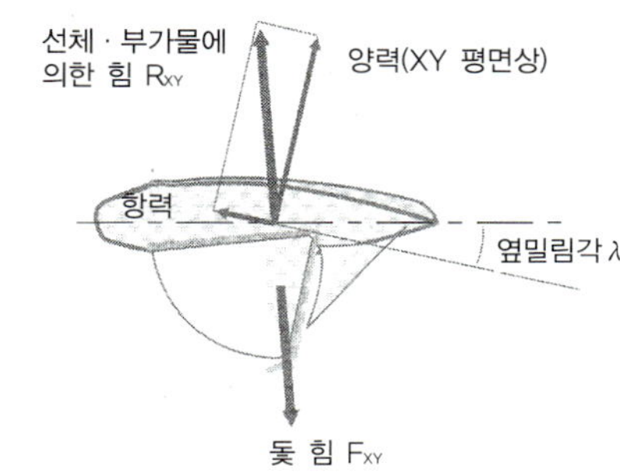

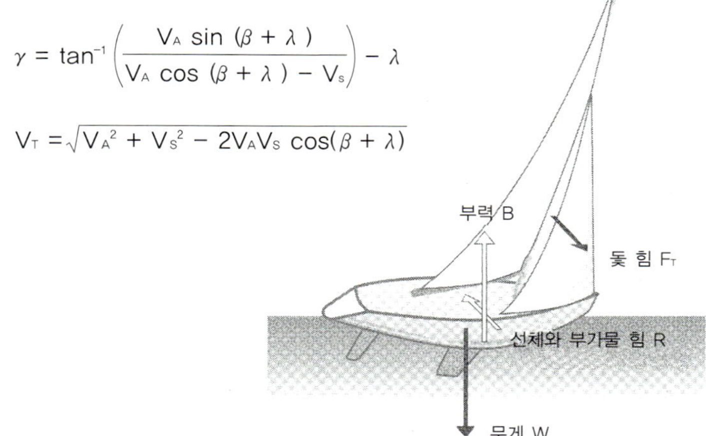

F_T는 R과 평형을 이루며, B는 W와 평형을 이룬다. 또한 F_T−R로 인한 모멘트와 B−W에 의한 모멘트는 서로 상쇄된다.

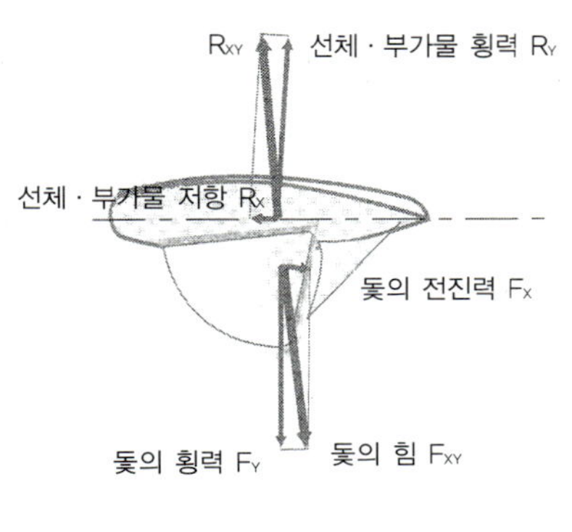

양력−항력을 선체 중심축을 기준으로 분해하자.

횡력−저항과 양력−항력 간의 평형관계는 동일한 기준축상에서 엄밀하게 검토되어야 한다. 선체 중심선을 기준축으로 하여 돛과 선체 그리고 부가물에 작용하는 힘 모두를, 선체의 전후 방향(X축)과 이에 직교하는 방향(Y축)으로 분해한다. 날개 역할을 하는 용골이나 타에 발생하는 양력과 항력을 횡력과 전진력으로 다시 분해하면, 옆밀림의 크기에 따라 저항이 약간의 음의 값(전진력)을 갖는 경우도 있다. 유럽이나 미국에서는 요트가 옆밀림을 동반하면서 진행하는 방향을 기준으로, 즉 진행축을 따라 힘을 분해하는 방법도 일반적으로 사용하고 있다. 이 방법은 부가물의 양력과 항력을 분해하지 않고 그대로 사용할 수 있다는 장점은 있으나, 선체 중심선을 기준으로 하지 않기 때문에 횡경사와 관련된 문제를 취급하기가 다소 어려워진다는 단점이 있다.

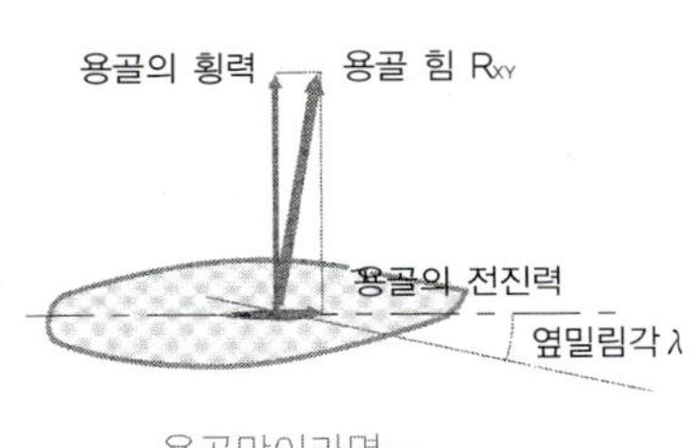

용골만이라면…

선체는 마찰저항, 조파저항 등을 받고, 부가물은 마찰저항과 양력의 부차적 산물인 선체 중심축 방향의 유도저항(유기항력)을 받는다. 그리고 이 힘들의 선체 중심축 방향 성분을 합한 것과 돛에서 얻어지는 전진력이 평형을 이룬다.

| 횡경사 모멘트와 복원 모멘트의 평형 |

요트가 기울어지면 돛 힘은 횡경사 각도에 의해 다소 아래 방향으로 작용하게 된다. 그러나 수중 날개인 용골과 타에도 동일한 경사가 일어나므로 그 영향은 동일하다. 결국 돛 힘과 용골·타에서 얻어진 힘은 거의 평행한 평면상에 놓이는데, 이 두 힘에 의한 X축 중심의 모멘트를 '횡경사 모멘트(heel moment)'라 한다.

돛에 작용하는 힘이 돛 면적 중심에서 가까운 위치에 작용한다고 가정하고, 용골과 타에서 발생하는 양력도 각각 그들의 면적중심에 작용한다고 생각하면, 횡경사 모멘트는 Z축 방향으로 계측한 이 면적중심들 간의 거리에 비례한다. 요트의 횡경사가 일정 한도를 넘어서면 제대로 항주하지 못한다는 것은 경험적으로 잘 알려져 있다. 이때 돛의 상부를 열어 바람을 빼주면서 항주하게 되는데, 이는 돛 힘의 작용점을 낮추어 돛과 선체에 작용하는 힘의 작용점 사이의 거리를 조금이라도 줄여줌으로써 횡경사 모멘트를 줄이려는 의도이다.

크게 횡경사하며 역풍범주로 달린다.

요트에 작용하는 횡경사 모멘트와, 그 각도에서 요트 선체가 발생시키는 복원 모멘트는 대체로 평형 상태를 이루게 된다. '대체로'란 뜻은, 엄밀하게는 요트가 항주할 때에는 조파 현상을 비롯한 선체 주위 압력분포의 영향으로 약간의 횡경사 모멘트가 추가로 발생되기 때문이다. 그러나 그 크기는 정적 복원 모멘트의 몇 퍼센트에 불과하다. 용골보트가 횡경사되면 부력중심 위치도 옆으로 이동하여 복원 모멘트가 발생하지만, 딩기나 돛배는 원칙적으로 선체가 직립되어 있어야 하므로 부력중심 위치는 움직이지 않는다. 따라서 승선원이 위치를 이동하여 체중으로 무게중심을 바꿔주면서 복원 모멘트를 발생시켜야 한다.

순풍범주와 마찬가지로 돛에서 발생된 전진력은 요트에 선수트림이 지게 한다. 택을 바꿀 때 요트가 맞바람을 받게 되면 돛에 작용하는 힘이 줄어들어 횡경사각이 감소하며, 잘 살펴보면 이와 동시에 선수도 올라감을 알 수 있다.

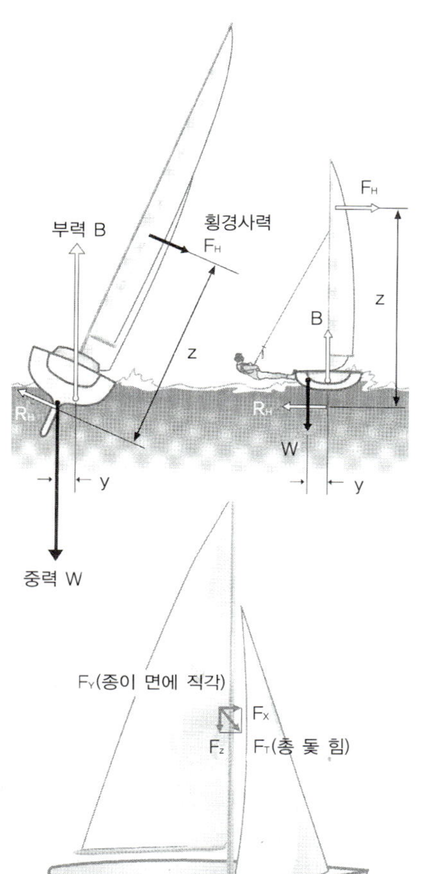

승선원의 체중 이동으로 평형을 잡는 딩기일 때
YZ 평면에 투영하여 힘의 평형을 살펴보면
$$F_H = R_H, \quad B = W$$
X축 주위 모멘트의 평형은
$$F_H \cdot z = B \cdot y$$
승선원의 체중 이동으로 선체의 평형을 잡아야 하는 딩기에서는 요트의 복원 모멘트에도 분명한 한계가 있다. 그래서 강풍이 불 때 측풍범주를 피할 수 없다면 돛의 면적을 조절하여 횡경사 모멘트를 일정 크기이하로 억제할 필요가 있다. 용골보트에서도 횡경사각이 너무 커지면거널(gunwale, gunnel)이 물에 잠기게 되어 저항이 급증하므로 횡경사모멘트를 잘 조절해야 한다.

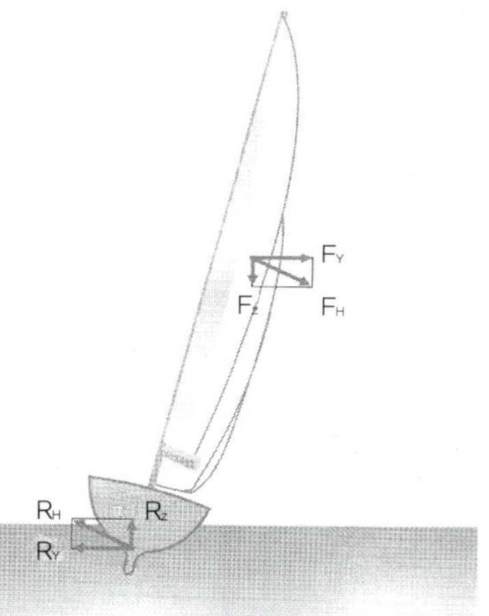

용골붙이 요트의 평형

F는 돛 힘, R은 선체와 부가물에 발생하는 힘을 의미한다.
전진력은 F_X, 저항은 R_X, 횡력은 F_Y 그리고 R_Y로 나타내면
횡경사 모멘트를 일으키는 힘(heeling force)은
$$F_H = \sqrt{F_Y{}^2 + F_Z{}^2}$$
$$R_H = \sqrt{R_Y{}^2 + R_Z{}^2}$$

해면과 평행한 XY면 내에 작용하는 힘은
$$F_{XY} = \sqrt{F_X{}^2 + F_Y{}^2}$$
$$R_{XY} = \sqrt{R_X{}^2 + R_Y{}^2}$$

전체 힘은
$$F_T = \sqrt{F_X{}^2 + F_Y{}^2 + F_Z{}^2}$$
$$R_T = \sqrt{R_X{}^2 + R_Y{}^2 + R_Z{}^2}$$

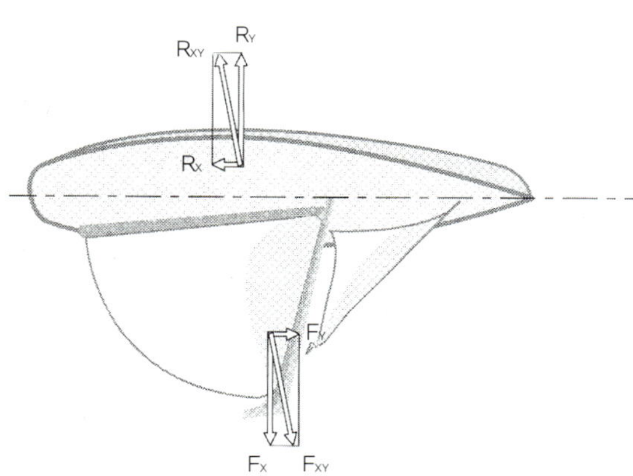

3.4 선수 균형과 선회

요트는 엔진을 사용하는 모터보트와는 달리 돛에서 구동력을 얻으므로, 언제나 선체 중심선(X축)을 따라 구동력이 발생한다고는 할 수 없다. 오히려 요트는 바람이나 파도의 영향을 받기 때문에 일정한 침로를 유지하며 항주하기가 어려운 배라고 말할 수 있다. 요트가 선수 방향을 바꾸는 것, 즉 Z축 중심으로 회전하는 것을 '선수동요(yawing)'라고 하는데, 선수가 방향을 바꾸어 안정되게 되는 성질은 Z축 중심의 선수동요 모멘트(yaw moment)의 평형으로 설명할 수 있다.

예를 들어, 용골붙이 요트가 역풍범주 상태로 항주할 때의 모멘트 평형을 생각해보자. 경험적으로 횡경사가 커지면 요트는 바람 방향으로 돌아서려는 성향이 있다는 것을 알고 있으므로, 이러한 현상을 억제하기 위해서 타의 각도를 키워주게 된다. 만약 타각을 늘려주지 않으면 모멘트가 상쇄되지 않고 남기 때문에 요트가 선회(tacking)하기 시작한다. 물론 타각을 늘려주면 선수를 반대 방향으로 돌려주는 모멘트가 증가하여 전체적인 선수동요 모멘트가 평형을 이루므로 요트는 직진하게 된다.

약간의 선수끌림 상태로 항주하는 모습. 타자루(tiller) 방향에 주목하자. Photo By Kaoru Soehata / Photo Wave

이렇게 요트의 선수가 바람 방향으로 향하려는 성질을 '선수끌림(weather helm)'이라고 한다. 일반적으로 횡경사 각이 커지면 선수끌림이 강해지는 이유는 크게 두 가지다. 먼저 횡경사가 일어나기 전에는 일직선으로 평형을 이루던, 공기 중(돛)과 수중(선체와 부가물)에서 발생한 두 힘이, 횡경사가 일어나면 기하학적으로 동일 연장선상을 벗어나 서로 평행하게 작용하기 때문이다. 또 다른 이유는 횡경사가 커지면 물에 잠긴 선체 형상이 비대칭이 되어, 선수를 바람 방향으로 돌리려는 선수동요 모멘트가 커지기 때문이다. 따라서 선수동요 모멘트를 생각할 때에는 돛, 용골, 타뿐 아니라 선체에 의하여 발생되는 모멘트도 함께 생각할 필요가 있다. 한편 선수끌림의 반대를 '선수밀림(lee helm)'이라고 한다.

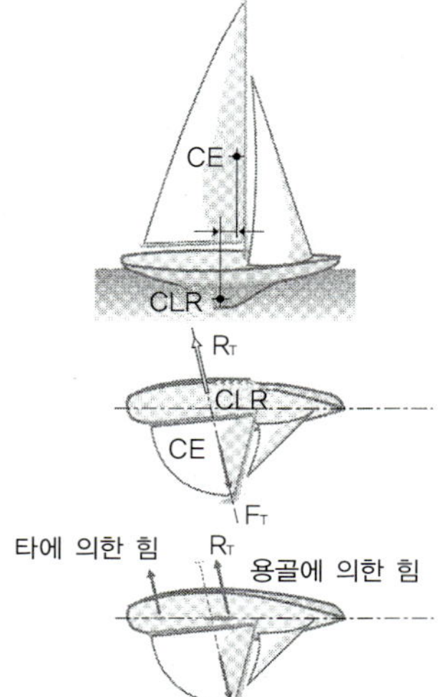

역풍범주 상태에서 선수동요의 평형. 돛에서 발생된 힘 F_T가 작용하는 점을 CE(Center of Effort), 선체와 부가물에서 발생된 힘 R_T의 작용점을 CLR(Center of Lateral Resistance)이라고 하자. R_T는 용골에서 발생된 힘과 타에서 발생된 힘, 그리고 양은 적지만 선체에서 발생된 힘 등을 합성하여 얻은 것으로, 수면 아래 잠긴 선체의 모든 요소에 작용하는 힘들을 합한 것이다. 모멘트의 평형을 상세하게 알아보기 위해서는 각 요소에 작용하는 힘의 작용점을 알아야 한다.

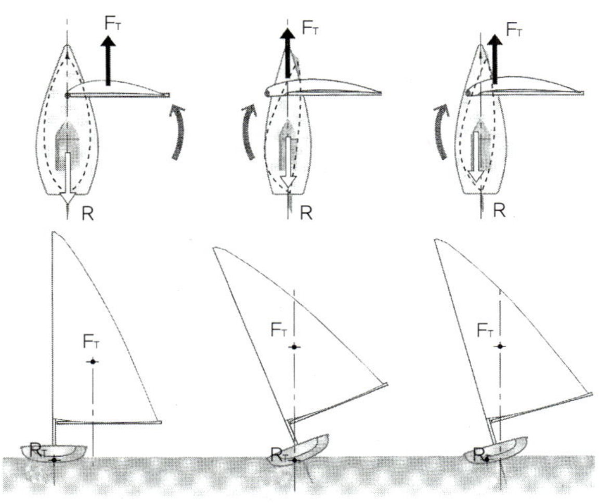

부가물의 양력이 필요 없는 순풍범주에서는 저항을 줄이고 속력을 높이기 위해 타를 가능한 한 중립 위치(타각 0)에 놓으려고 한다. 이를 위해 레이저급 같은 소형 범선(캣 범장)에 속하는 딩기에서는 선체를 바로 세워 힘을 일직선상에 접근시키는 돛 조작 기술이 사용된다. 가장 왼쪽의 그림과 같은 항주 상태에서는 항상 타를 잡아주지 않으면 직진하기 어렵다. 또 가운데 그림처럼 하면 좋을 것같이 생각되지만 실제는 선체가 일으키는 선수동요 모멘트가 있기 때문에 결국 오른쪽 그림과 같이 해야만 타를 잡지 않고 직진할 수 있다.

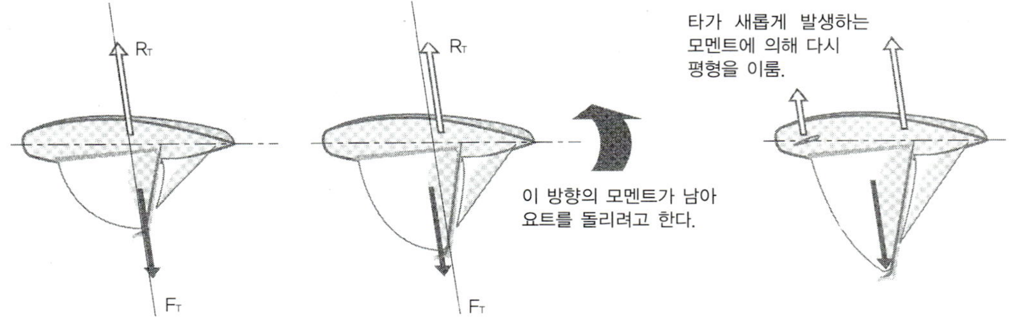

힘이 동일선상에 있는 평형 상태(왼쪽)에서 횡경사가 커져 두 힘이 동일선상을 벗어나면 선수끌림 모멘트가 강해진다(단, 작용점은 변하지 않는다고 가정한 경우). 또 선체가 일으키는 선수동요 모멘트도 커져 선수끌림을 돕는다. 이때 타각을 증가시켜 선수끌림 모멘트를 상쇄시키면 오른쪽 그림과 같이 요트는 다시 평형을 이루며 직진하게 된다.

역풍범주할 때에는 타에서도 적절한 양력이 발생하는 것이 성능상 중요하다. 만약 용골의 양력만으로 돛에서 발생하는 횡방향 힘에 대항하려 한다면, 옆밀림이 증가하여 타는 마찰항력만을 발생시키게 되므로 부가물의 전체 효율이 나빠진다. 따라서 용골과 타 모두의 항력을 최소화하면서 필요한 양력을 얻을 수 있도록(그러한 옆밀림각과 타각이 되도록) 용골과 타의 면적과 위치를 적절히 조절해야만 한다. 일반적으로 타는 용골에 의해 교란된 유동 속에 있게 되므로, 옆밀림을 고려하여 타각을 몇 도 정도 줄 필요가 있다. 이것이 흔히 말하는 "역풍범주 상태일 때는 적당한 선수끌림이 있는 것이 바람직하다"의 이유이다.

예를 들면, 주 돛을 늦춰주면 상대적으로 삼각돛(jib)의 역할이 커져서 돛에서 발생한 힘의 작용점이 전방 아래쪽으로 이동한다. 이처럼 사용하는 돛을 조절하거나 종류를 변경함으로써 선수동요 모멘트의 평형을 조절할 수도 있다. 실제로 항주할 때에는 꼭 최적의 돛 힘을 지닌 돛 형상이 아니더라도 타각을 적절하게 조절하는 편이 성능상 유리한 경우도 있다. 예를 들면, 타각이 지나치게 커지면 유동이 박리(flow separation)되어 항력이 급증하고 속력은 급감하므로, 요트의 조종이 어려워지는 실속(stall) 현상이 일어나기도 한다.

요트의 횡경사가 커지면 동시에 타각도 지나치게 커져 실속을 일으키게 되거나, 혹은 역으로 돛 조절이 바르게 되어있어도 선수밀림 현상이 나타나 적절한 타각을 찾기 힘들 수 있다. 이런 상황을 흔히 "선수 균형이 나쁘다"라고 한다. 반대로 바람의 변화나 파도의 영향으로 요트의 침로가 교란되더라도 요트 스스로 원래의 침로로 되돌아가려는 '침로 안정성(보침성)'을 가질 때 "선수 균형이 안정되어 있다"고 표현한다. 침로 안정성이 나쁜 요트로 직진하려면 타각을 쉬지 않고 바꿔주어야 하므로 키잡이의 부담이 커진다. 또한 타각이 최적 각도를 벗어나 있는 시간이 길어지므로 요트의 성능 발휘도 어려워지게 된다.

| 요 트 의 선 회 |

배를 선회시키기 위한 선수동요 모멘트는 보통 타를 조종하여 발생시킨다. 따라서 동일한 타각이라도 타의 면적이 크든가 타의 위치가 뒤쪽으로 치우칠수록 선회 모멘트도 커진다. 그러나 요트가 선회할 때에는 큰 옆밀림이 함께 나타나므로, 요트의 선회 성능에는 모멘트뿐만 아니라 선체나 용골의 특성도 크게 영향을 미친다.

요트가 선회할 때는 타의 역할이 가장 중요하지만, 돛이나 횡경사 각도를 조절하여 선회에 도움이 되는 선수동요 모멘트를 발생시키면 배의 조종이 좀 더 원활하게 된다. 또 타에서 발생되는 힘은 타 주위 유속의 제곱에 비례하기 때문에, 요트의 속력이 어느 정도 이상이 되어야만 타의 효과가 잘 나타나게 된다. 이렇게 타가 효과적으로 작동할 수 있는 속력을 타의 '효과속력'이라고 한다.

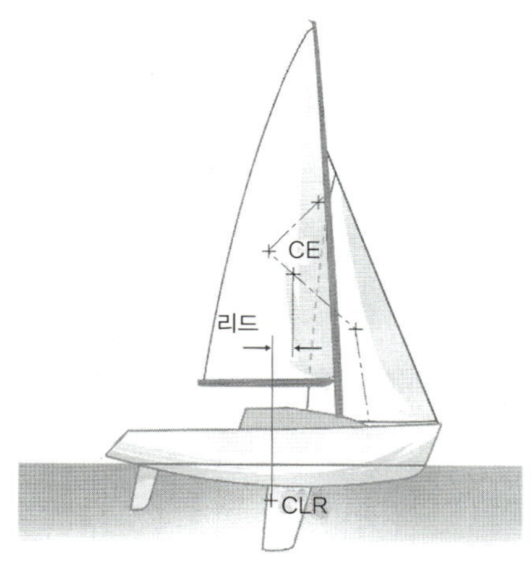

돛 힘의 작용점인 CE와 수면 아래 작용점인 CLR의 상대위치가 선수 동요 평형에 큰 영향을 미친다. 종래에는 CE와 CLR이 각각의 면적중심에 있다고 보고, 두 작용점 사이의 전후 방향 길이인 리드(lead)를 경험적으로 결정하였으나, 최근에는 작용점의 정확한 위치를 이론적으로 추정할 수 있게 되었다.

요트의 횡경사가 커지면 선수끌림이 강해져 타각도 커지는데, 그 관계는 오른쪽 그림과 같다. 요트를 조종하기 위한 타각은 타의 면적과 위치에 따라서 크게 변한다. 예를 들어 타에서 얻어지는 선수동요 모멘트를 동일하게 유지하려면, 타 면적이 반으로 줄어들어 타각이 대략 두 배로 증가해야 한다. 또한 돛 조절에 따라서도 타각이 달라진다.

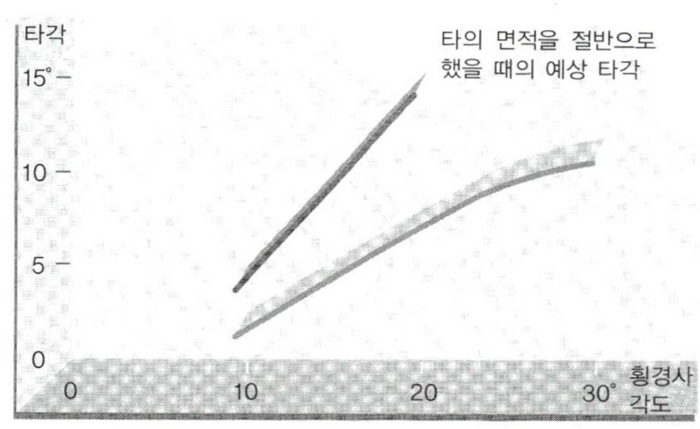

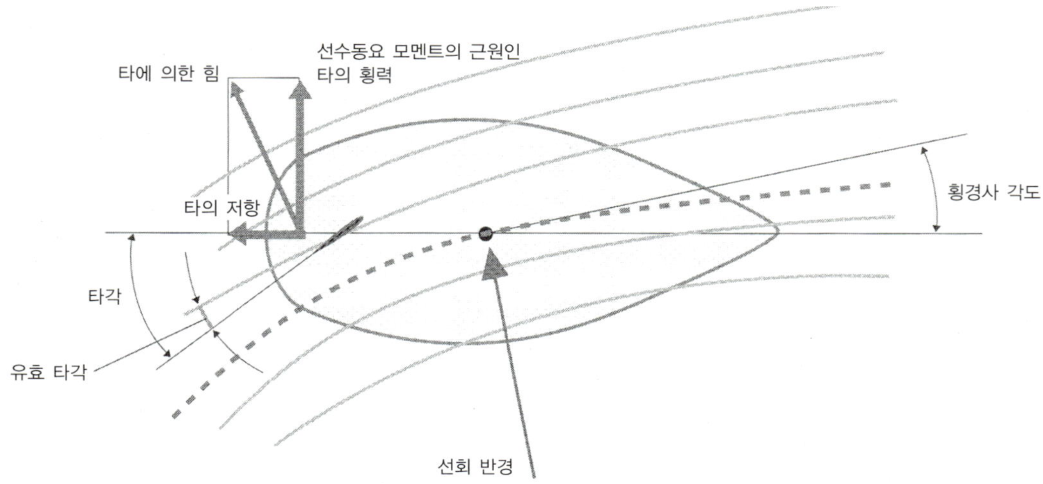

선회하는 요트는 옆으로 크게 밀리므로, 옆밀림각 이상의 타각을 유지하지 않으면 선회를 계속할 수 있는 모멘트를 얻을 수 없다. 보통 선박에서는 선회중심이 선수로부터 배 길이의 약 4분의 1 위치에 있지만, 요트에서는 일반적으로 용골의 앞날보다 약간 뒤쪽에 위치한다.

4.1 성능곡선

요트가 낼 수 있는 속력을 극좌표계(polar coordinates)를 이용해 원형 도표로 나타내는 경우가 있다. 위에서 아래 방향으로 참바람이 부는 것으로 가정하고, 옆밀림을 고려하여 요트가 특정한 방향으로 진행할 수 있는 속력을 표시하면 하트 모양의 곡선이 되는데, 이 곡선을 '성능곡선' 또는 '극좌표 선도(polar diagram)'라고 한다. 이 성능곡선은 좌우 대칭이므로 보통 오른쪽 반만 그린다.

성능곡선은 참바람 속도 하나에 한 선씩 그려지므로, 여러 속도에 대한 총체적인 성능을 나타내려면 여러 개의 풍속별 곡선을 그려야 한다. 또 스피니커 등을 펼치고 항주하는 경우에는 그 상태에서의 성능곡선도 추가하여야 한다.

성능곡선에서 알아낼 수 있는 일반 사항은, 주행(running)에서도 풍속보다 빠른 속도는 낼 수 없으며, 가장 빠른 속력을 낼 수 있는 각도는 옆바람(abeam)에서 넓은 바람각 사이의 구간에서 나타난다는 사실 등이다.

그러나 요트의 종류에 따라 성능곡선의 형태는 크게 다르다. 예를 들어 아메리카컵 대회용 요트는 역풍범주 성능이 대단히 우수하며, 모터보트와 같이 활주(planing)하는 경(輕)배수량의 딩기는 활주가 가능한 범위에서 성능곡선이 갑자기 튀는 부분이 나타나기도 한다.

요트가 주어진 참바람 속도에서 얼마나 빨리 달릴 수 있는가 하는 비율을 '풍속률'이라 한다. 활주형 딩기나 쌍동형 딩기에서는 풍속률이 최대 1.5~2가 된다. 저항이 아주 작은 아이스 요트(ice yacht) 등에서는 풍속률이 6을 넘을 때도 있다.

풍속이 증가한다고 해서 반드시 이에 비례하여 요트의 속력도 증가하는 것은 아니므로, 풍속이 증가할수록 풍속률은 떨어진다.

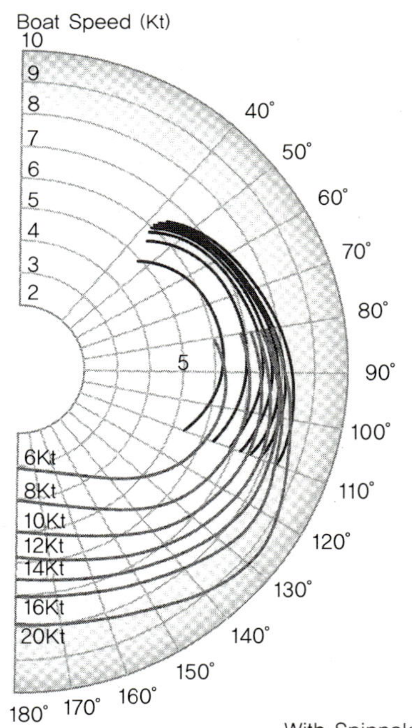

30피트급 IMS 경기 요트의 성능곡선. 풍속별로 곡선이 그려져 있으며, 스피니커를 펼치는 범위에 대해서는 별도의 곡선이 더 그려져 있다.

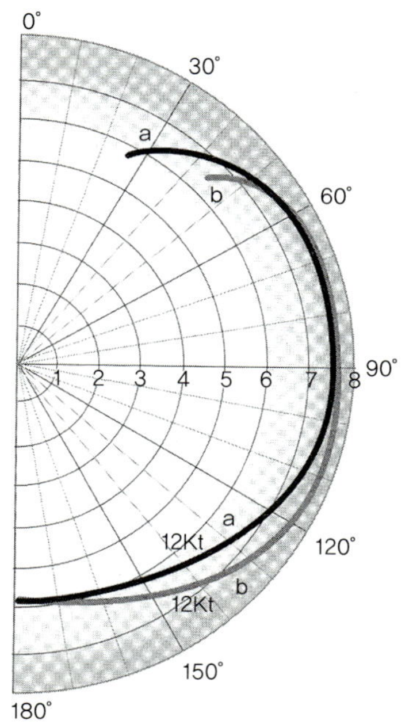

a. 역풍범주 성능을 중시하는 요트

b. 순풍범주, 측풍범주 성능을 중시하는 요트

a는 용골이 달린 중(重)배수량형 요트로, 역풍범주 성능이 우수하다.

b는 최근의 IMS 경기 요트과 같은 경(輕)배수량형 요트로, 순풍범주나 측풍범주일 때 빠르게 평형을 이룰 수 있는 성능을 보인다. 세계일주 경기 요트 등 측풍범주에 초점을 둔 요트에서는 이러한 경향이 더욱 현저하다.

활주형 딩기의 성능곡선. 바람이 강해지면 활주 가능한 범위에서는 요트의 속력이 급속히 증가하기 때문에 요트의 성능곡선에 요철(凹凸) 부분이 있는 것처럼 보인다. 이러한 요트는 성능이 극대화되는 점을 잘 살려서 항주하는 묘미가 있다.

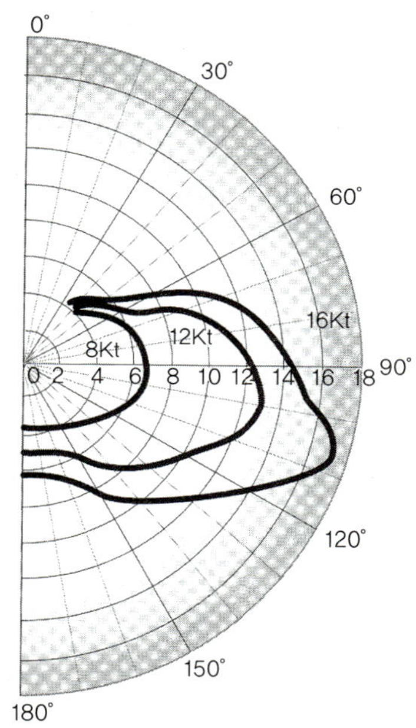

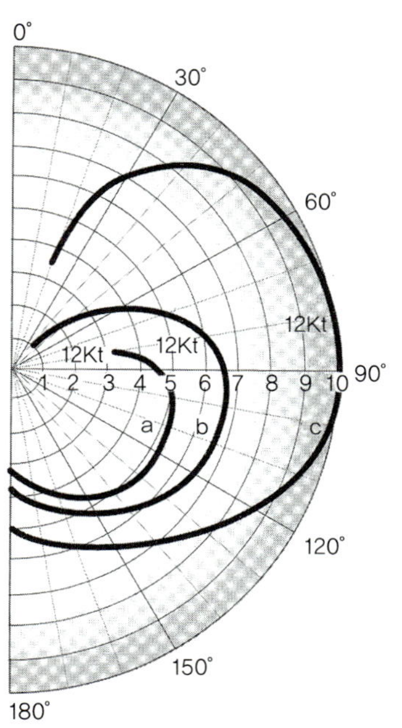

a. 16세기 범선(Galleon, 전장 50m)

b. 현대 훈련범선(Barque, 전장 68m)

c. 아메리카컵 요트(Sloop, 전장 24m)

시대에 따른 각종 범선의 성능 비교. 각기 범선의 크기는 다르지만, 특히 바람 방향으로의 범주 성능 향상이 현저하게 나타난다. 그러나 대양을 항해하던 옛날에는 맞바람이나 무풍, 역조 등을 피하는 항해술이 훨씬 중요하였고, 성능 면에서는 내후성이나 적재량도 중요한 요소였다.

4.2 역풍, 순풍에서의 범주 성능과 VMG

요트는 바람을 정면으로 받으며 범주할 수 없으므로 목적지가 범주 불능 영역에 들어있을 때는 효율이 좋은 역풍범주(상행) 각도로 일정 간격마다 택을 바꿔가면서 목적지에 도달하게 된다. 그러면 이 역풍범주 각도는 구체적으로 몇 도 정도가 되는 것일까?

성능곡선을 보면 역풍으로 범주하는 방법에는 어느 정도의 여유가 있다는 것을 알 수 있다. 즉, 되도록 바람이 불어오는 쪽에 가깝게 범주하면 항해 거리는 짧아지지만 속도가 느려진다. 반대로 바람 불어오는 쪽에서 멀어지면 범주 속력은 커지지만 거리는 길어진다. 따라서 그 사이 어디엔가 목적지까지의 범주 시간을 최소로 하는 범주 각도가 분명히 존재할 것이다.

이를 판단하는 척도가 되는 판별속도를 VMG(Velocity Made Good)라 하며, 요트 범주 속도의 바람 방향 성분이다. 범주 불능 범위 내에 있는 목적지까지 도달하는 시간은 출발지로부터 목적지까지 거리의 바람 방향 성분('높이'라고도 한다)만으로 결정되고, 목적지와 바람의 방향 차이는 문제되지 않는다. 왜냐하면 우현택과 좌현택을 합한 범주 시간은 항상 일정하기 때문이다. 이것이 택 바꿈 없이 목적지로 바로 향할 수 있는 측풍범주(순행)와 크게 다른 점이다.

바람 방향으로 얼마 동안 범주할 것인가는 요트가 실제로 범주하는 속력과는 관계없고 다만 판별속도 VMG의 크기만이 문제가 된다. 즉, 바람 방향의 거리(높이)를 판별속도(VMG)로 나누면 목적지까지 소요되는 범주 시간이 구해진다. VMG가 최대가 되는 범주 각도를 유지하면서 안정적으로 범주하는 것은 요트 조종 기술의 기본이다.

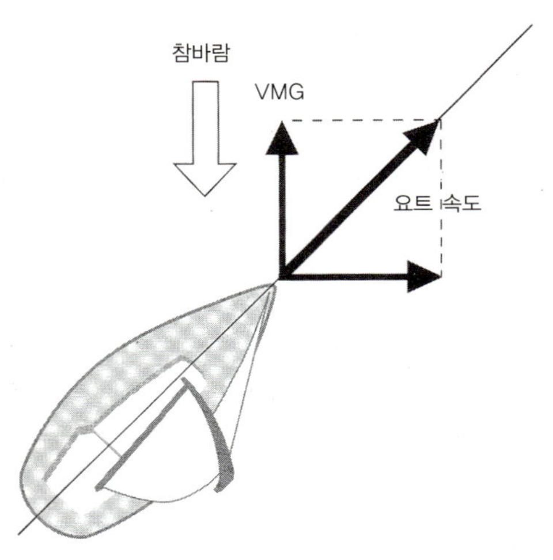

VMG는 요트 선속의 바람 방향 속도 성분이다.

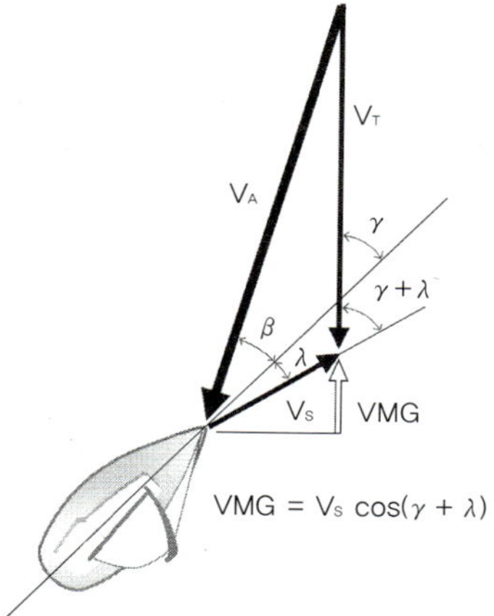

목적지가 범주 불능인 범위에 있고 바람 방향으로 올라가야 하는 거리(높이)가 같으면 범주 소요 거리는 변하지 않는다. 즉, 경기에서 출발선이 길고 목표 지점은 하나더라도 출발 조건은 동일하다. 따라서 목표 지점에서 가까운 곳에서 출발한다고 해서 꼭 유리한 것은 아니다.

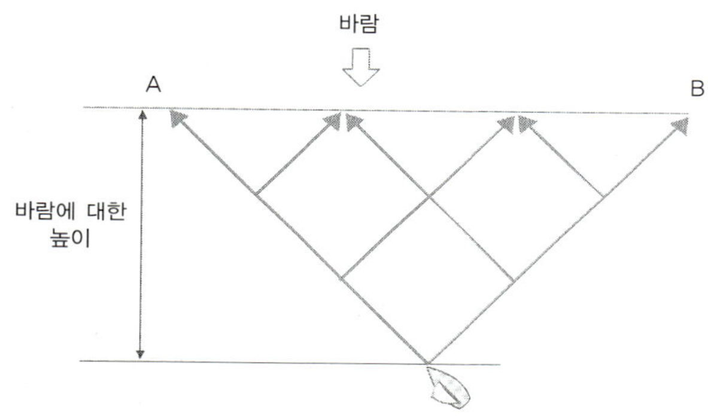

목적지가 A, B 사이 어디에 있건, 또는 어떤 코스를 택하건 범주 거리는 동일하다.

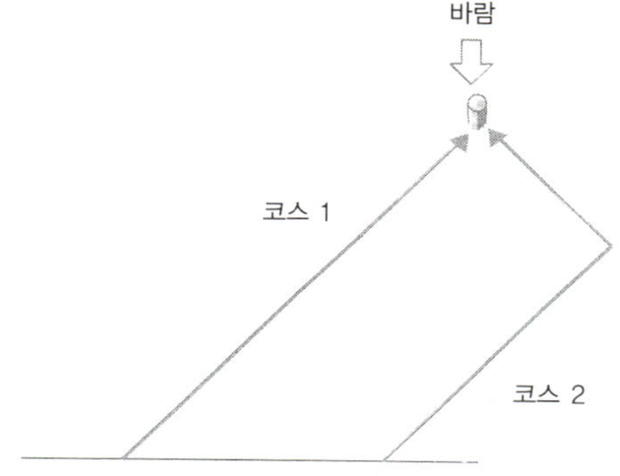

코스 1과 2의 길이는 동일하다.

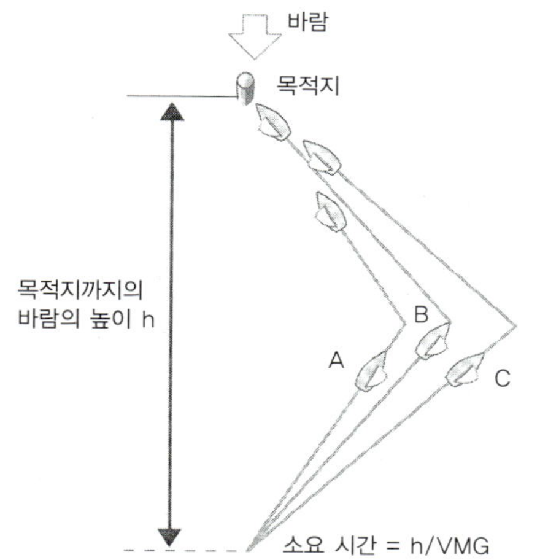

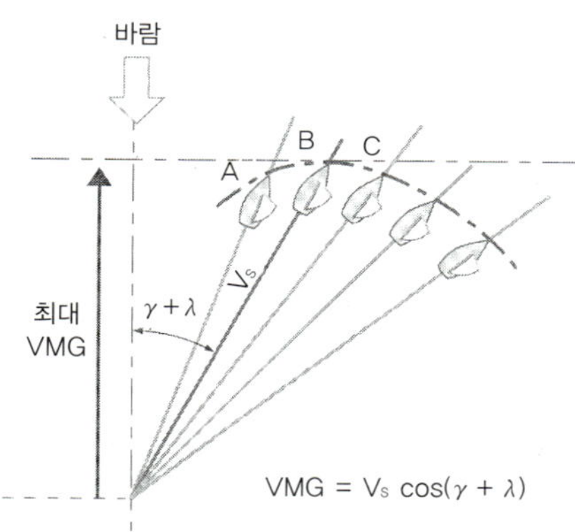

요트 B가 목적지에 도착하였을 때, B보다 범주 각도를 작게 잡은 요트 A와 범주 각도를 크게 잡은 요트 C가 아직 목표 지점에 도착하지 못하였다면, 요트 B가 설정한 범주 각도가 최대 VMG가 얻어지는 범주 각도이다.

일반적으로 VMG가 최대가 되는 범주 각도는 풍속에 따라 달라진다. 계기가 설치된 용골붙이 요트에서는 각도보다는 속력을 기준으로 범주하는 경우가 있다. 즉, 목표선속(target boat speed)을 설정하고 임의의 범주 각도로 항주하면서 요트의 속력을 계측하여, 목표선속에 도달하지 못하였으면 범주 각도를 늘려 속력을 높이고, 목표선속을 초과하면 속도를 줄여주면서 위(풍상)로 범주한다.

실제의 범주, 특히 시합에서는 최대 VMG를 얻을 수 있는 각도로 범주하는 것이 항상 가장 좋고 빠른 방법은 아니다. 예를 들면, 풍향과 풍속의 변화로 해면상에 유·불리한 위치가 나타날 경우, 다소 범주 각도를 늘리더라도 유리한 장소에 빨리 도달하는 편이 좋을 수 있다. 또 경쟁 요트와 상대적인 위치를 바꾸고자 할 때에도 최대 VMG 각도에서 다소 벗어난 각도로 범주하는 경우가 있다. 그러므로 요트의 속력을 평가할 때에는 VMG의 최대치뿐만 아니라 그 부근 각도에서 VMG의 변화도 검토하여야 한다. 범주 각도를 키우거나 줄여도 VMG가 크게 줄어들지 않는다면 그 요트는 전술적인 자유도가 높아 경기를 유리하게 이끌 수 있다.

요트가 순풍을 받으며 항주할 때에는 범주가 불가능한 범위가 없어 자유로이 코스를 잡을 수 있으므로 풍하 방향의 목적지로 직행할 수 있다. 이러한 직행 경로는 물론 최단거리이지만 실제로 이것이 최단시간이 걸리는 코스는 아니다. 역시 바람 방향 속도 성분(VMG)이 최대가 되는 범주 각도가 있으므로 이를 유지하면서 돛돌리기(gybing)를 반복하여 주행해야 도착 시간을 가장 줄일 수 있다.

순풍 방향 VMG는 역풍 방향만큼 각도에 따라 큰 차가 나지 않으므로 승조원이 최적 범주 각도를 유지하기가 어렵다. 또 풍속이나 사용하는 돛에 따라 이 각도가 크게 달라지므로 승조원의 예리한 판단이 필요하다. 예를 들어 바람이 약해지면 약간 각도를 키우는 것이 최대 VMG 각도가 되지만, 그렇게 하면 겉보기 풍향이 상당히 앞으로 치우치게 되어 바람이 강할 때와는 전혀 다른 범주 상태가 된다. 경기에서 좋은 성적을 올리는 능숙한 항해자는 이와 같은 최적 VMG 각도를 놓치지 않고 순풍 코스에서 착실하게 순위를 올리는 경우가 많다.

미풍에서 두 요트가 각각 최대 VMG 각도로 범주하고 있다.
Photo By Kaoru Soehata / Photo Wave

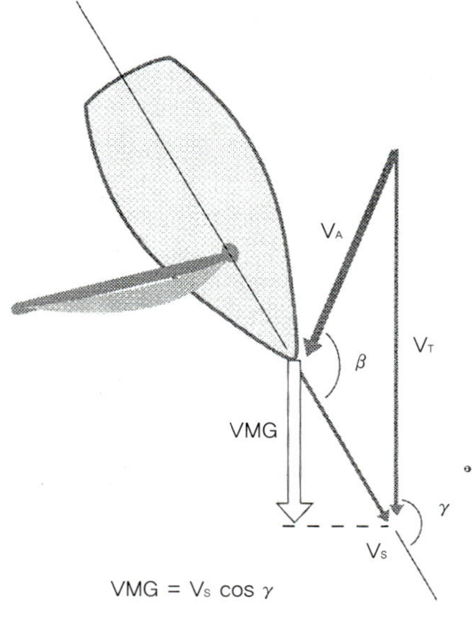

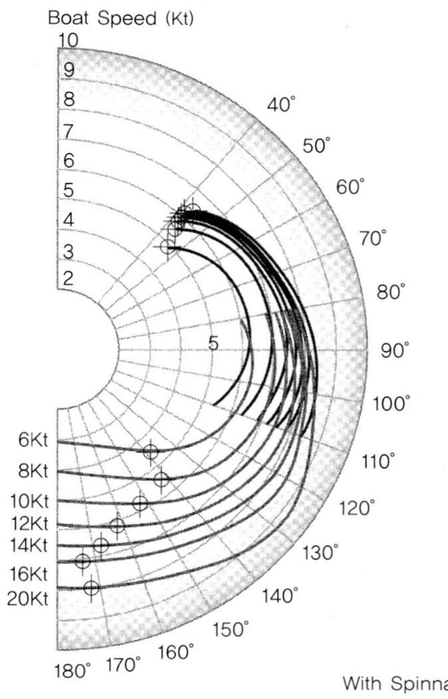

풍속 증가에 따라 최대 VMG가 얻어지는 범주 각도가 달라진다. VMG의 크기에도 한계값이 있는데, 역풍에서는 횡경사 각도의 상한이, 순풍에서는 선체가 받는 조파저항의 급증이 그 원인이 된다.

요트 B가 목적지에 도달하였을 때 요트 A와 C가 아직 도착하지 못하였다면, 요트 B가 택한 범주 각도가 최대 VMG를 얻을 수 있는 각도이다.

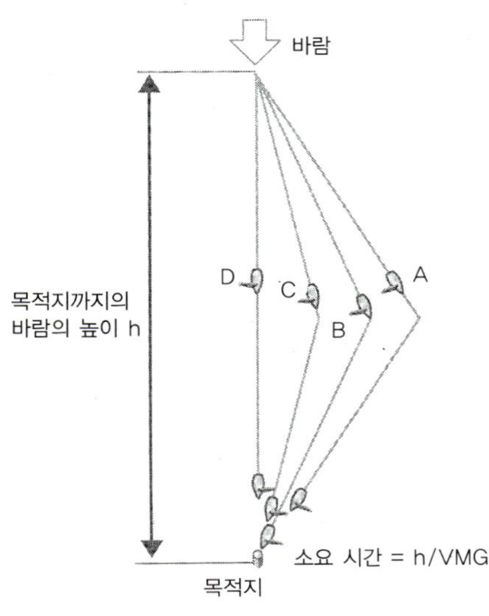

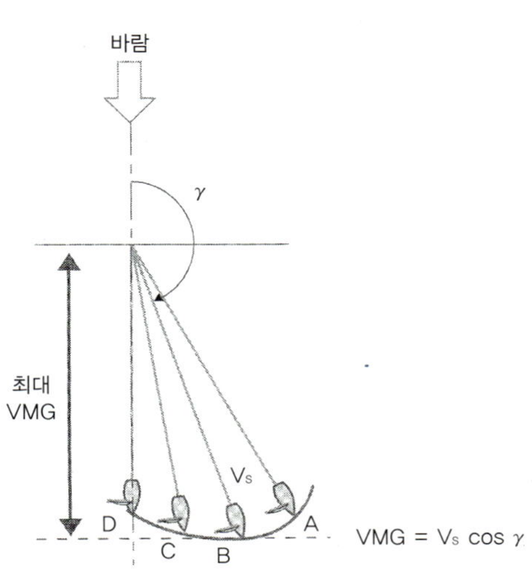

4.3 기타 성능

요트가 속력을 내려면 어느 정도 강한 바람이 불어야 하므로, 그러한 상황에서는 파도도 무시 못할 정도로 일고 있는 경우가 많다. 파도 중에서는 요트의 저항이 증가하는데, 잔잔한 수면일 때보다 늘어난 저항을 '파랑 중 부가저항'이라고 부른다. 이 부가저항의 크기가 반드시 요트에서 느끼는 피칭(pitching)의 크기에 비례하지는 않는다.

파랑 중 부가저항을 줄이기 위해서는 일반적으로 요트의 무게중심에 중량을 집중시키는 것이 유리하다. 그러므로 가능한 한 선수나 선미에 무거운 것을 두지 않고 양끝을 경량화하여, 요트의 피칭 모멘트를 줄여주는 것이 중요하다. 또한 선형 연구도 중요한데, 특히 요트에서는 파도 속에서 물에 닿게 되는 건현(freeboard) 부분의 형상이 영향을 미친다.

파랑 속에서 요트의 거동을 나타내는 척도가 능파성(凌波性)이다. 예를 들면, 맞파도(head sea)를 받으면 피칭이 커져서 선저가 해면에 강하게 부딪치는데 이를 팬팅(panting) 또는 슬래밍(slamming)이라 한다. 이때 심하면 요트뿐만 아니라 승조원도 육체적·정신적인 충격을 받게 된다. 또 뒷파도(following sea)를 받을 때에는 브로칭(broaching)이라는 옆방향 전복, 또는 피치폴(pitch fall)이라는 앞방향 전복이 일어날 수 있는데, 이러한 현상들을 잘 피하는 것도 능파성에 포함된다.

가벼운 딩기나 범선(sail boat) 중에는 모터보트와 마찬가지로 활주(planing)할 수 있는 요트가 있다. 돛에 의한 추진력이 어느 정도 이상이 되면, 평평한 선저에 부딪치는 물이 요트를 부양시켜 활주하게 하므로 저항 증가가 줄어든다.

파랑 중 요트가 파정에서 파저로 향할 때는 요트의 자중(중력) 일부가 추진력에 가세되어 일시적으로 속력이 높아진다. 이러한 현상을 '파도타기(surfing)'라고 하는데, 활주 가능한 형상의 요트라면 이때 당연히 활주가 시작된다. 파도타기와 활주가 쉽게 일어나는가의 여부와 그때의 속력이 활주 및 파도타기 성능의 기준이 된다.

파랑 속을 피칭(슬래밍)하며 범주하고 있다.
Photo By Kaoru Soehata / Photo Wave

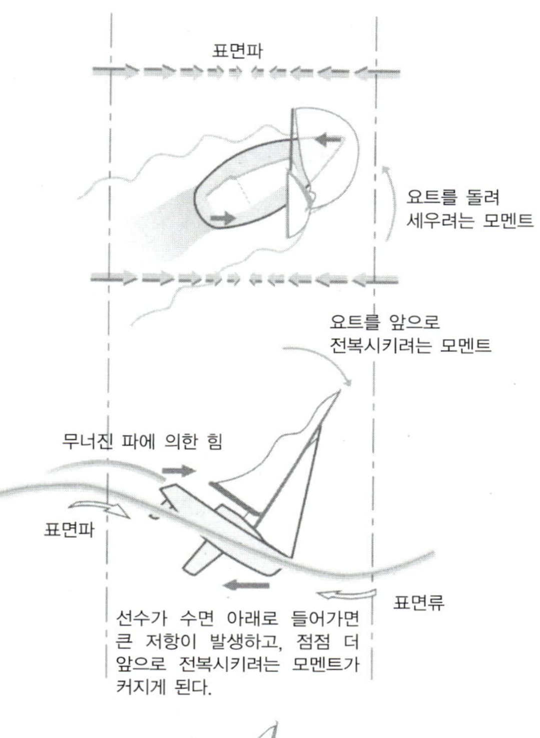

요트가 뒷파도를 받으며 파정에서 파저로 향할 때 파도의 표면류는, 선미는 파도 진행 방향으로 밀어주고 선수는 반대 방향으로 끌어당긴다. 만일 이 모멘트가 선수동요 모멘트로 크게 작용하면 요트가 파도 진행 방향과 옆으로 놓이게 되어 전복되기 쉬운 브로칭 상태가 된다.

또한 피칭 모멘트가 증가하면 선수가 물 밑으로 처박혀 길이 방향으로 전복되는 피치폴 현상을 일으키게 된다.

스피니커를 펼치고 범주할 때 선체가 갑자기 들려 옆으로 도는 현상도 '브로칭'이라고 부르고 있으나 물리적 원인은 전혀 달라, 조종성이나 선수 균형 문제 때문에 나타난다. 파도가 높으면 이 두 현상이 중첩되어 상승 효과를 일으킬 수 있다.

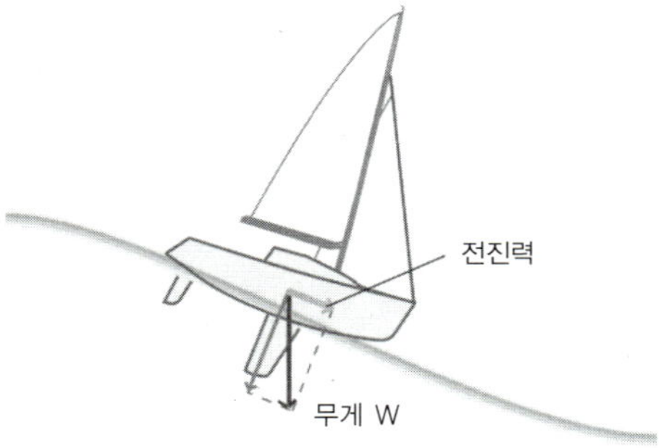

활주하는 딩기 Photo By KAZI

파도타기. 요트의 자중 일부가 전진력이 되는 현상으로, 파도의 경사면 각도가 5°일 때 자중의 약 9%에 이르는 상당히 큰 값이 된다. 잔잔한 수면에서 역풍범주할 때 전장 30피트, 배수량 3톤 정도인 요트의 전진력은 100kg을 넘지 못하며 이는 겨우 자중의 3% 정도에 불과하다는 것을 생각하면, 파도의 경사면을 이용하는 범주가 얼마나 효율적인지를 알 수 있다.

Photo By Kaoru Soehata / Photo Wave

조종자가 마음대로 요트를 조종할 수 있는 성질을 '조종성'이라 한다. 예를 들면, 타각을 바꾸어도 요트가 잘 선회하지 않는다면 조종성이 나쁘다고 한다. 즉, 조종성은 선회성과도 관계가 있다. 그러나 극단적으로 민감하게 반응하는 것도 조종성이 좋은 것이라고 할 수 없다. 어디까지나 인간의 감각이나 반사신경과 잘 조화되어야 하는 것이 조종성의 본질이므로 조종자에 따라 평가도 다르게 된다.

한편 요트가 스스로 침로를 유지하려는 성질을 '보침성' 또는 '침로 안정성'이라고 한다. 보침성과 조종성은 상반되는 성질이지만, 조종자가 똑바로 항주하기를 바랄 때도 있으므로 조종성에는 보침성도 어느 정도 내포되어 있다.

조종성과 보침성은 선수 균형과 깊은 관계가 있으므로 돛의 형상과 전후 위치, 용골이나 타의 크기나 위치가 설계상의 중요한 요소가 된다. 이에 더하여 선체에 작용하는 선수동요 모멘트의 특성도 무시할 수 없다. 또 부분적으로는 조종자가 타로부터 받는 느낌도 중요한 요소가 된다. 횡경사가 일어나도 선수동요 모멘트가 커지지 않는 선형을 연구하거나 스케그(skeg)가 붙은 타를 택하는 등의 방법으로 보침성을 키울 수 있다.

요트 경기에서는 몇 번 또는 몇십 번씩 반복하는 역풍범주에서의 택바꾸기(tacking)가 승패의 요인이 되는 경우가 많다. 택을 바꾼 후 요트의 속력이 원래 속력으로 되돌아올 동안에, 택을 바꾸지 않고 그대로 범주하였을 때보다 줄어든 항주 거리를 '택바꿈 손실(tacking loss)'이라고 한다. 택바꿈 손실을 줄이려면 요트가 새로운 바람 방향에 적응할 때 속력 저하가 적어야 하며, 또 속력 저하가 생겼더라도 가속성이 좋아야 한다. 이를 위해서 롤택(roll tack) 등의 기술이 이용되고 있지만, 설계상으로는 택을 바꿀 동안이나 택바꿈 직후의 항주 상태를 검토하여 선체나 부가물을 이에 맞도록 조절해둘 필요가 있다. 또 가속성에 대해서는 조종성 관점에서도 연구해볼 필요가 있다.

혹시 요트가 전복되더라도 파손되거나 물이 들어가지 않았다면 다시 바로 서서 계속 범주할 수 있어야 한다. 용골붙이 요트에서는 중량이 큰 용골을 밸러스트 역할을 겸하도록 부착하므로, 횡경사가 $100 \sim 120°$ 정도에 이르더라도 복원 모멘트가 남아있다. 그러나 만약 그 이상의 각도로 기울어지면 요트는 뒤집힌 상태에서 안정되므로, 요트를 다시 바로 세울 수 있는 복원 모멘트가 나타나는 각도까지 파도가 흔들어주어야 요트가 바로 설 수 있다. 그러므로 바로 떠있을 때와는 달리 전복된 상태에서는, 오히려 불안정해지는 것이 요트를 쉽게 바로 세울 수 있는 요건이 된다. 따라서 평상시에는 복원력 상실각(복원력이 없어지는 횡경사 각도)을 키워주고, 전복되었을 때에는 복원성이 불안정해지도록 갑판 형상을 적절히 설계하는 것이 중요하다. 또 전복되었을 때에는 고의로 요트 안에 물을 집어넣어 안정성을 낮추는 방법도 연구되고 있다.

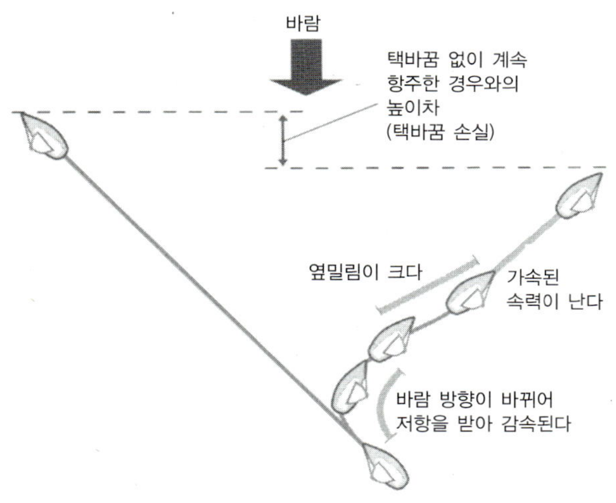

출발할 때 유리한 위치를 차지하려고 치열한 선회 경쟁을 벌이고 있는 12m급 요트. 이 같은 상황에서는 조종성, 선회성, 가속성이 모두 요구된다. Photo By Kaoru Soehata / Photo Wave

택바꿈 손실이 발생하는 원인은,

① 돛에 의한 전진력이 없어지고 대신 공기저항을 받는다.

② 이 때문에 선회하는 동안에는 저항이 증가한다.

③ 택바꿈 직후에는 요트의 속력이 떨어지지만, 참바람과의 합성 때문에 겉보기 풍속 저하는 상대적으로 낮아 돛의 횡력이 크게 줄어들지 않는다. 저하된 속력으로 큰 횡력을 상쇄하여야 하므로 요트의 옆밀림이 커지게 된다(아무리 능숙한 조타수일지라도 택바꿈을 하였을 때 항적이 S자형이 되는 것은 어쩔 수 없는 일이다).

④ 용골붙이 요트는 관성이 크고 가속성이 좋지 않아 본래의 속도를 회복하기 어렵다.

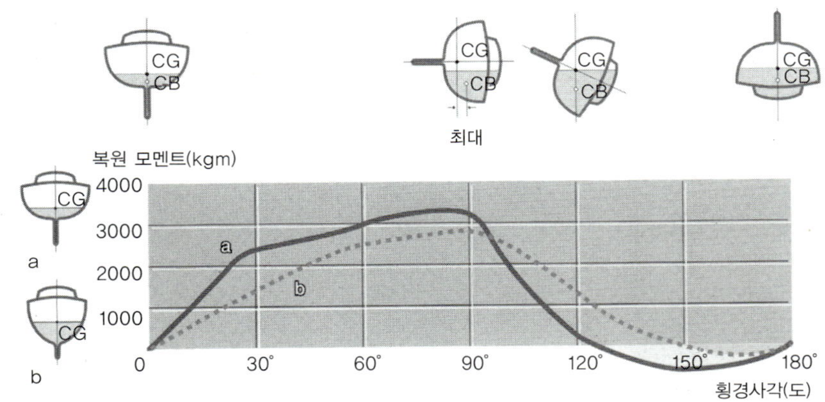

요트가 전복되기 쉬운지 아닌지 여부는 복원력 곡선을 보면 어느 정도 짐작할 수 있다. 요트가 뒤집혀져 있는 범위에서 음의 복원 모멘트가 작용하는 부분의 면적이 작으면 전복되기 어렵고, 다시 일어서기 쉽다고 할 수 있다. b의 폭이 좁은 요트의 복원력 곡선을 보면 횡경사 각도가 작을 때는 복원 모멘트 그 자체는 작지만 복원력 상실각이 150°로 커졌으며, 음의 복원 모멘트가 작용하는 부분의 면적이 작아져서 전복되기 어렵다.

science of yacht

유동의 과학

Chapter·3 Flow

물체가 공기나 물의 유동 안에 있든가 물체가 유체 안에서 움직이면 물체에는 힘이 작용하게 된다. 이 같은 힘을 분해하여 얻은 성분 중 유동 방향과 수직한 성분을 '양력(lift)', 평행한 성분을 '항력(drag)'이라 부른다.

　바람이 강할 때 우산을 뒤로 기울이면 바람 방향으로 항력이 작용하여 우산이 뒤집어진다. 우산을 바로 세워서 수평하게 쓰면 항력과 함께 양력도 발생하므로 우산을 앞쪽으로 비스듬히 기울여야 안정된다. 왜냐하면 우산은 보통 위로 볼록한 모양을 하고 있어서 위로 양력이 발생하기 때문이다.

　물체가 유체 속에서 잘 움직이려면 양력과 항력이 가장 알맞은 크기가 되어야 한다. 예를 들면, 비행기는 양력을 최대로, 항력을 최소로 하여 설계하여야 날 수 있다. 따라서 양력을 항력으로 나눈 '양항비'가 비행기의 가장 기본적인 성능을 나타내는 지표가 된다. 자동차는 항력이 가능한 한 작도록 설계하지만, 그와 동시에 위로 양력이 발생하면 운전이 어려워지므로 양력이 없거나 아래쪽으로 작용하도록 설계한다.

　요트의 선체는 항력이 최소가 되도록 설계하지만 옆밀림각을 가지고 항주할 때에는 횡방향 힘이 발생하여 선체에 양력으로 작용한다. 선체에서 발생하는 이러한 횡력(양력)은 보통 그리 크지 않다. 그러나 돛이나 용골, 타(키)는 비행기의 날개와 같은 역할을 하므로 항력을 낮게 유지하면서 횡방향 양력은 가능한 한 커지도록, 즉 양항비가 최대가 되게 하는 것을 설계 목표로 한다. 그러나 바람 방향으로(순풍) 범주할 때 사용하는 돛인 스피니커나 제니커만은 예외이다. 이 경우에는 우산이 바람에 날리는 힘인 항력을 주로 사용하여 요트를 밀어주게 한다.

　스피니커의 항력은 유동이 부딪치는 물체 전면의 압력은 높아지고 후면의 압력은 낮아지기 때문에 발생한다. 물론 이러한 후면의 낮은 압력은 와동 발생에서 기인하는 것이다. 비가 올 때나 먼지가 많은 길을 달리는 차 뒤에 복잡한 유동이 발생하는 것을 보면 이때 복잡한 와동이 많이 발생한다는 것을 알 수 있다. 이것이 항력 발생의 가장 큰 원인이다. 그리고 또 다른 항력 발생 원인은 유동이 물체 표면에 주는 마찰력이다.

　양력은 상하 비대칭인 물체 주위를 유체가 스치며 흐를 때, 위쪽 면과 아래쪽 면을 스치는 유동이 서로 다른 압력을 발생시키기 때문에 생긴다. 이 같은 현상은 물체 주위를 돌아가는 유동이 있을 때 일어나는 것과 동일하다. 야구공이나 테니스공을 회전시키면 공 주위에 회전하는 유동이 발생하여 양력이 생기므로 공이 날아가는 궤적이 휘어지게 된다.

항력을 이용한 범주

바람 방향으로 항주할 때에는 스피니커 또는 제니커에 작용하는 항력으로 추진한다. 따라서 바람을 받아 높은 압력을 발생시키는 면적이 넓은 돛 형상을 가져야 한다.

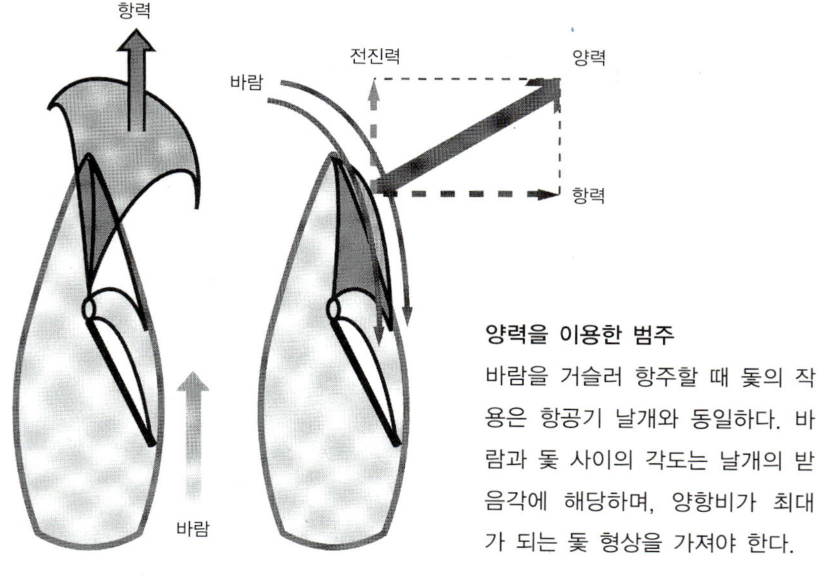

양력을 이용한 범주

바람을 거슬러 항주할 때 돛의 작용은 항공기 날개와 동일하다. 바람과 돛 사이의 각도는 날개의 받음각에 해당하며, 양항비가 최대가 되는 돛 형상을 가져야 한다.

원주 주위의 유동, 압력분포, 그리고 양력 · 항력

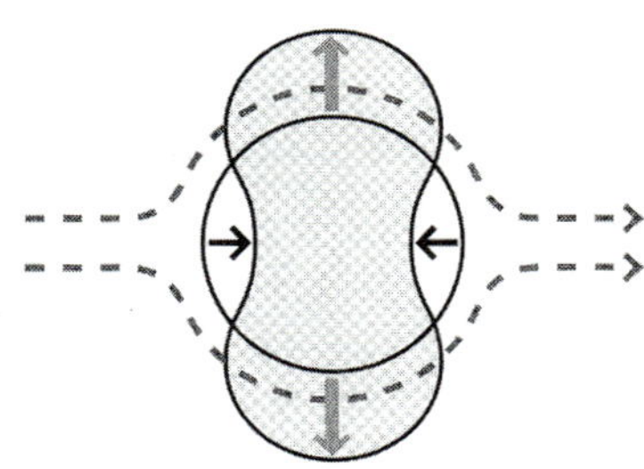

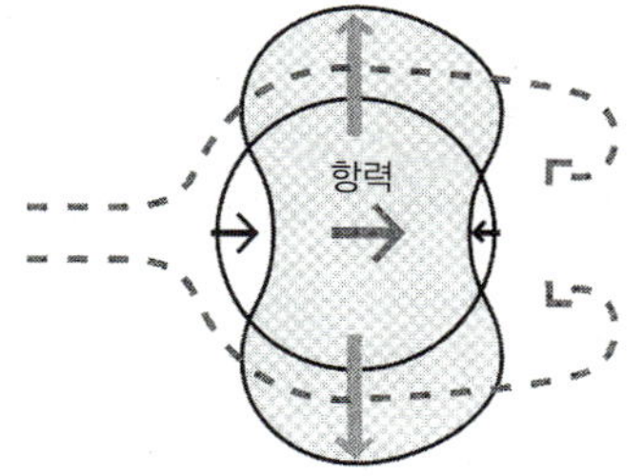

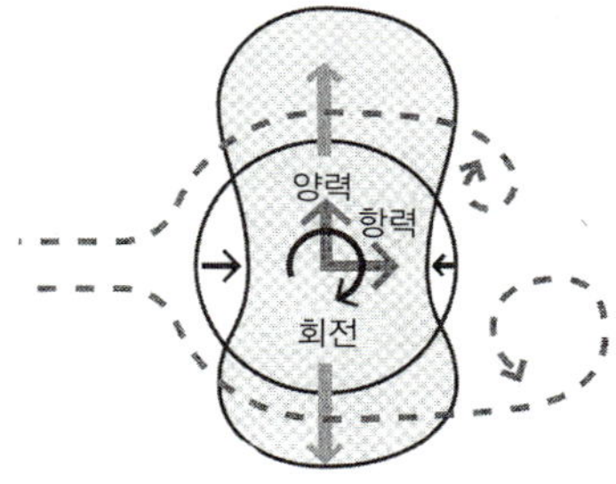

(점성이 없는 이상 유체)
압력분포가 전후 상하 대칭으로, 양력도 항력도 발생하지 않는다.

(실제 유체)
뒤에 와동이 발생하여 압력이 떨어진다. 이로 인하여 항력이 발생한다.

(회전유동이 가해지면)
회전에 의하여 유속이 증가한 부분의 압력이 내려가므로 위아래 압력차(양력)가 발생한다.

날개의 양력을 발생시키는 회전류

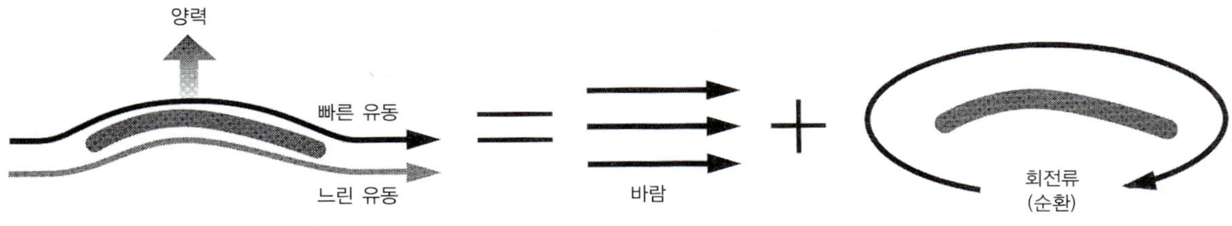

저 항 성 분

요트만이 아니라 모든 선박의 선체에 작용하는 저항은 점성저항과 조파저항으로 이루어져 있다. '점성저항'은 모든 물체에 공통으로 나타나는 힘이지만, '조파저항'은 배가 파도를 만들며 진행할 때나 초음속 항공기가 충격파를 만들면서 비행하는 경우에만 나타나는 저항 성분이다. 점성저항은 앞에서 설명한 것과 같이 앞뒤의 압력차로 인해 발생하는 것과,

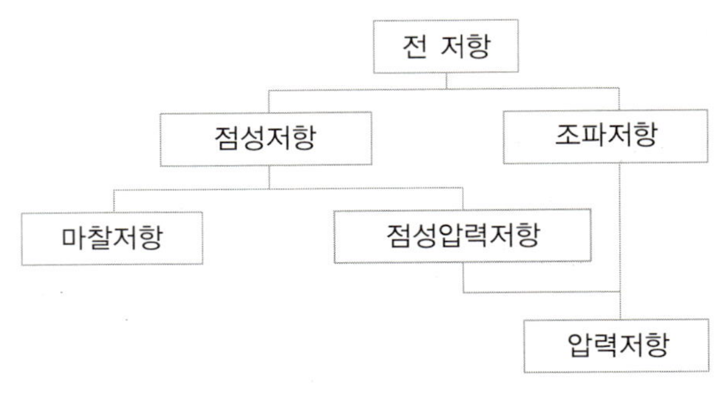

선체에 작용하는 저항 성분

점성에 의한 마찰 때문에 선체 표면에 나타나는 힘에 의한 것으로 분류할 수 있는데, 전자를 '점성압력저항', 후자를 '마찰저항'이라 한다. 자동차의 공기역학적인 저항은 모두 점성저항으로, 그중 약 70~80%가 점성압력저항이다. 그러나 유선형 선체의 경우, 점성압력저항은 점성저항의 10~30% 정도밖에 되지 않는다.

초음속 항공기가 만드는 충격파가 마하 수(Mach number)에 지배되는 것과 같이, 배가 파도를 만들 때 발생하는 조파저항은 프루드 수(Froude number)에 지배된다. 프루드 수는 선박의 전진 속도(m/s)를 중력 가속도(9.8m/s²)에 배의 길이(m)를 곱한 값의 제곱근으로 나누어준 값으로 정의되며, 다음과 같은 식으로 표현된다.

$$\text{Fn(프루드 수)} = V(\text{m/s})/\sqrt{9.8(\text{m/s}^2) \times L(\text{m})} \qquad V : \text{배의 속도(m/s), } L : \text{배의 길이(m)}$$

20만 톤급 유조선의 선속은 프루드 수로 약 0.15 정도이므로, 조파저항은 전체 저항의 10% 이하에 불과하다. 그러나 프루드 수가 0.3인 고속 여객선에서는 30% 정도가 조파저항이다. 점성압력저항과 조파저항은 선체 표면에 수직으로 작용하는 힘이므로 이를 합하여 '압력저항'이라고도 부른다. 압력저항은 배가 항주할 때 물을 교란시켜서 나타나는 것으로, 결국 수면에 파도나 와동을 일으키는 데 들어간 에너지 때문에 발생한다. 최근 컴퓨터공학의 급속한 발전에 따라 전산유체역학(CFD; Computational Fluid Dynamics) 분야의 연구가 활발하게 이루어져, 유체 운동의 가장 기본이 되는 내비어-스톡스(Navier-Stokes) 방정식을 직접 풀어 모든 유체 운동을 재현하고 압력분포나 힘의 모멘트를 구할 수 있게 되었다. 역풍범주하는 아메리카컵급 요트의 선체 표면 압력분포를 계산해보면 아래 그림처럼 비대칭이다. 이 압력분포를 적분하면 횡력, 압력저항, 모멘트 등이 얻어진다.

우수한 선체는 저항이 작은 선체이므로, 이 저항 성분들이 되도록 작아지게 형상을 최적화하여 설계하는 것이 바로 선형 설계이다. 이때 마찰저항은 거의 물에 접한 선체 표면적(침수 면적)의 크기에 비례하는 데 반해 조파저항은 선체 형상에 민감하게 반응한다.

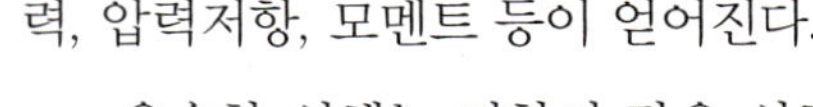

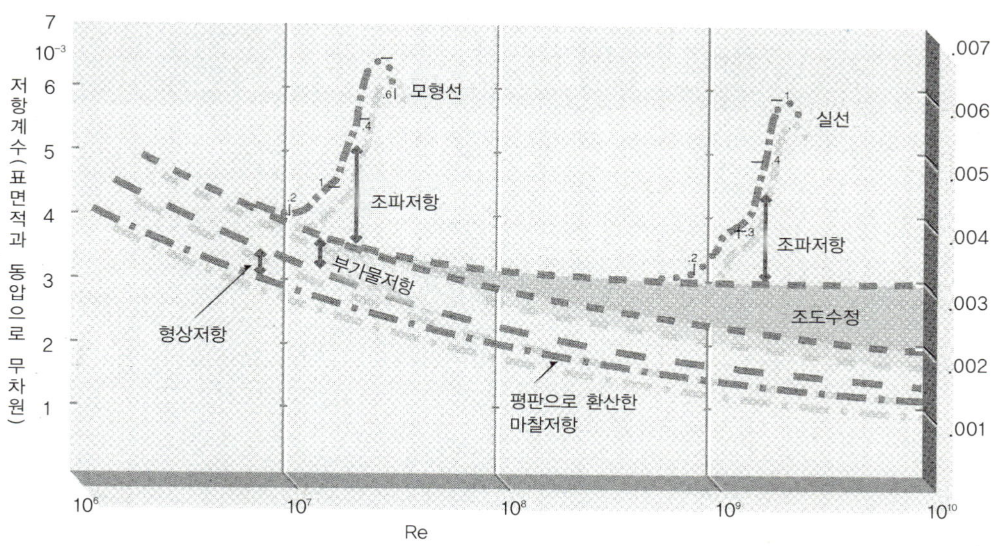

모형선과 실선의 저항 성분

점성저항에는 레이놀즈(Reynolds) 상사법칙이 적용된다. 레이놀즈 수(Re)는 배의 길이(L)와 속도(V)를 곱한 값을 물의 동점성계수(ν)로 나누어 얻은 무차원 값이다.

$$Re = L \cdot V/\nu$$

모형 실험에서 이 값이 실선에서와 같도록 레이놀즈의 상사법칙을 만족시키는 것은 불가능하다. 1/10 축척의 모형을 사용하려면 10배의 속도로 모형선을 움직여야 하기 때문이다. 실제 모형 실험에서는 프루드의 상사법칙(Fn = V/$\sqrt{gL}$이 일정)을 만족하는 조파저항 계수를 구한다. 이 값과 실선 레이놀즈 수에서의 평판마찰저항 계수, 그리고 일정 비율로 가정한 점성압력저항(형상저항)계수를 합하여 실선의 전체 저항계수를 얻는다.

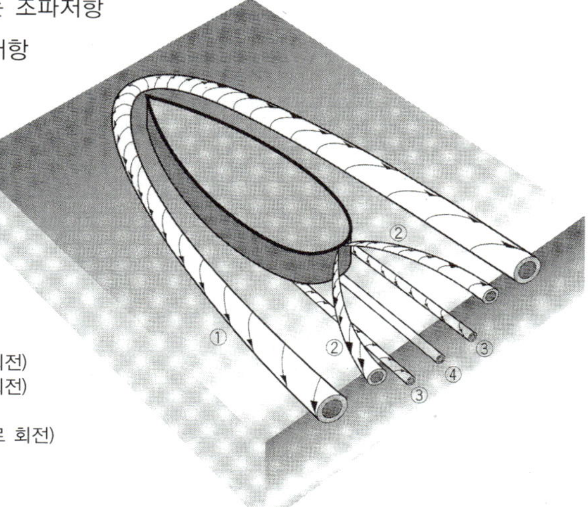

① 선수파의 붕괴에 의한 와동(밖으로 회전)
② 선미파의 붕괴에 의한 와동(밖으로 회전)
③ 빌지와동(안으로 회전)
④ 프로펠러와동(프로펠러 회전 방향으로 회전)

배 주위의 와동

배의 주위에는 점성압력저항을 발생시키는 여러 가지 복잡한 와동이 생성되는데, 그중에서 가장 잘 관측되는 것이 좌우 대칭인 빌지와동(bilge vortex)이다. 고속으로 주행하는 배는 선수와 선미에서 강한 파도를 발생시키고, 이 파도는 스스로 붕괴되어 하얀 쇄파가 수면을 덮게 된다. 이것도 파도가 붕괴되어 생기는 와동의 하나이다.

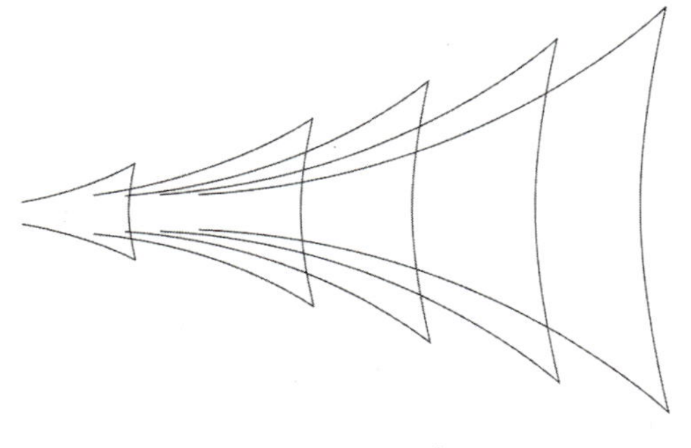

켈빈(Kelvin)파

1960년대부터 1980년대까지 조파저항을 줄이기 위한 선형 개발·연구가 지속적으로 진행돼왔으며, 현재는 모든 상선의 설계에 적용되어 저항을 크게 감소시키고 있다. 조파저항은 미세한 형상 차이에도 민감하기 때문에 선형을 설계할 때 특히 주의해야 한다. 요트의 선형에는 특유의 제약 조건이 있으나 조파저항이 줄어드는 형상으로 그 모양이 변화하고 있다.

조파저항은 배가 항주하면서 수면에 파도를 만들기 때문에 생기는 저항이다. 배의 추진력으로 쓰였어야 할 에너지가 수면 위로 멀리까지 전파되는 파도의 에너지로 소비된 것이다. 만일 파도를 전혀 일으키지 않는 배의 형상, 즉 조파저항이 없는 선형이 있다면 가장 좋겠지만, 그것은 예외적인 경우이다. 그 예외 중 하나는 프루드 수가 0.1 이하로 아주 낮을 때이고, 또 다른 하나는 잠수정과 같이 선체가 물속 깊이 잠수하여 수면에 아무런 영향도 주지 않을 때이다.

그동안 배가 만드는 파도는, 파의 제일 높은 점(파정)을 연결한 선이 규칙적인 평면형 켈빈파이고, 이러한 파도 모양은 물새든 요트든 또는 유조선이든 관계없이 이동하는 모든 물체에 대하여 동일하며, 이동 속도가 변하면 파정과 파정 사이의 간격(파장)이 변할 뿐 조파저항은 파고의 크기만으로 결정된다고 생각해왔다. 그러나 실제로 배가 만드는 파도를 잘 관찰해보면, 켈빈파와 같은 특징을 보이는 것은 선체로부터 멀리 떨어진 곳뿐이고 배 근방에서는 전혀 다른 모양의 파도가 생기는 것을 볼 수 있다. 1980년경 이러한 파를 자세히 조사해본 결과 충격파적인 성격을 가진 파로 밝혀져 '자유표면충격파'라는 이름이 붙여졌다. 거의 모든 요트에서도 선수 주위에는 항상 한 쌍의 자유표면충격파가 발생하고 있다.

조파저항을 구하기 위해서는 프루드 수를 일정하게 하고 수조실험을 수행하는 것이 보통이지만, 최근에는 수조실험 대신 전산유체역학적인 방법으로 선체 주위에 발생하는 파를 재현하여 조파저항을 줄이기 위한 선형 설계에 이용하기도 한다.

자유표면충격파

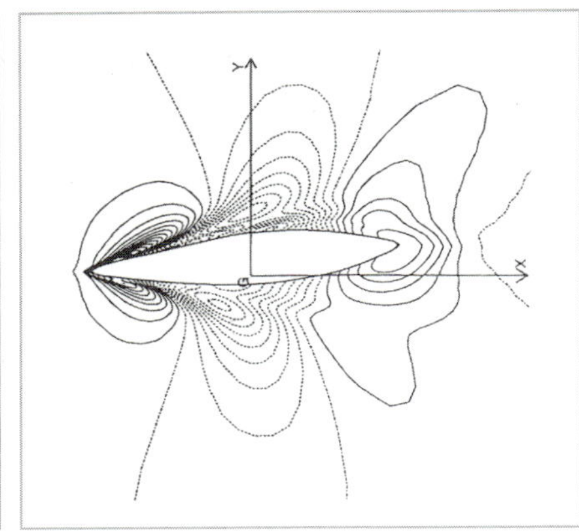

수치 해석에서 얻은 AC 요트 주위 파도의 등고선

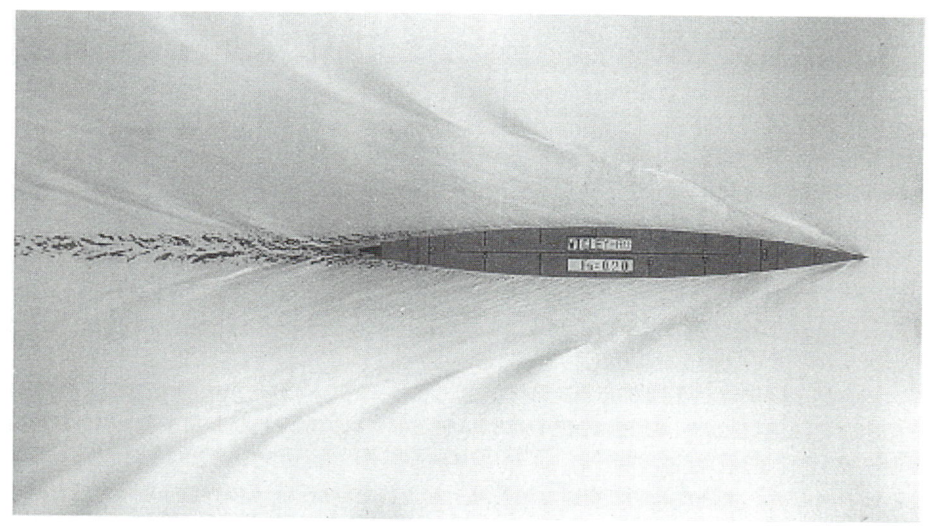

세장선(가늘고 긴 배)의 파형(프루드 수 0.20). 배로부터 떨어져 나오는 켈빈파형이 보인다.

프루드 수와 파장과의 관계(프루드 수 0.25(위), 0.37(아래))

프루드 수가 높아지면(속도가 빨라지면) 파정 사이의 간격, 즉 파장이 길어진다. 배의 길이와 파장 사이에는 일정한 관계가 있으므로 배 주위의 파를 관측하면 프루드 수를 알 수 있다.

$Fn = V/\sqrt{gL}$ (V : 선속, L : 배의 길이, g : 중력가속도, λ : 파장)

$\lambda = 2\pi V^2/g = 2\pi L Fn^2$

$\lambda/L = 2\pi Fn^2$

$Fn=0.25$일 때 $\lambda/L=0.39$, $Fn=0.37$이면 $\lambda/L=0.86$이 되고, 이것은 실험 사진에서도 확인된다. 또 프루드 수 0.40일 때에는 배의 길이와 파장이 일치한다.

물의 점성은 윤활유 등에 비해서는 작지만, 실제 유동에서는 그 영향이 크게 나타난다. 아주 얇은 평판을 수중에서 그 표면에 평행하게 끌려면 점성에 의한 마찰저항만큼의 힘이 든다. 이때 점성 때문에 평판의 표면이 물을 끌어당기게 되므로 표면 부근에서는 물의 속도가 느려지고, 그 영향은 평판

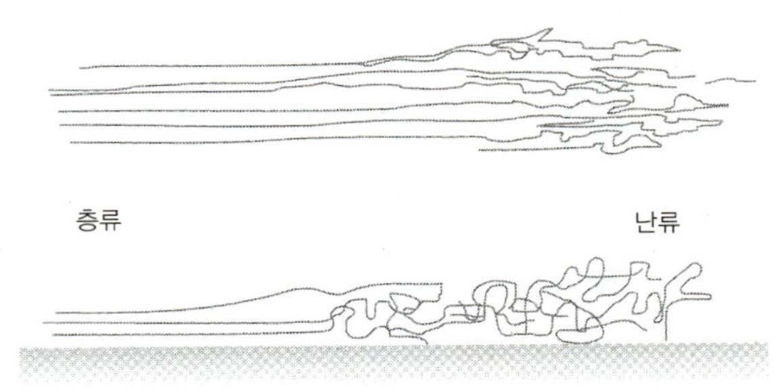

에서 멀어질수록 줄어드는데, 이렇게 속도가 줄어든 유동 부분을 '경계층'이라고 한다.

경계층에는 층류와 난류가 있다. 유동 속도가 느려서 레이놀즈 수가 낮으면 경계층은 교란이 없는 '층류 경계층'이 된다. 반면 유속이 빨라져 레이놀즈 수가 커지거나 장애물 때문에 유동이 교란되면 경계층은 3차원적인 복잡한 작은 와동이 포함된 '난류 경계층'이 된다.

레이놀즈 수가 10^5 정도를 넘는 속도에서는 경계층 유동이 거의 난류가 되므로, 일반적으로 물이나 공기의 유동은 대부분 난류라고 생각해도 좋다. 그러므로 물과 접촉하고 있는 면적과 레이놀즈 수에 따라 결정되는 마찰저항계수에 의하여 계산되는 마찰저항을 줄이려는 노력은 의미 있는 성과를 거두기 어렵다.

그러나 작은 배, 특히 요트와 같이 늘씬한 곡면으로 되어있는 선체의 일부나 용골 또는 타에 국한하여 보면, 치수가 작고 유속도 낮기 때문에 레이놀즈 수도 작아져서 표면을 매끄럽게 다듬어주면 표면 부근의 유동을 층류로 만들 수 있으며, 마찰저항이 낮아져 저항을 감소시킬 수 있다. 선미 쪽으로 갈수록 압력이 떨어지는 압력구배를 만들어주면 층류 상태를 유지하기 쉬워진다. 그러므로 선체나 용골, 스트럿(strut), 벌브(bulb), 타 등의 저항을 감소시키기 위하여 층류 부분이 가능한 한 넓어지도록 설계할 때가 있다. 그러나 선수 주위의 층류 영역을 확대하려고 설계된 선형의 경우 조파저항이 커지는 등의 부정적인 효과가 뒤따르기 때문에 채택하지 못하는 경우가 많다. 또한 이러한 설계법을 용골이나 스트럿 또는 타에 적용하여도 받음각(옆밀림각)이나 타각이 있을 때에는 층류 특유의 큰 와동이 생성되어 저항이 커지게 된다. 실제로 큰

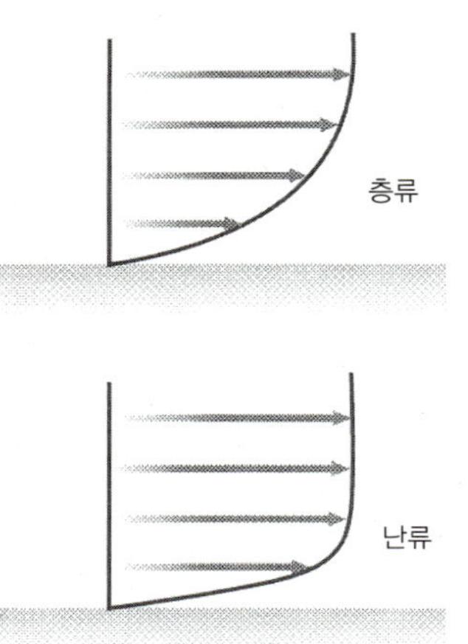

타각을 갖는 타에서는 층류를 고려할 수 없으며, 용골 또는 스트럿에 대해서도 이러한 설계 개념은 잘 받아들여지지 않는다.

경계층을 조절하여 마찰저항을 감소시키려는 시도도 몇 가지 있다. 그러나 선저에 공기막이나 작은 기포 유동을 만드는 방법은 선저가 평평한 바지(barge) 등에서는 실현 가능성이 있지만, 선체가 곡면으로 되어있는 요트에서는 가능성이 적다. 리블렛(riblet)이라고 불리는 높이 0.3mm 정도의 홈을 유동에 나란하게 파는 방법이 경기용 요트에 사용된 적이 있으며, 레이놀즈 수 $10^5 \sim 10^7$의 범위에서 마찰저항을 최고 5% 정도 감소시킬 수 있다고 알려져 있다.

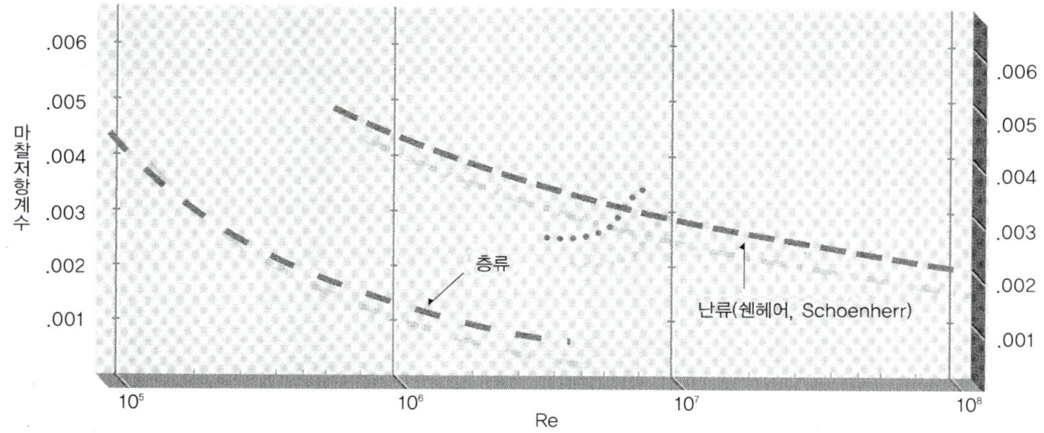

평판의 마찰저항계수

동점성계수는 온도에 따라 크게 변화하지만, 횡축의 레이놀즈 수 [Re=V(속도m/s)×L(길이m)/ν(동점성계수m²/s)]에 해당하는 종축의 마찰저항계수를 읽어 1/2(밀도)×(속도m/s)×(표면적)을 곱하면 마찰저항 (kgf)을 얻을 수 있다. 밀도는 온도의 영향을 그다지 받지 않으며, 15°C

	민물	바닷물	공기
5℃	1.52	1.56	13.7
15℃	1.14	1.19	14.6
25℃	0.89	0.94	15.5

$\times 10^{-6}$(m²/s)

일 때 물은 102kg · s²/m⁴, 바닷물은 105kg · s²/m⁴, 공기는 0.125kg · s²/m⁴이다. 그림의 곡선은 실험값에서 얻어진 것으로, 보통 난류 경계층일 때 마찰저항계수는 일반적으로 쉔헤어(Schoenherr)식 $0.242/\sqrt{Cf} = \log_{10}(Re \cdot Cf)$으로 주어진다. 보통 Re=$2 \times 10^5$ 정도에 놓이는 천이점을 경계로 하여 층류에서 난류로 바뀌며, 천이점의 위치는 압력구배나 표면의 거칠기에 따라 달라진다.

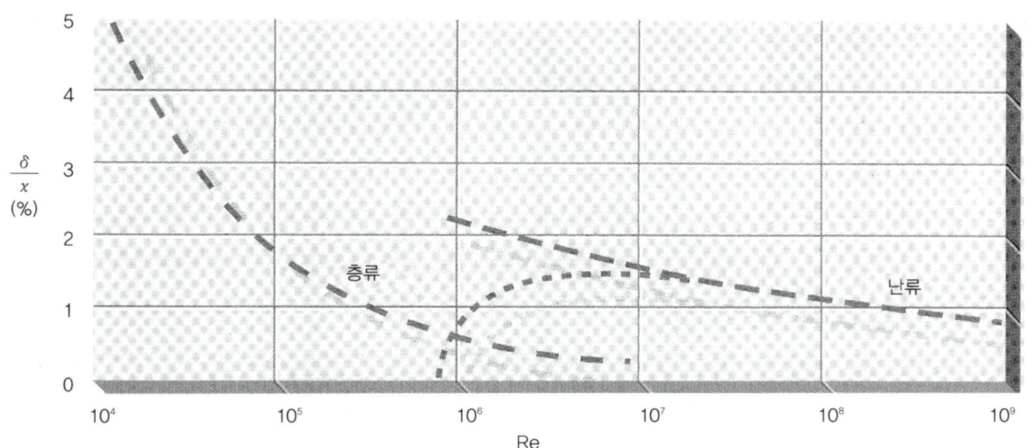

평판 위의 경계층 두께

마찰저항의 크기는 경계층 두께와 밀접한 관계가 있다. 같은 레이놀즈 수일 때는 층류보다 난류 쪽의 경계층이 두껍고, 속도가 증가하여 레이놀즈 수가 커지면 경계층이 얇아진다. 길이 9m인 요트가 6노트로 항행할 때, 선체 길이의 중앙부에서 경계층의 두께는

Re = (6×0.5144m/s×9m×0.5)/1.19×10⁻⁶m²/s = 1.17×10⁷

두께(δ) = 4.5m×1.3%≒58.5mm

원주나 각주로부터 날개 형상에 이르기까지, 유동 내에 물체가 놓이면 물체 후방에 와동 영역이 형성된다. 난류이면 와동 영역은 3차원적인 복잡한 와동의 집합체가 되는 것이 일반적이지만, 단면 형상이 원형이나 각형 또는 날개 형상인 주상체가 유동에 수직하게 놓이면 2차원적인 와동이 가장 강하게 나타난다. 그중에서 가장 규모가 크고 상하 교대로 만들어지는 와동을 '칼만와동(Karmann vortex)' 또는 '스트러헐와동(Strouhal vortex)'이라 한다.

칼만와동이 발생하면 유동이 물체 표면으로부터 떨어져 나가므로 물체 반대면의 압력은 내려가고, 항력(점성압력저항)이 발생한다. 또 상하로 서로 번갈아가며 큰 와동이 발생하므로 상하의 압력차가 번갈아 나타나 상하 방향의 힘(중심축에 수직한 방향의 힘)도 번갈아 발생한다. 유동에 평행한 힘과 수직한 힘이 각각 주기적으로 변동하므로, 만일 물체가 헐겁게 고정되어 있다든가, 강도가 약하다든가, 물체의 고유 주파수가 칼만와동의 주파수와 일치한다든가 하면, 물체에는 수직·수평 두 방향의 진동이 발생하게 된다.

용골, 스트럿 또는 타와 같이 직진하는 날개나, 프로펠러와 같이 회전하는 날개의 끝날에서도 칼만와동이 발생하는 수가 있다. 칼만와동이 발생하면 진동이 발생하거나 소리가 나는 등 좋지 않으므로, 날개 끝날을 상하 비대칭이 되도록 절단하는 경우도 있다.

원주의 칼만와동

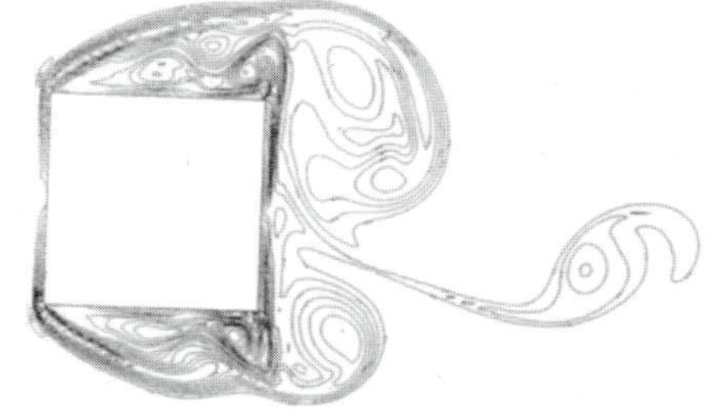

각주의 칼만와동

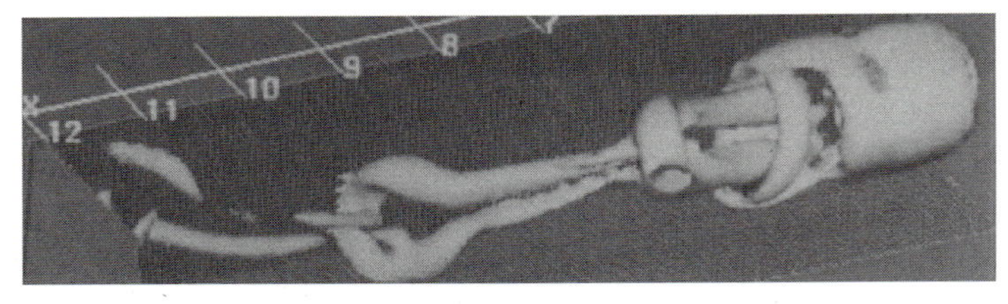

원주, 각주, 날개 등에서 발생하는 가장 규모가 큰 2차원성의 칼만와동과 달리, 선체나 용골벌브(keel bulb) 또는 비행기 동체나 자동차와 같은 일반적인 3차원 형상의 물체에서 발생하는 와동은 훨씬 복잡하며 3차원성이 강하다. 즉, 일반 물체를 둘러싼 유동은 유동에 수직한 축을 가진 와동(원통 또는 도넛 모양의 횡와동)과, 유동에 평행하게 후방으로 길게 뻗은 축을 가진 와동(머리핀 모양의 종와동)으로 구성된다. 레이놀즈 수가 커지면 물체 주위의 유동은 커다란 와동에서 눈에 보이지도 않는 작은 와동에 이르기까지 크기가 다양한 무수한 와동으로 구성되어 있다. 칼만와동의 경우에도 그렇지만 와동은 쌍을 이루어 존재하는 경우가 많으므로, 우회전 와동 가까이에는 으레 좌회전 와동이 있게 마련이다.

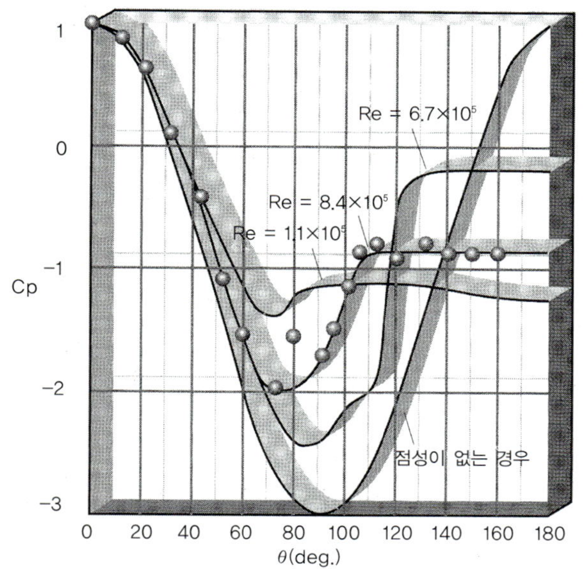

원주의 압력분포

만약 원주에서 칼만와동이 발생하지 않고 유체가 끝까지 원주 표면을 따라 흐른다고 가정하면, 원주의 전후 단에서는 압력계수가 1이 되고, 정중앙($\theta=90°$)에서는 −3이 된다. 압력계수가 1이 되는 전후 단의 두 위치를 '정체점(stagnation point)'이라 부르며, 이 위치에서는 유동의 운동에너지가 전부 압력으로 변한다. 요트가 초당 3m(약 6노트)의 속도로 진행하고 있을 때 이 압력은 450kg/m²이 되므로, 요트의 선수 부분에 정체점이 놓이면 수면이 최대 45cm 상승하게 된다.

실제 유동에서는 칼만와동을 비롯한 많은 와동이 원주의 후반부에서 발생하므로, 후단의 압력계수가 1이 되거나 중앙에서 −3이 되거나 하지는 않는다. 그 결과 전후 비대칭인 압력분포가 이루어져, 물체를 뒤쪽으로 끌어당기는 힘(항력)이 발생한다. 원주 표면에서 와동이 발생하기 시작하는 위치(유동이 떨어져 나가는 위치)는 레이놀즈 수 10^5 부근을 경계로, 원주의 중앙($\theta=90°$)보다 앞에 있었던 것이 다소 뒤로 이동하여 와동 영역이 적어지고 항력도 감소한다.

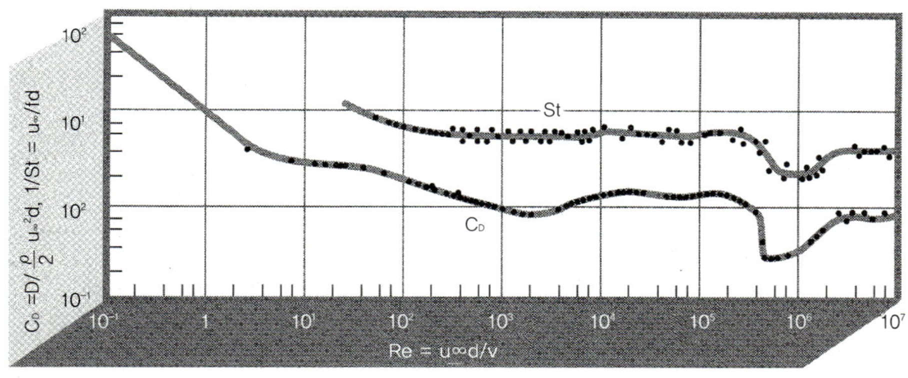

원주의 저항계수와 스트러헐 수

원주의 항력계수는 압력분포의 유동 방향 성분을 적분하면 얻어진다. 길이 1m, 지름 1cm인 로프가 초당 3m(약 6노트)의 유동 중에 놓였을 때의 항력을 구해보자.

항력계수는 D(항력)/$\frac{1}{2}\rho$(밀도)V^2 · d(지름)로 정의되어 있고, 레이놀즈 수는 로프의 지름을 사용하면 Re = 3×0.01/1.19×10⁻⁶ = 2.5×10⁴이므로 그림에서 항력계수를 구하면 1.05가 된다. 따라서 항력은 D = 1.05×1/2×105(kg · s²/m⁴)×(3m/s)²×0.01(m)×1m = 4.96kg으로, 의외로 큰 항력이 발생하는 것을 알 수 있다.

스트러헐 수(St)는 St = f(1초당 발생하는 칼만와동의 개수)×d(지름)/V(유속)으로 정의된다. 스트러헐 수는 레이놀즈 수나 물체의 형상에 따라 변하지만 대략 0.2 전후의 값을 가지므로, d를 알면 관찰된 와동의 단위시간당 발생 개수로부터 대략의 유속을 추정할 수 있다.

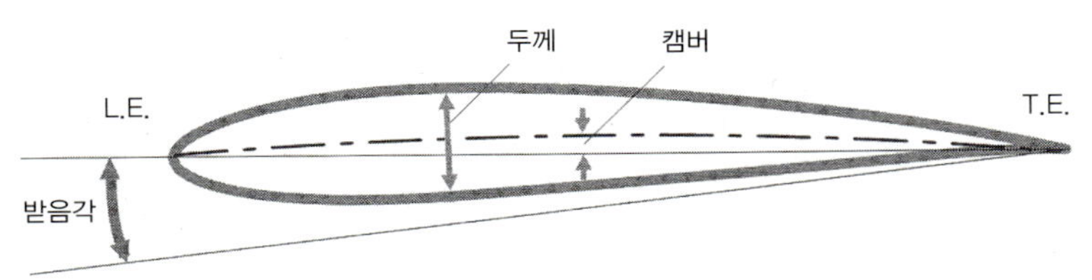

유동의 비대칭성을 이용하여 (위아래 면에 서로 다른 유동을 만든다) 양력을 발생시키는 장치가 날개이다. 비대칭 유동을 만들어 가능한 한 큰 양력을 발생

시키면서도 저항은 크지 않은 날개, 즉 양항비가 큰 날개가 우수한 날개이며, 그러한 날개를 얻기 위하여 여러 가지 조건에 맞는 날개 단면 형상이 설계된다.

날개 형상은 앞날(L. E.; leading edge)과 뒷날(T. E.; trailing edge)을 연결하는 선상에서 날개의 두께와 그 중심선이 이루는 캠버(camber) 곡선의 형상에 따라 결정된다. 돛은 두께가 거의 없고 캠버만 있는 날개이다. 비행기의 날개는 양력의 방향이 이미 결정되어 있으므로 날개에 적절한 캠버를 주어서 최적 형상이 되도록 하지만, 비행기의 수직꼬리날개나 요트의 용골, 스트럿, 타 등은 캠버가 없는 대칭날개로 받음각을 줌으로써 양력을 발생시킨다.

캠버가 없고 받음각이 α인 날개 형상의 이상적인 양력계수(C_L)는 $C_L = 2\pi \sin\alpha$로 주어진다. 단, 이 값은 받음각이 작을 때에만 유효하며, 날개의 3차원적 형상의 영향으로 양력계수는 이보다 작은 것이 보통이다. 보통 받음각 4~7°, 양력계수 0.5 전후인 상태에서 양항비가 가장 크다.

유동의 비대칭성을 높이고 양력을 크게 하기 위하여 보조날개(flap)가 붙은 날개를 사용하는 경우가 있다. 비행기 플랩의 경우에는 플랩을 날개 속에서 끌어내어 날개의 면적을 확대시킴으로써 큰 양력을 발생시키는 고양력 발생장치로 이용되고 있지만, 요트의 경우에는 주로 용골이나 스트럿에 경첩(hinge)으로 결합한 단순한 형태의 플랩이 사용된다. 용골은 돛에서 발생하는 힘을 받아줄 수 있는 횡방향 힘을 발생시키는 장치이므로, 횡력(양력)을 발생시키기 위한 받음각을 줄 수 있어야 한다. 그 각이 '옆밀림각'이다. 그러나 옆밀림각이 커지면 선체는 비스듬한 방향으로 움직이는 셈이 되어 선체 저항이 증가하고, 선수 균형을 잡는 것이 어렵게 된다. 그러므로 일부 경기용 요트에서는 작은 옆밀림각에서도 큰 양력을 얻을 수 있도록 플랩이 붙은 용골이나 스트럿이 사용된다.

날개 단면은 무수히 많은 다른 형상을 갖고 있지만 대부분 미국이나 독일에서 이루어진 많은 풍동시험 결과에 의해 성능이 밝혀졌다. 일본에서는 미국 NASA의 전신인 NACA 계열이 잘 이용되고 있다. 공동현상(cavitation)이 문제가 되는 등의 특별한 경우를 제외하면, 이 계열화된 날개 단면을 사용한 설계를 충분히 신뢰할 수 있다.

플랩붙이 날개

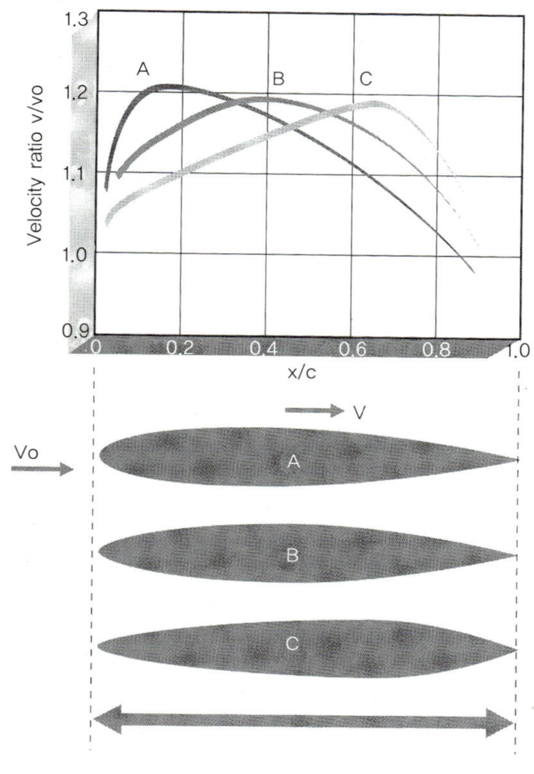

날개 단면과 날개면의 속도분포

대칭형 날개에서는 최대 두께가 되는 위치가 어디에 있는가에 따라서 날개 단면의 특성이 결정된다. 날개 두께가 최대인 점이 앞쪽에 위치하는 날개 모양(A)을 '난류형 날개'라 한다. 유속이 최대가 되고 압력이 최소가 되는 위치가 날개면의 앞쪽에 있으면 유동은 난류가 되기 쉽다. 또 날개 앞날의 곡률 반경이 크기 때문에 받음각이 커져도 유동이 앞날에서 박리되는 경우가 적다.

역으로 날개 두께가 최대인 점이 뒤쪽에 위치하는 날개 모양(C)이 '층류형 날개'이다. 유속이 최대이고 압력이 최소인 위치가 뒤쪽에 있으므로, 날개 앞날부터 그 위치까지는 압력이 점차 감소되어 층류 유동 상태를 유지하기 쉽다. 층류 날개 단면은 날개면에 넓은 층류 영역을 만들어 항력을 감소시켜주므로 큰 양항비를 얻기 위해 이용되지만, 받음각이 커지면 예리한 날개 앞날이나 날개 두께가 최대인 점 부근에서 유동이 박리되어 오히려 성능이 나빠질 위험이 있다. 따라서 이 날개는 타는 물론 용골이나 스트럿에도 잘 쓰이지 않는다. 중간형(B)은 때때로 사용되는 날개 모양으로, 특히 압력분포를 일정하게 유지하고자 하는 경우에 사용된다.

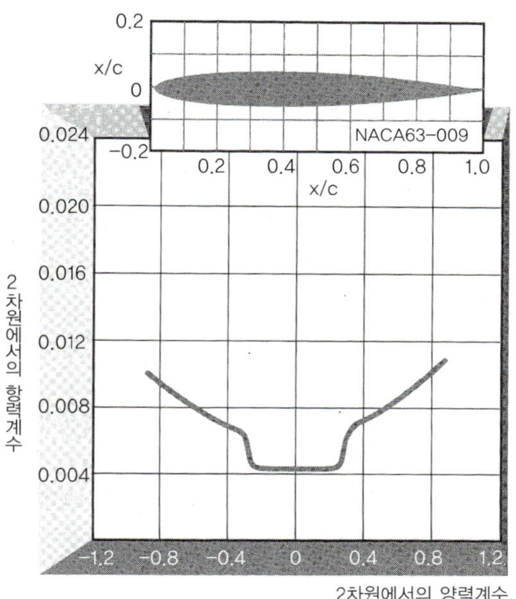

2차원에서의 양력계수

양력계수 · 항력계수

NACA는 많은 날개 단면의 형상과 성능을 공개하여 책으로 펴냈다. 예를 들면, NACA63-009라는 날개 형상은 날개 앞날로부터 30% 위치에 날개의 최대 두께점이 위치하고, 날개의 최대 두께가 코드 길이의 9%인 날개 단면이다. 이 날개 단면의 2차원 양력계수와 항력계수 사이의 관계가 실험 결과로 제시되어 있다.

실제 사용하는 날개는 3차원이므로 최적 3차원 형상이 되도록 설계해야 한다. 최적 형상이 되려면 우선 양항비가 최대가 되어야 하고, 다음은 큰 받음각이나 외부 교란 등에 의해 갑자기 양력이 상실되지 않는 안정된 성능을 가져야 한다. 예를 들면, 평면상에 투영한 날개 형상은 사각 날개, 타원 날개, 경사(taper) 날개, 후퇴 날개 등이 있다. 사각 날개는 형상이 단순하지만 날개 끝단에서 갑자기 양력이 없어지기 때문에 이로 인하여 큰 와동이 발생한다. 타원 날개는 날개 끝단에서 발생하는 와동에 의한 폐해가 가장 적은 날개 형상이다. 경사 날개는 날개 끝단에서 과도하게 코드를 줄이면 날개 끝단 실속이 발생하기 때문에 코드를 너무 줄이지 않든가, 날개 끝단 쪽 받음각을 줄여서 양력을 줄여야 한다. 후퇴 날개는 초음속인 경우가 아니면 특별히 이로운 점이 없지만, 해상에서 로프나 해초에 걸리는

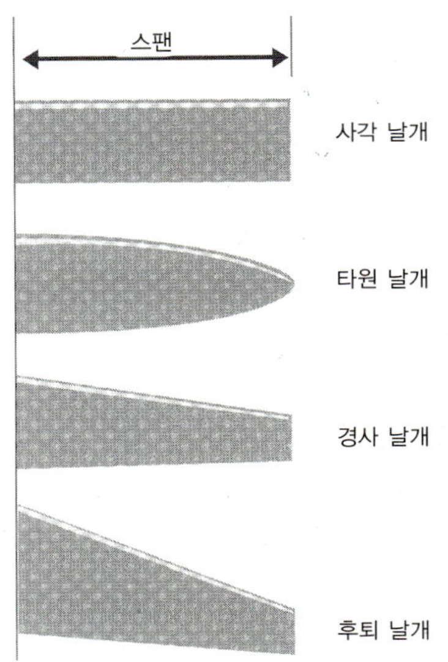

것을 피하기 위해 앞날 쪽에 후퇴각을 주는 설계가 용골, 스트럿, 타 등에 사용된다.

3차원 날개의 형상은 날개 표면의 양력분포를 결정한다. 양력의 폭(span) 방향 분포는 날개 주위 회전류 세기의 분포이다. 회전류는 와동과 동일한 것으로, 폭 방향으로 놓여있는 와사(vortex line)와 연결되며, 날개 끝단에서 약화되기는 하지만 거기에서 유동을 따라 후방으로 흘러간다. 이 같은 와동을 '자유와동'이라 한다. 모든 날개는 자유와동을 끌고 다닌다. 고공을 나는 비행기에서 발생하는 두 줄의 흰색 줄은 날개 끝단에서 생성되는 자유와동으로 인하여 발생한다. 와사의 강도(양력의 크기)가 날개 끝단에서도 크면 강한 자유와동이 발생하게 되므로 성능이 나쁜 날개가 된다.

날개 끝단에서 나오는 자유와동의 좋지 않은 작용을 줄이기 위해 많은 연구가 이루어지고 있다. 비행기에서 이 목적으로 때때로 사용하고 있는 것이 '윙릿(winglet)'이라 불리는, 날개 끝단에 수직 상하로 붙여지는 작은 날개이다. 자유와동 에너지의 일부를 전진력으로 바꿔주고, 날개 끝단에서 나오는 와사의 강도 분포를 윙릿까지 연장시켜 자유와동을 약화시키는 효과(스팬을 길게 한 효과)가 있다. 그 외에도 쉬어드칩(sheared chip) 등 날개 끝단의 형상에 대한 연구가 많이 이루어지고 있다.

양항비에서 3차원 형상 이상으로 중요한 것이 가로세로비이다. 이것은 스팬을 코드 길이의 평균으로 나눈 값이다. 가로세로비가 크고 긴 날개일수록 양항비가 크다. 또 가로세로비가 클수록 2차원 날개에 가까워지고, 자유와동에 의한 해로운 작용이 약화된다.

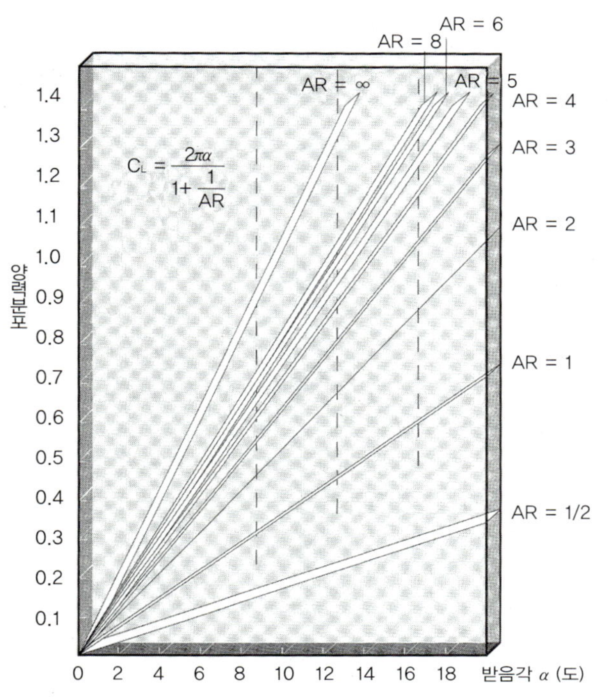

가로세로비와 양력계수

가로세로비(AR 또는 λ로 표기)가 작을수록 날개 끝단에서 생기는 와동이 강해져 날개의 성능이 나빠진다. 실험 결과에 의하면, 가로세로비가 3~4 정도일 때 날개의 성능이 아주 좋아진다. 선저에 붙여지는 용골 스트럿의 경우, 선저를 경계로 마치 위쪽으로도 대칭 형상의 날개가 있어 가로세로비가 두 배로 늘어난 것과 같은 성능이 기대된다(거울 효과).

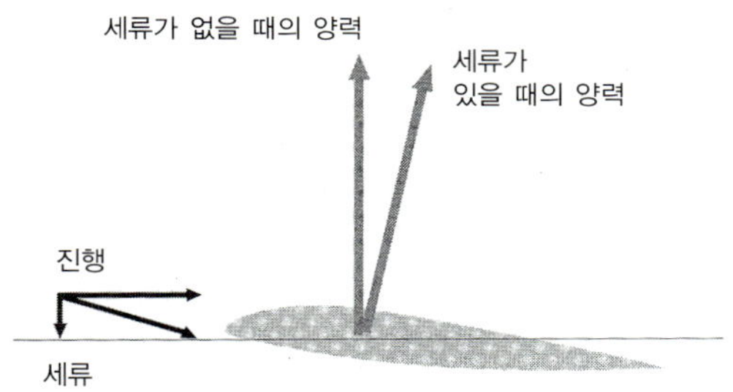

유기항력

3차원 날개의 자유와동은 날개 주위의 유동에 아래 방향으로 향하는 유동(세류, down wash)을 더해준다. 이렇게 되면 날개로의 유입각이 날개 진행 방향보다 커져 양력의 방향이 뒤로 기울게 되며, 이로 인해 날개 뒤쪽으로 작용하는 항력이 발생한다. 이것을 '유기항력'이라 부르며, 자유와동으로 인한 손실 에너지에 대응된다.

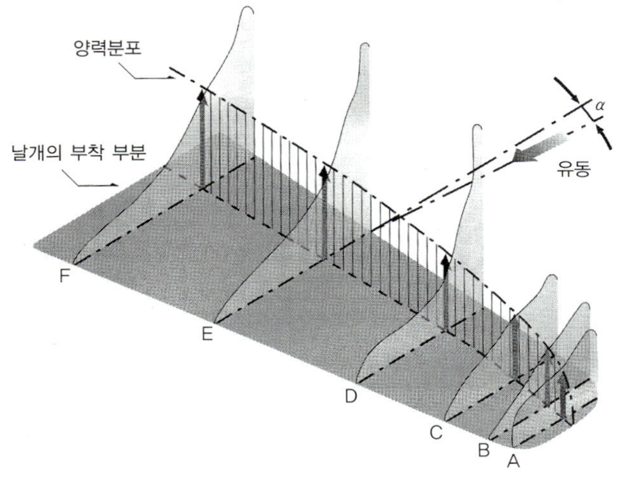

날개 표면의 압력분포

3차원 날개를 설계하기 위해서는 결국 날개 표면의 속도, 압력, 와동 분포를 수치 해석이나 모형 실험을 통하여 알아둘 필요가 있다. 지금은 전산유체역학(CFD) 기술의 진보로 비교적 간단하게 이를 계산할 수 있으므로, 3차원 날개 형상의 설계는 그리 힘들지 않다. 돛의 경우에도 거의 동일한 기술을 사용하는데, 돛은 변형되는 탄성 날개라는 것과, 앞뒤 여러 개의 돛 사이의 간섭에 대하여 특별히 취급할 필요가 있다는 것이 어려운 점이다.

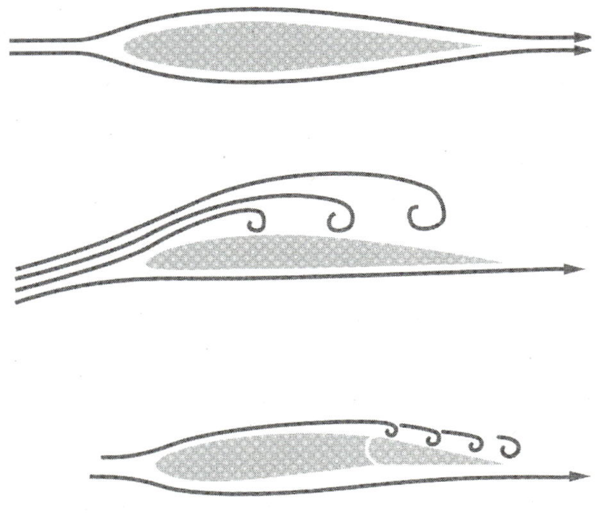

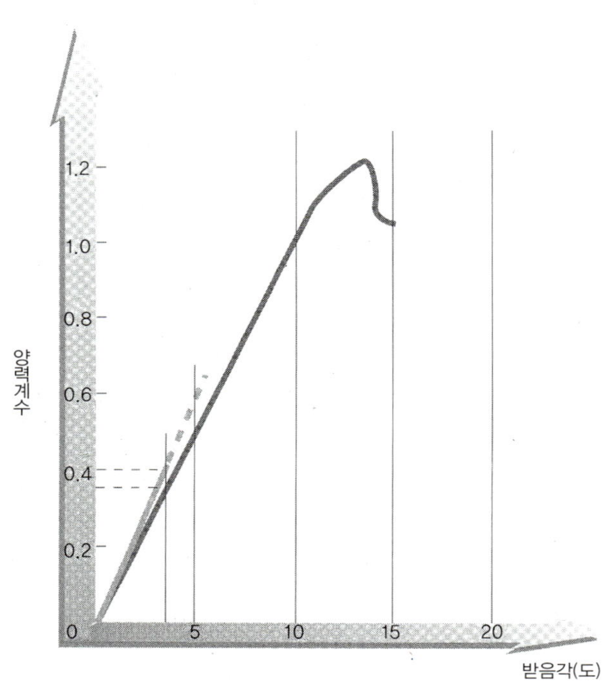

물체 표면을 따라 유체가 흐르지 않게 되는 것을 '박리'라 한다. 칼만와동의 발생은 가장 큰 박리 현상으로, 아주 날씬한 유선형 물체나 날개 형상에서도 유사한 현상이 발생하여 성능에 큰 영향을 주게 된다. 유동이 박리되면 그곳부터 3차원 와동에 의해 지배된다. 원활하게 흐를 때에 비해 박리된 곳의 압력이 낮아지므로 물체를 뒤로 끌어당기려는 힘이 발생하게 된다. 따라서 비행기의 동체나 요트의 선체 등에서는 가능한 한 박리가 발생하지 않도록 하는 것이 바람직하다. 일반적으로 점차 가늘어지는 후부 형상이 진행 방향과 이루는 각도를 20° 정도 이하로 하면 박리가 일어나기 어렵게 된다.

날개의 경우에는 받음각이 커졌을 때 등 여러 위치에서 유동이 박리되는 경우가 있다. 이같이 박리 범위가 넓어지면 양력이 갑자기 감소하는데, 이러한 현상을 '실속'이라 한다. 비행기의 주 날개가 실속하게 되면 추락으로도 연결되며, 타가 실속하면 갑자기 횡력이 감소하여 배가 불안정하게 된다.

플랩붙이 날개인 경우, 플랩각이 크면 플랩 뿌리(root)의 변곡점에서 유동이 박리되어 플랩 성능이 나빠지는 경우가 있다. 보통 날개에서 실속을 초래하는 받음각은 가로세로비나 날개 형상 등에 따라 달라지긴 하지만 대략 15 내지 20° 정도이다.

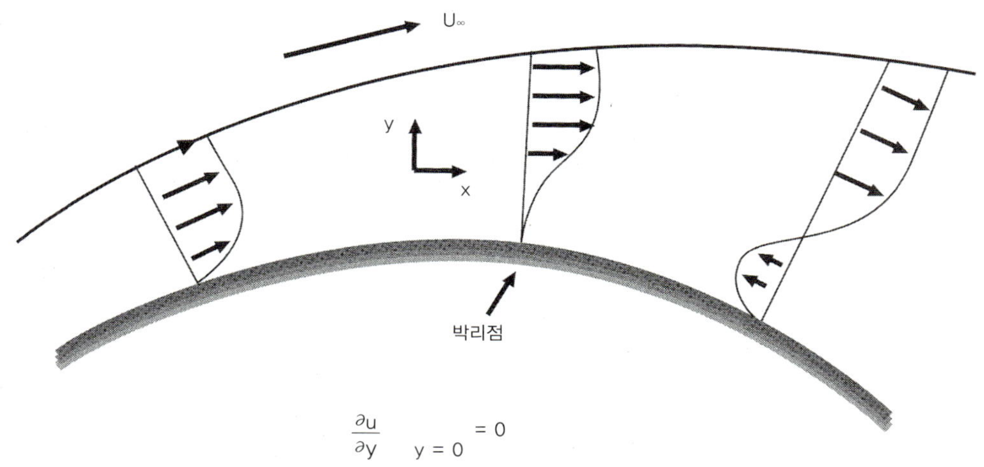

$$\left.\frac{\partial u}{\partial y}\right|_{y=0} = 0$$

박리

유체의 점성 때문에 물체 표면 부근의 유동은 수직 방향으로 속도기울기를 갖는 경계층을 형성한다. 경계층은 유동 방향으로 서서히 발달하여 두께가 증가하며, 특히 압력이 후방으로 가면서 높아지는 경우에는 그 두께가 갑자기 증가한다. 그리하여 마침내 물체 표면에서 속도의 수직 방향 기울기가 사라질 때(0이 될 때) 박리가 발생하며, 이것이 더욱 진행하면 물체 표면 부근의 유체가 역류하기 시작한다. 역류 영역이 있다는 것은 우회전 와동이 발생한 것과 같다. 그리고 유동이 박리하면 대규모의 와동 영역이 발생한다. 이와 같은 2차원적인 박리와는 달리, 진행 방향과 수직인 단면 내의 유동(2차 유동, secondary flow)이 중심적인 작용을 하여 유동이 박리되는 것을 '3차원 박리'라 한다. 착륙할 때 비행기의 동체에서 발생하는 박리나, 선저 면에 가까운 모서리(빌지)에서 발생하는 빌지와동 등이 이러한 3차원 박리 현상이다.

실속 과정

3차원 날개의 경우 박리 범위가 날개 전체로 확대되면 실속에 이르게 되는데, 그 과정은 날개나 평면 형상 등에 따라 서로 다르다. 동일한 캠버와 날개두께비로 만들어진 3차원 날개인 경우 날개 끝단에서 실속이 시작되는 경우가 많으므로, 항공기 등에서는 날개 끝단 방향으로 가면서 캠버를 감소시키든가, 날개를 비틀어 날개 끝단에서의 받음각을 작게 설계한다.

실속이 일어나지 않는 날개의 설계

실속이 일어나지 않는 날개를 만들기 위해 많은 연구가 이루어지고 있다. 날개 끝단에서의 하중을 떨어뜨리는 설계, 날개 끝단의 형상을 특수 형상으로 하는 설계, 느려진 경계층 유동에 빠른 유동을 더해주어 유동을 가속시키는 방법, 느려진 경계층 유동을 흡입하여 경계층을 얇게 하는 등의 경계층 제어 방법 등이 있다.

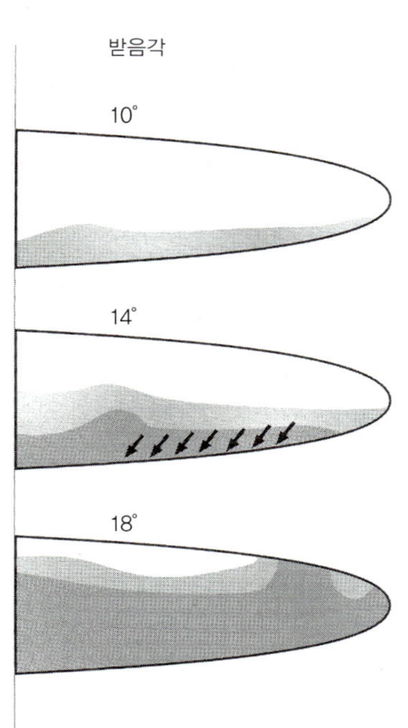

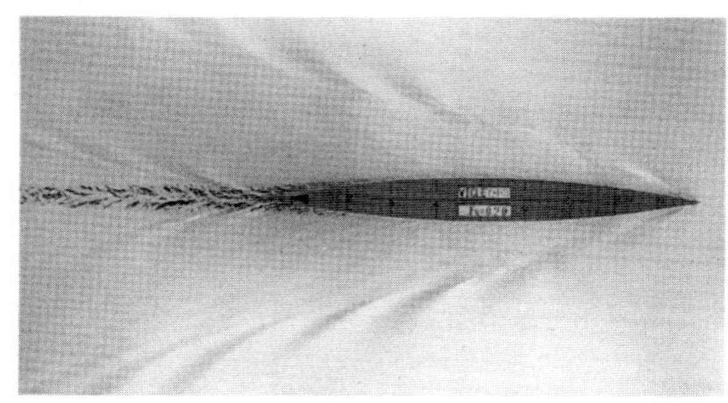

science of yacht

선체 설계

Chapter·4   Hull

1. 기본 계획

2. 선형과 선도

3. 선형의 유체정역학적 특성

4. 늑골선 형상과 복원성

1.1 기본 구상

설계를 시작할 때, 어떤 요트가 바람직한가를 분명히 하여 기본 구상을 세워야 한다. 사용 목적, 크기, 기상 조건, 성능 목표, 일반 배치, 스타일, 의장품 등을 분명히 하여 '어떤 요트를 만들어낼 수 있을까?'라고 먼저 상상해보자. 기본적 요구사항으로부터 그다지 크게 벗어나지 않으면서도 자유롭게 밑그림을 그려본다. 이것이 '기술 혁신'일 수도 있고, '새로운 스타일의 창작'일 수도 있다. 이 단계에서 아주 새로운 아이디어가 나올 수 있다면 큰 수확이다.

이 단계에서는 발주자도 '꿈과 희망'이 실현되는 것을 즐기면서 여러 가지 요구사항을 제시해올 것이다. 때로는 서로 모순되는 난감한 요구를 잇달아 제안하여 설계자를 곤란하게 할 수도 있다. '발주자가 진정으로 원하는 요트는 어떤 것인가?'를 사전에 충분히 이해하지 못했다면, 계획을 처음부터 다시 시작할 가능성도 없지 않다.

아이디어가 충분히 전개된 후에는 그러한 '디자인' 각 부분의 실현 가능성을 검토해본다. 실현하기 어려운 것이 있으면 조기에 해결안 혹은 대체안을 마련해두어야 한다. 가능한 한 기본 구상안은 여러 갈래로 생각해두어야 한다. 이것이 기본 구상 초기의 중요한 사항들이다. 최종적인 구상을 결정하는 단계에서는 설계자 자신의 의향에만 따르지 말고, 기획의 본질에 합치되고 발주자의 꿈이 현실화되어 납득할 수 있는 안에 도달하는 것이 중요할 것이다.

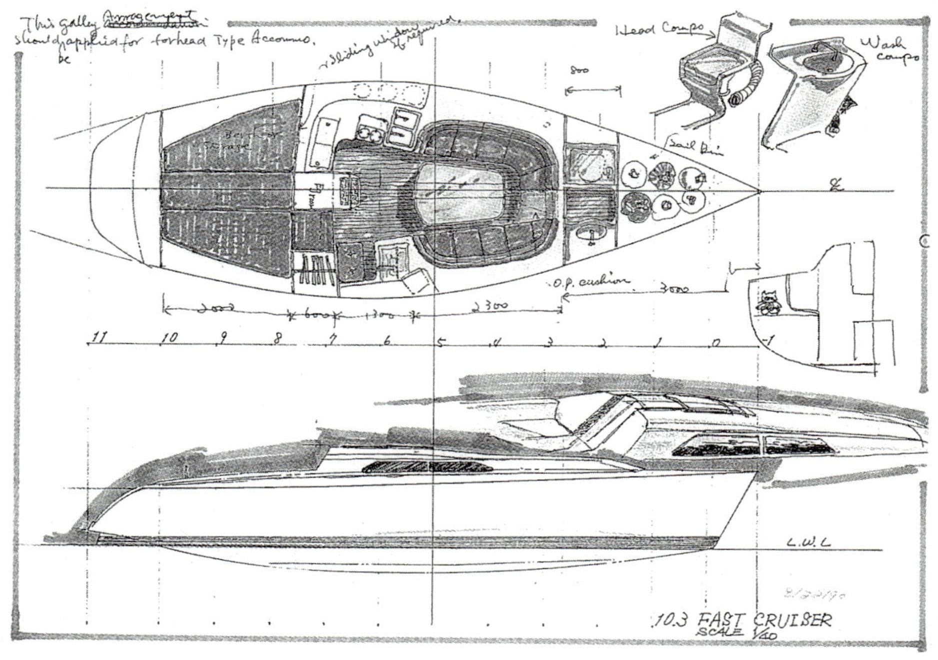

기본 구상 스케치. 일반 배치나 스타일 등의 아이디어를 전개한다.

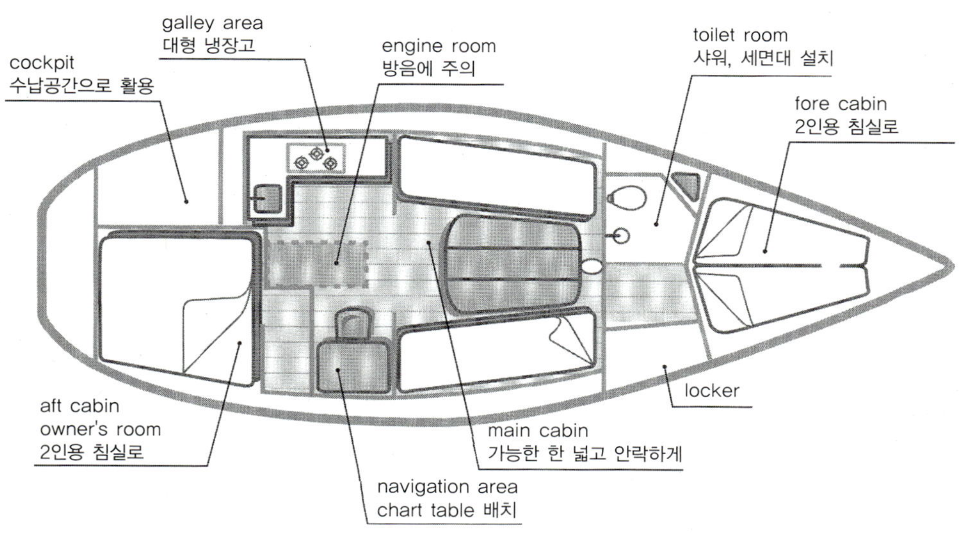

순항 요트의 일반 배치. 여러 가지 선주 요구사항이 고려돼야 한다.

발주자는 사용 목적, 사용 조건, 성능 목표, 선주의 취향 등을 구체적으로 제시하며, 당연히 경제적인 조건도 붙게 되지만 우선 어떤 종류의 요트를 설계할 것인가를 토의하게 된다.

예를 들어 '높은 성능과 쾌적한 선상 생활 공간을 겸비한 순항 요트'의 주문을 받았다고 하자. 발주자는 다소 무리가 있다는 것을 알면서도 높은 성능 목표와 여러 가지 희망사항을 의뢰해온다. 이 시점에서 설계자는 사용 목적을 명확하게 해두어야 한다. 그 목적이 경기에 참가하여 좋은 성적을 내고 싶은 것인가? 그렇다면 어느 규칙에 맞추어 설계할 것인가? 그렇지 않다면 쾌적하게 빨리 목적지에 도달하기 위한 고성능이 필요한가? 등등. 목표 설정에 따라 계획의 정리 방법이나 설계의 역점이 달라진다. 당연히 중량 설정, 돛 면적, 선형 등이 미묘하게 달라지고, 타의 최적 형상 등도 물론 달라진다. 그러나 한 가지 목적에 맞게 만든 요트를 다른 목적에는 전혀 사용할 수 없다는 뜻은 아니고, 다만 최적의 형상이 될 수 없다는 것이다.

이 같은 구체적 설계 요점에 대하여 이 시기에 발주자와 충분히 토의하여, 가능하면 몇 가지의 시안을 제시하면서 그 기술적 배경과 각 계획의 장래를 포함한 가능성을 설명하여 선주를 납득시키는 것이 바람직하다. 이러한 과정을 통하여 '발주자가 진정으로 원하는 것이 무엇인가?'를 찾아내 최적의 계획을 수립해나가야 한다.

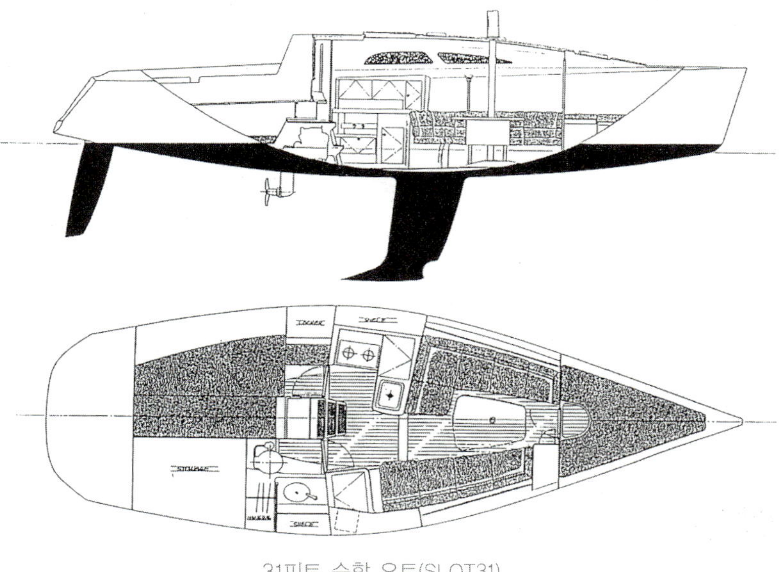

31피트 순항 요트(SLOT31)

1.2 초기 계획설계

기본 구상을 구체화하기 위해 기본적인 부분의 골격을 작성하는 초기 계획설계 단계에서는 새로운 개념의 가능성을 단시간 내에, 정확하게 확인할 필요가 있다. 보통 비슷한 타입의 배를 토대로 하여 진행하는 경우가 많으나, 전혀 새로운 개념의 설계일 때는 수치 모의실험(simulation study), 모형 실험, 실선 실험 등의 과정을 밟을 필요가 있다. 이 초기 계획설계에서는 기본 구상 단계와 상호 되먹임(feed back)하면서 설계 과정을 되풀이하여 새로운 개념을 얻는 경우도 많다. 이 단계에서 기획 내용이 발주자나 제조자가 이해하기 쉬운 형태로 가시화되어 평가 및 추진 방향이 결정된다. 새 설계에서 기대되는 성능 목표를 실현시키기 위하여 중량, 복원력, 돛 면적, 엔진 마력 등에 요구되는 값을 추정하여 계산하고, 상호 조정하여 주요 시방(요목)을 설정한다. 선형 개발 방침의 입안, 속력의 상한에 큰 영향을 주는 수선 길이의 결정, 돛 면적, 배수량비, 배수량—길이비 등이 중요한 지표가 된다. 또 돛의 힘을 살리기 위한 복원력을 어떻게 확보해야 하는가도 중요한 문제가 된다. 이런 판단을 하기 위하여 과거의 설계 실적을 자료화하여 비교 검토하는 동시에, 구체적인 아이디어를 고려하여 모의 수치계산을 수행한다. 실제로 해상에서 유사한 요트로 범주하여 실정을 파악하는 것도 중요하다. 이런 계획을 진행할 때 특히 중요한 것은 중량과 무게중심의 예측이다. 어느 정도 개요가 결정된 단계에서 중량 및 무게중심 위치를 알아내기 위한 계산을 수행하여 현실적인 값을 내어두는 것이 중요하다. 설계 진행 과정에서 구체적인 선형 몇 종류를 만들어 성능을 예측하게 된다. 종래에는 실적을 토대로 요트의 기본 요목을 무차원화한 배수량—길이비 등의 여러 계수에 의하여 성능을 예측하고 방침을 결정하였다. 그러나 최근에는 VPP라는 성능 예측 프로그램으로 성능 파악이 가능하게 되었다. VPP는 계열 모형의 수조실험 결과를 토대로 성능을 예측할 수 있는 수치 모의 프로그램이다.

1.3 주요 항목의 결정, 기본 구상의 구체화

몇 가지 기본 구상을 검토하여 계획설계를 효율적으로 수행하는 방법인 설계 나선(design spiral)을 몇 번이고 돌려서 성능과 안전, 구조계획과 중량, 선내 및 선외 배치, 건조 비용 등의 경제면 등에 대한 예측을 개략적으로 검토한다. 이 결과를 처음에 세운 기획과 비교하여 타당성을 검토, 수정한다. 그리고 전체를 되돌아보면서 최종적으로 기획을 재점검하여 기본 계획을 결정하고, 실시설계를 잘못됨 없이 원활하게 진행시켜야 한다.

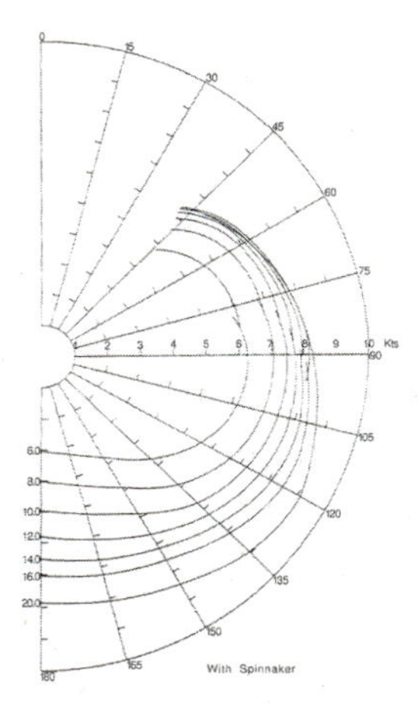

VPP에 의한 성능곡선

데이터베이스에 의한 초기 계획

초기 계획은 성능 목표나 관련 내용 등을 음미하여 계획을 정리하는 작업으로, 계획의 방향이 정해지면 다음 단계로 비용 계산이 중요하다. 경험적으로 대체적인 비용을 알 수 있지만 구체적인 시방서를 만들어 조선소에 견적을 의뢰하는 편이 편리하다. 경우에 따라서는 예산에 맞추어 요트의 시방을 변경하여야 하는 사태도 발생한다. 처음부터 이에 미리 대처하지 않으면 발주자와 설계자가 난처해질 수도 있다. 이와 같은 초기 검토가 매듭지어져 주요 치수가 결정되면 본격적인 설계가 시작된다.

주요 치수 결정은 가장 중요한 배의 길이를 정하는 것에서 시작된다. 길이, 폭, 배수량, 복원력, 돛 면적 등을 무차원화하여 계수화한 데이터베이스를 마련해두면 초기 검토 단계에서의 시방 결정에 편리하다. 설계 자료는 많으면 많을수록 좋다. 이들 자료를 알기 쉽게 도표로 정리해두면 더욱 유용하여, '다음 설계값으로 어느 정도의 것을 겨냥할 것인가?'라는 판단의 기준이 된다. 더욱 중요한 것은, 자기가 설계한 요트의 실적 자료와 실제 그 요트를 범주시키고 생활한 경험을 바탕으로, 요트 성능을 높이기 위해서는 목표점을 어떤 방향으로 어떻게 변화시켜야 할 것인지를 확신을 갖고 결단하는 것이 필요하다. 중량도 어느 정도 통계값으로 추정할 수 있지만, 고려할 내용에 따라서 크게 달라지기도 한다. 사용하는 구조 재료에 따라서도 달라지므로, 적극적으로 항목마다 예상 중량을 계산해두면 나중에 나타날지도 모르는 잘못 방지에 도움이 된다. 어느 정도 계획이 진행되면 중량 견적은 각 부분에 중량을 할당하는 의미가 있다.

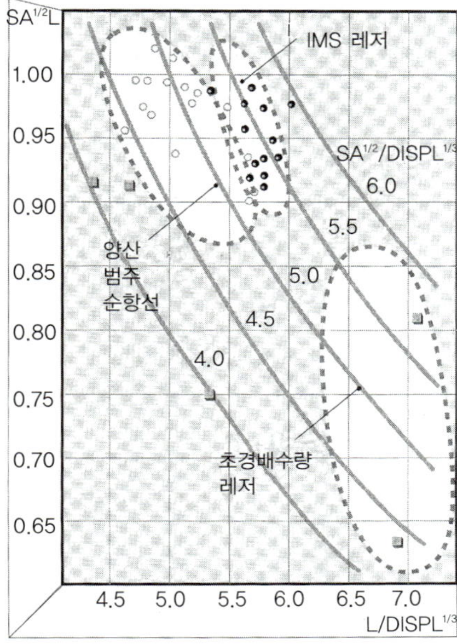

도표의 우측 위로 갈수록 배수량당 돛 면적이 커져 추진 성능이 강해진다. 또 우측으로 갈수록 배수량당 길이가 긴 배가 되므로 고속 성능이 좋아진다.

중량 · 무게중심 계산표

ITEM	WEIGHT (kg)	LCG L:st5	LCG L * W	VCG L:DWL	VCG L * W
A 선체	670	−0.382	−256.0	0.396	265.0
외판	270	−0.400	−108.0	0.100	27.0
늑골, 바닥재	120	0.050	6.0	−0.100	−12.0
갑판	240	−0.700	−168.0	0.950	228.0
격벽	40	0.350	14.0	0.550	22.0
B 선체의장	210	−0.378	−79.4	0.311	65.4
조타장치	20	−4.000	−80.0	0.100	2.0
갑판 부품	20	−0.100	−2.0	1.150	23.0
해치(hatch)류	20	−0.200	−4.0	1.300	26.0
선실 내장	120	0.000	0.0	0.100	12.0
배관장치	6	0.300	1.8	0.000	0.0
전장장치	4	0.200	4.8	0.100	2.4
C 범장장치	1070	0.054	58.3	−0.374	−399.8
돛대, 아래활대 etc.	88	0.320	28.2	5.450	479.6
줄채비, 마룻줄	18	0.750	13.5	5.000	90.0
로프 활차	10	−0.800	−8.0	0.800	8.0
사슬판	8	1.000	8.0	0.600	4.8
지브 궤도	6	−1.200	−7.2	0.850	5.1
윈치	14	−1.200	−16.8	1.250	17.5
갑판 활차 etc.	6	−0.900	−5.4	1.200	7.2
밸러스트 용골	920	0.050	46.0	−1.100	−1012.0
D 보기	160	−1.194	−191.0	0.096	15.4
YANMAR 2GMSD	145	−1.100	−159.5	0.100	14.5
연료탱크	6	−0.900	−5.4	0.000	0.0
배기계통 기타	9	−2.900	−26.1	0.100	0.9
공장 출하시 중량	2110	−0.222	−468.1	−0.026	−54.0
E 기타 장치 및 비품(계측)	145	−0.283	−41.0	0.030	4.4
항해계기와 무선기	15	−0.700	−10.5	0.600	9.0
돛	40	−0.200	−8.0	0.000	0.0
안전비품	30	−0.900	−27.0	−0.100	−3.0
앵커와 로프	25	1.200	30.0	−0.150	−3.8
공구	5	−0.600	−3.0	−0.100	−0.5
스페어파트 로프	7	−0.700	−4.9	−0.100	−0.7
차트와 도서	3	−0.700	−2.1	0.500	1.5
식품 etc.	3	−1.200	−3.6	0.600	1.8
기타 부품	17	−0.700	−11.9	0.000	0.0
F 승선원 소모품, 기타	450	−1.138	−512.0	1.012	455.5
승선원	390	−1.200	−468.0	1.150	448.5
수화물	20	−0.500	−10.0	0.250	5.0
식료와 음료	20	−1.200	−24.0	0.200	4.0
연료	20	−0.500	−10.0	−0.100	−2.0
범주 상태 중량	2705	−0.378	−1021.0	0.150	405.9

2.1 선형의 표현 방법

요트 선체의 곡면을 도형과 도면으로 표현하는 방법과, 선형이 의도한 모양대로 되어있는가를 점검하고 배수량, 부력중심 위치, 표면적 등의 여러 특성 값을 계산하여 그 결과를 제작자에게 정확하게 전달하기 위한 방법을 생각해보자.

3차원 곡면을 2차원 도면으로 표현하는 방법에는 여러 가지가 있는데, 결국은 곡면상에 어떤 형태의 그물눈금을 붙이고, 이 그물눈금을 평면도, 입면도, 정면도로 투영하여 2차원 도면으로 바꾸어 표현하는 것이다.

가장 일반적인 방법은 지형도의 등고선과 같은 형태로 곡면을 표현하는 방법이다. 선체 횡단면선 (frame line, 늑골선), 수평단면선(waterline, 수선), 중심선에 평행한 수직 종단면선(buttock line)을 여럿 조합하여 이 선들이 이루는 등고선으로 선형을 표현하는 방법으로, 다소 고전적으로 보이지만 사용이 편리하여 오래 전부터 사용돼왔다.

요트를 제작하는 조선소에서는 먼저 실선과 같은 치수의 도면을 작성하는 '현도(現圖)'라는 과정을 거쳐, 선박 건조 과정에서 늑골 등을 제작한다. 이 같은 현도는 설계자로부터 받은 자료를 바탕으로 종업원이 현도장의 마루 위에 직접 그렸으나, 현재는 CAD화되어 플라스틱 필름에 그려진 실물 치수의 선도가 현장에 지급되어 이를 마루에 펼치기만 하면 되는 시대가 되었다.

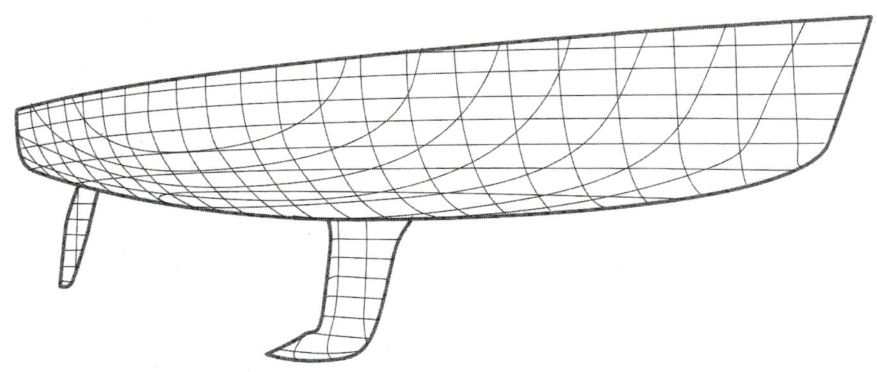

그 외에도 여러 가지 다른 표현 방법이 있지만, 최근에는 특히 컴퓨터 모형으로 취급하기 쉬운 선형 표현 방법이 여럿 고안되었다. 그중 하나를 소개하면 와이어 프레임 모형(wire frame model, 철사로 만든 새장과 같은 격자)으로서, 선체 표면에 격자를 붙여 선형을 표현하는 방법이 있는데, 보통 늑골선을 격자선의 한 방향으로 사용한다.

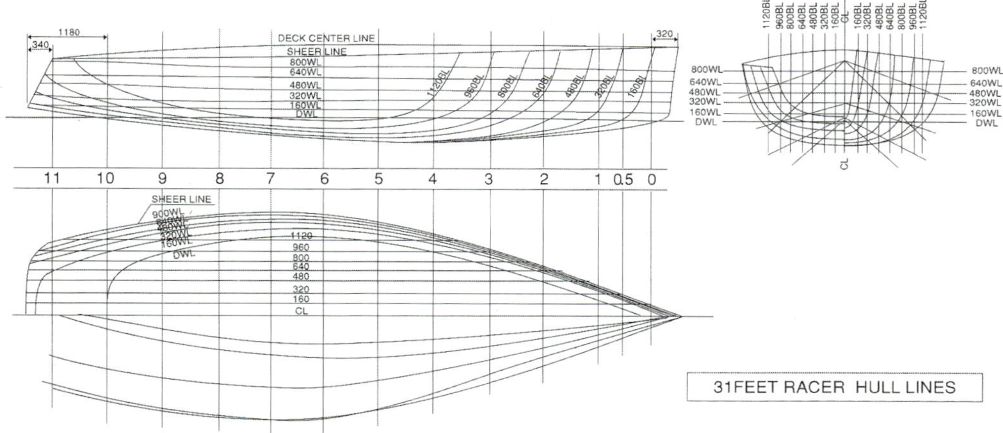

선도 작성법

선형의 정통적인 표현 방법은 위 그림과 같이 선체 선도로 표현하는 방법이다. 배에는 여러 가지 종류가 있으며 그 종류에 따라 기준면도 달라진다. 요트는 화물선처럼 배수량 변화가 크지 않으므로, 통상적인 범주 상태의 배수량에서 선체가 떠있는 수면을 기준면(DWL, designed water line)으로 하여 도면을 작성하는 것이 일반적이다. 이 기준 수선면의 앞뒤 끝단을 길이 방향의 기준점으로 하고, 그 사이를 10등분(station)하여 늑골선을 작성한다. 선체를 기준 수면에 평행한 평면으로 절단한 '수선(waterline)'과, 중심선면과 평행한 평면으로 절단한 '버톡선(buttock line)'을 몇 개 만든다. 이 수선과 버톡선의 간격은 등간격이 편리한데, 이러한 선들은 등고선과 같은 방식에 따라 3차원 형상을 전개한다. 부드러운 표면을 가진 선형에서는 이 선들도 부드러운 곡선이 된다. 또 점검하기 힘든 부분을 보기 위해 선체 단면 형상을 방사선으로 절단한 대각선(diagonal line)도 몇 개 그린다.

　종래에는 이 곡선들을 원활하게 그리기 위해 '배튼(batten)'이라고 하는, 나무 또는 플라스틱으로 만든 가는 막대를 구부려서 사용하였다. 그러나 지금은 컴퓨터로 곡선의 곡률을 표시하거나 면 전체의 곡률분포를 표시하여 선체 곡면을 정의한다. 컴퓨터로 선형을 정의할 때 수선, 버톡선, 대각선 등으로 작업하면 선이 너무 많아지고 서로 얽혀 복잡해지므로, 좀 더 이해하기 쉬운 모형을 만들기 위해 선체 앞뒤로 지나는 격자선을 정의하고 늑골선과 조합하여 '새장'과 같은 격자로 선형을 표현하는 방식이 고안되었다. 그러나 이 방법은 컴퓨터에는 적합하지만 실제로 조선소에서 취급하기에는 불편하므로, 구체적인 도면은 정통적인 수선·버톡선 방식을 사용하는 경우가 많다.

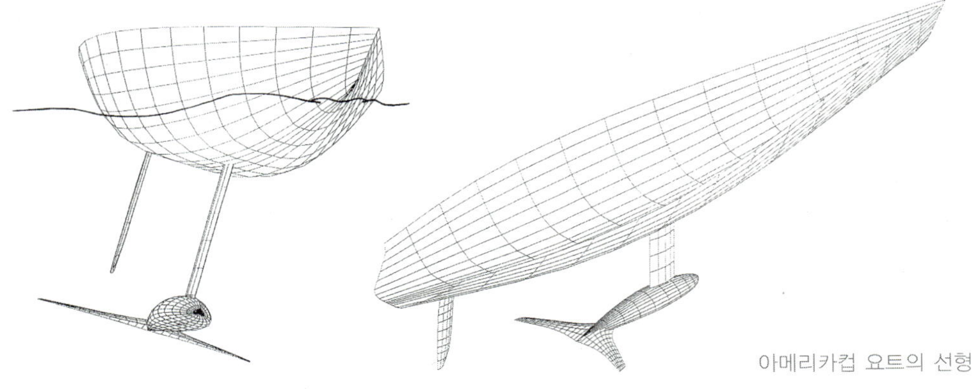

아메리카컵 요트의 선형

2.2 요트 선형의 특징

요트는 거의 대부분 횡경사가 있는 상태로 항주하므로 선형도 당연히 횡경사 상태에서의 성능이 제일 좋아지도록 설계하여야 한다. 일반적으로 수선 폭이 좁을수록 선체 저항은 줄어드나 횡경사가 쉽게 일어나 돛이나 날개용골(fin keel)의 효율이 나빠진다. 그러므로 복원력과 돛 힘 사이에 미세한 균형을 유지하면서 저항 증가가 최소가 되는 적절한 수선 폭을 결정하게 된다.

또한 요트 선형은 비교적 폭이 넓고 흘수는 얕은 선형이므로, 횡경사하면 수면 아랫부분의 형상이 크게 변하여 선형도 크게 달라지는 효과가 나타난다. 이 선형 변화로 선체의 복원력은 증가하지만 선체의 다른 특성들도 크게 변화하게 된다.

요트가 최대 추진력으로 횡경사진 상태로 범주할 때에는 돛에 큰 힘이 작용한다. 이때 선체는 횡경사 모멘트와 평형을 이룰 수 있는 충분한 복원력을 가지고 있어야 할 뿐만 아니라, 속도의 상한이 높아진 상태, 즉 수선 길이가 길어지는 것이 바람직하다. 반면에 횡경사가 일어나지 않았을 때에는 바람이 약해서 돛 힘이 부족한 경우이므로 선체 저항이 가능한 한 낮은 것이 바람직하다. 즉, 수선 폭을 좁히고, 낮은 속력에서의 저항값을 결정하는 지배 요소인 선체의 침수 표면적도 작게 하는 것이 바람직하다. 요트의 설계자는 이러한 필요조건들을 선형으로 표현하게 된다.

또 한 가지 매우 중요한 것이 있다. 요트는 돛에 의하여 추진력을 얻고, 옆밀림을 방지하기 위하여 날개용골과 타를 갖추고 있다. 그러므로 이들이 발생시키는 힘 사이에 평형이 이루어지지 않으면 효율적으로 범주할 수 없다. 횡경사되었을 때 돛 힘은 선체 바깥쪽으로 벗어난 곳(offset)에 작용하게 되므로 큰 선수돌림 모멘트를 발생시킨다. 횡경사 각도는 바람의 세기에 따라 변하므로, 최적 횡경사 각도를 설정하고 그 각도에서 평형을 이룰 수 있는 용골이나 돛대 위치를 결정하게 된다. 선형은 횡경사되었을 때에도 특성이 변하지 않고 돛 힘에 의한 선수돌림 모멘트를 증가시키지 않는 선형이어야 한다.

횡경사와 선형

그동안 요트 설계자는 횡경사되었을 때 선체 형상이 어떻게 변하는가에 관심을 기울이며, 어떻게 이러한 변화를 알아내 분석하는 것이 좋을지 고민해왔다. 횡경사가 일어나면 각 단면의 면적중심이 어떻게 이동하는가, 또 선체의 본래 중심선으로부터 면적중심은 얼마나 이동하는가, 횡경사 상태에서의 면적중심선은 어떻게 되어있는 것이 좋을까, 횡경사 상태에서의 수선 길이는 얼마가 좋은가 등 설계할 때 유의해야 할 문제점들은 많지만 정확한 답은 없다. 경기용 요트라면 우선 규칙에 따른 제약을 함께 고려하여 결정하지 않으면 안 되는 경우가 많으나, 기본적으로 속력 상한에 가깝게 항주하고자 할 때에는 수선 길이를 길게 하는 것이 유리하다. 유능한 설계자는 그들 각자의 독자적인 이론을 가지고 판단하고 있다.

또 최근의 요트는 높이가 높은 돛을 채택하고 있기 때문에, 횡경사가 일어났을 때에는 구동력인 돛 힘의 작용점이 생각보다 크게 배 바깥쪽으로 벗어나게 된다. 따라서 이러한 요트의 역학적 균형을 맞추는 문제가 중요하다.

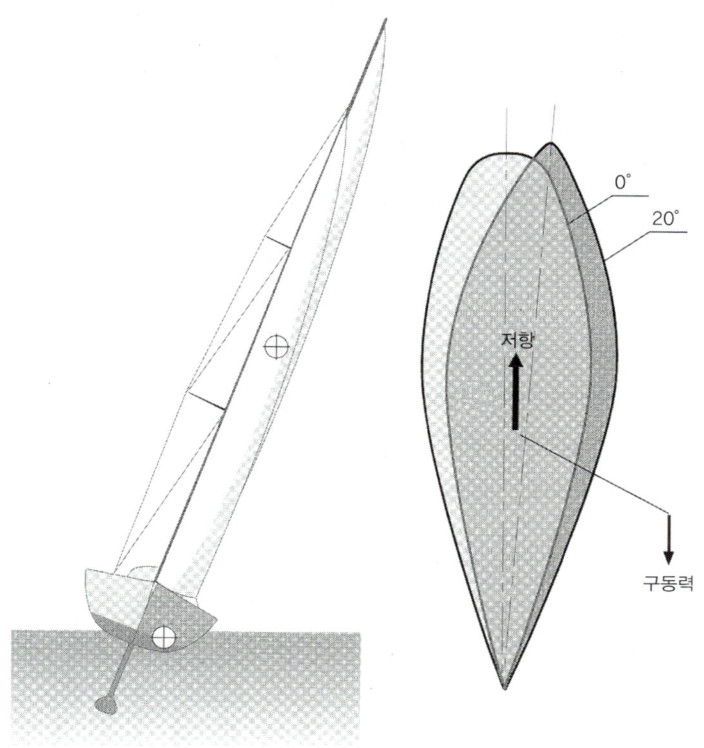

20° 횡경사되었을 때의 돛 중심, 부심, 수선면의 변화

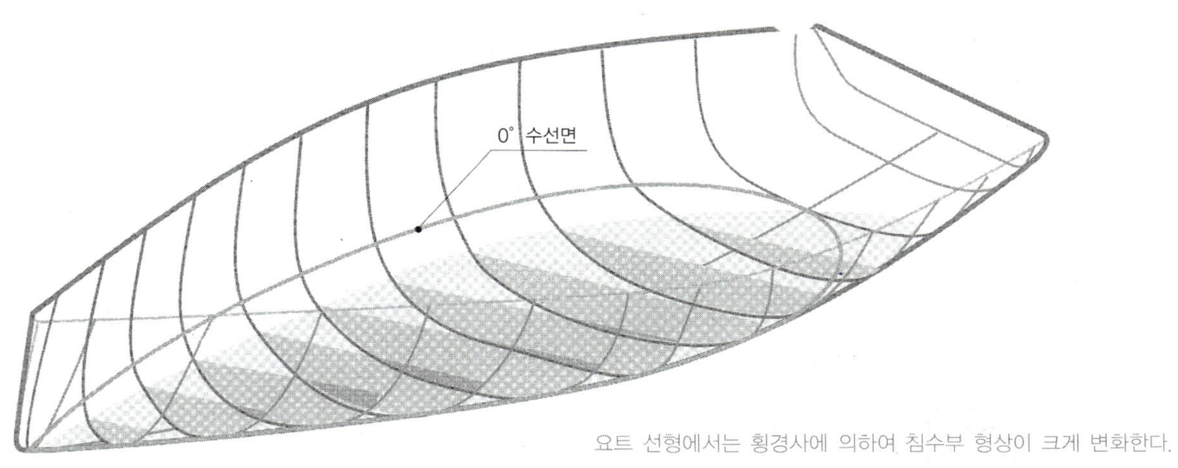

요트 선형에서는 횡경사에 의하여 침수부 형상이 크게 변화한다.

2.3 요트의 선형 개발

요트 선형의 과학적인 개발 역사는 아메리카컵 대회의 기술 개발 역사이며, 그 컵을 영국에서 가져온 스티븐스 가문이 설립한 스티븐스 공과대학의 선형 수조에서 행하였던 아메리카컵 경기용 요트 개발 실험의 역사이기도 하다.

일반 상선의 수조시험 자료 중에서도 이용할 만한 것이 있지만, 가장 유명하고 현재도 자주 인용되는 것이 테일러(D. W. Taylor)의 계열 실험 자료이다. 1910년경에 만들어진 옛날 실험 자료이지만 지금도 이 테일러 도표는 선체 저항을 예측하기 위한 일반적인 자료로 이용되고 있다.

최근 항공기 산업을 중심으로 컴퓨터에 의한 전산유체역학(CFD; Computational Fluid Dynamics) 프로그램의 개발이 활발해져 아메리카컵 경기용 요트의 기술 개발에도 이용되기 시작하였다. 수조시험에서는 저항값과 파도 형상을 보게 될 뿐이지만, 컴퓨터 화면에서는 각 부분 유동의 방향, 세기, 압력분포 등도 볼 수 있다. 일본에서도 1988년 이래 아메리카컵 대회 참가 요트의 개발이 시작됨에 따라 여러 가지 연구 개발이 이루어져, 귀중한 기술 개발 자료의 축적이 계속 이루어지고 있다.

요트의 선형 개발에서 어려운 점은, 속력은 바람에 따라 변하기 때문에 요트의 속력 범위가 넓어서 한 점에 집중된 최적화가 어렵다는 것이다. 또 횡경사도 되고 택바꾸기 등의 동작도 하므로 배의 자세는 항시 크게 변화하고 있다. 이런 점들이, 수조실험에 의한 기술 개발뿐만 아니라 실선의 시운전 결과를 되먹임(feed back)하는 것이 설계에 크게 영향을 미치게 되는 이유일 것이다. 이러한 관점에서 아메리카컵 경기 요트에서는 실선의 항주 자료를 엄밀히 수집함으로써 성능의 실태를 파악하여 설계와 개조에 이용하고 있다. 아메리카컵 대회에 도전하는 요트의 개발에 그 나라의 조선 기술, 항공 기술, 컴퓨터 기술, 소재 기술 등의 다양한 첨단 기술이 서로 협력하는 경우도 많이 볼 수 있다.

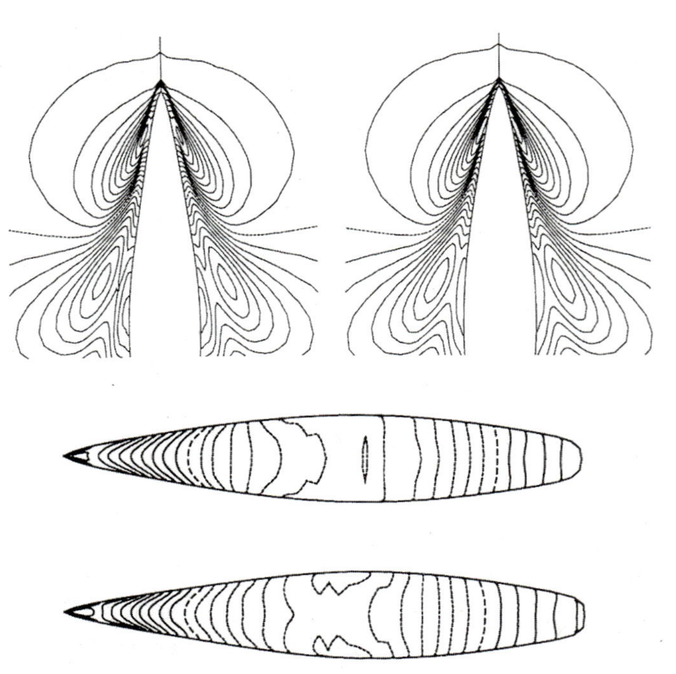

아메리카컵 요트 선체의 전산유체 해석의 예. 두 선형에 대한 선수 조파(위)와 선체 표면 압력분포(아래)의 비교.

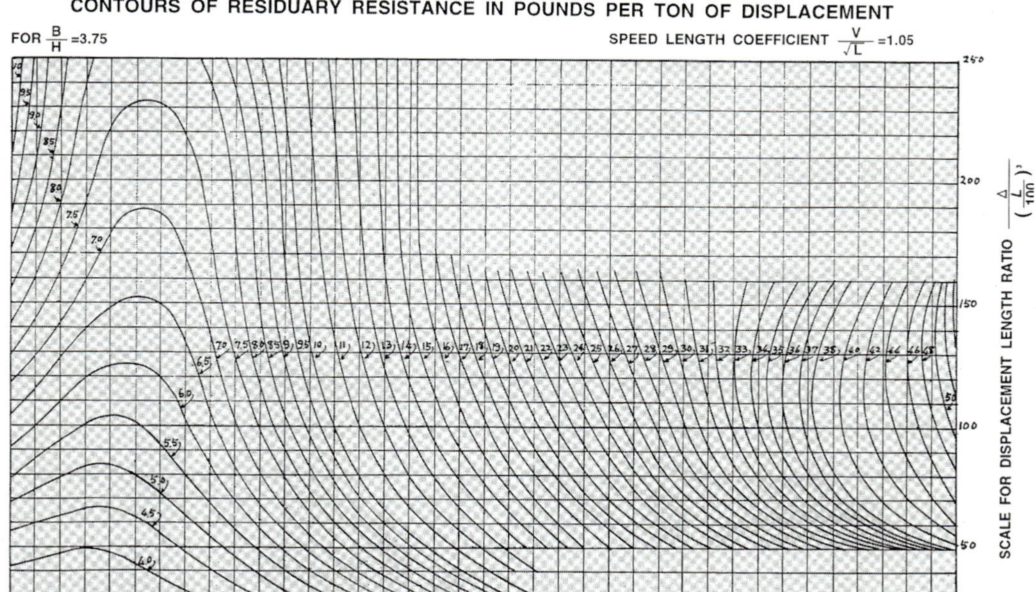

테일러 도표

테일러는 80척의 계열 모형을 만들어 수조실험을 수행하였다. 선형은 군함에 적합한 모양이지만 조파저항의 경향을 알아보는 데는 문제가 없었다. 모형의 배열은 폭-깊이비(B/H)가 각각 2.25와 3.75인 두 집단으로 나누고, 각 집단에 각각 다섯 가지의 배수량-길이비 $\Delta/(L/100)^3$와 8가지의 비척계수 C_P값을 주어 20피트 길이 모형선을 총 80척이나 만들었다.

테일러 도표(Taylor Chart)에도 여러 가지 정리 방법이 있지만, 여기에서는 도표의 횡축을 C_P로 하고 종축을 배수량-길이비로 하여 마찰저항 성분을 제거한 저항치를 배수량 1톤당의 값으로 나타내고 있다. 이 도표는 속장비(V/√L) 1.05에 대한 것이지만, C_P=0.53 부근에서 저항치가 최소가 됨을 알 수 있다. 이 도표에서 사용되는 단위는 피트, 파운드, 노트이다.

저항곡선

수조실험을 수행하여 얻은 저항계수를 도표로 표시하면 그림과 같은 모양이 된다. 횡축은 프루드 수(Fn=V/√gL)이고, 종축은 저항계수(마찰저항을 제외한 잉여저항계수)이다. 역풍범주에서는 선속이 Fn=0.35 부근, 순풍 범주에서는 Fn=0.40 부근으로, 경우에 따라서는 0.45 이상의 속도 영역에까지 달한다. 이 도표에서도 고속 영역에서 급격하게 저항이 증가하고 있음을 알 수 있다.

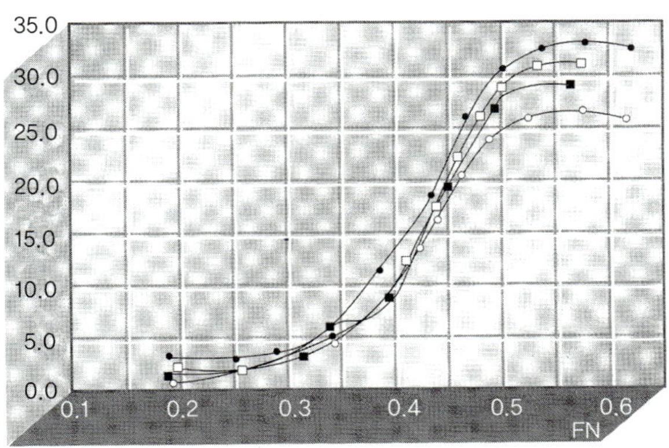

선형을 새롭게 창안하는 작업에서는 언제나 용적이나 면적을 계산하면서 설계를 진전시키게 된다. 이와 같은 선형의 유체정역학적 특성(hydrostatics)을 나타내는 몇 가지 중요한 지표와 이와 관련된 여러 계산을 소개한다.

3.1 배수량과 침수 면적의 계산

배수량과 중량은 동일한 것이어서, 선체가 수면에 떠있는 상태에서 수면 아래에 잠긴 부분의 전체 용적(배수 용적)에 해수의 비중(보통 1.025)을 곱한 것이 선체의 중량과 같다. 완성된 요트의 중량을 알아내는 방법은 두 가지가 있다. 그중 하나는 큰 저울을 준비하여 크레인에 매달아 계측하는 방법이고, 다른 하나는 선체가 떠있는 상태를 계측하여 배수량을 계산하는 방법이다.

선체 선도 각 단면의 수면 아래 잠긴 부분의 면적을 계산하고, 이들 전체를 단면 사이의 간격을 고려하여 적분하면 배수 용적이 산출된다. 동시에 각 단면의 수면 아래 잠긴 부분의 둘레길이(girth length)를 재고, 단면 간격을 고려하여 모두 적분하면 침수 표면적을 얻을 수 있다.

이들 각 단면적이나 전체에 걸친 적분은 각각의 곡선이 함수로 표시되어 있지 않기 때문에 근사적으로 계산할 수밖에 없다. 흔히 사용되는 방법이 '심프슨 공식(Simpson's rule)'이라고 하는 계산 방법이다. 심프슨 제1공식에서는 곡선 도형으로 둘러싸인 부분의 면적을 계산하기 위해 이 도형을 일정한 간격으로 분할(짝수분할)하여, 분할된 각 위치에서의 값에 계수를 곱하여 합산하는 계산 방법으로, 정확도가 대단히 높아서 이용가치가 높은 방법이다.

면적을 재는 방법으로서 '면적계(planimeter)'라고 하는 계측기구를 이용하는 방법이 있는데, 도형의 테두리를 따라 한 바퀴 돌리면 이 도형의 면적이 나온다. 최근에는 컴퓨터 CAD 소프트웨어로 면적이나 단면 2차 모멘트 등을 간단히 계산할 수 있다.

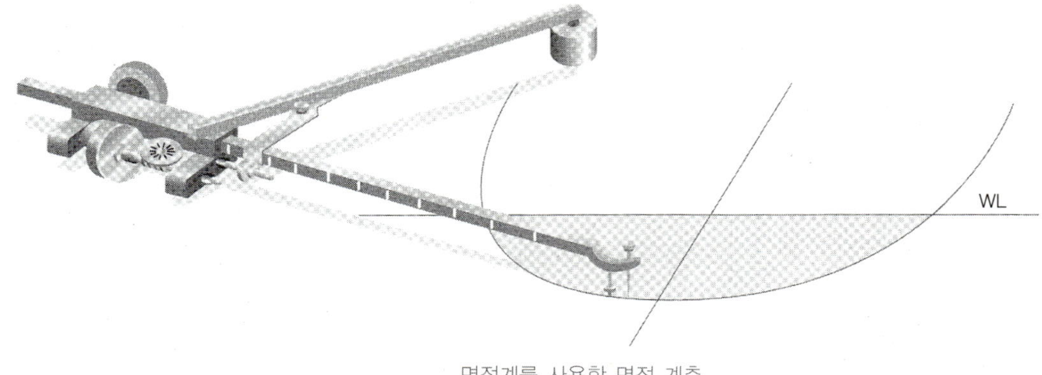

면적계를 사용한 면적 계측

심프슨 제1공식

곡선으로 둘러싸인 부분을 일정한 간격으로 분할하여 면적을 계산하는 방법으로, 곡선을 2차 함수로 간주하여 면적을 계산하므로 정확도가 매우 높다. 이 계산에서는 두 구획을 1조로 계산하며, 옆의 그림에서 AFID의 면적은 $(y_0+y_1\times4+y_2)\times h\div3$이 된다. 이 방법으로 짝수의 일정한 간격으로 구분된 도형 면적을 계산할 수 있으며, 일례로 ABCD의 면적은 $(y_0+y_1\times4+y_2\times2+y_3\times4+y_4)\times h\div3$이다.

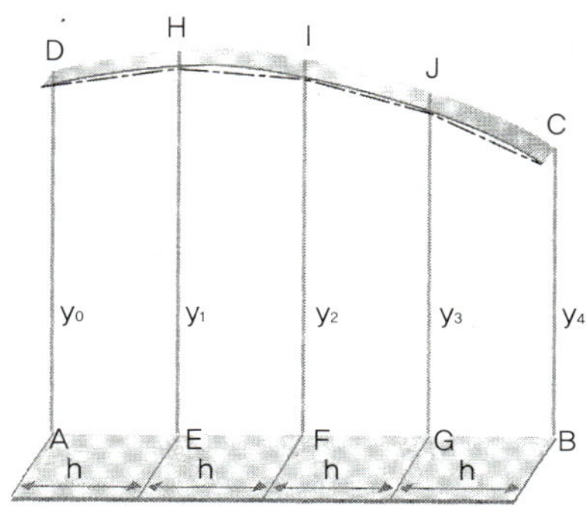

사다리꼴 공식

분할된 도형을 사다리꼴로 간주하여 면적을 계산한 후 합산하는 방법이다. ABCD의 면적은 $(y_0+y_1\times2+y_2\times2+y_3\times2+y_4)\times h\div2$가 된다. 당연히 오차가 발생하지만 구획 수를 늘려주면 정확도가 높아진다.

배수량 등의 계산

아래의 배수량 계산은 정확도를 높이기 위하여 길이를 20등분한 후, 심프슨 공식으로 적분 계산을 수행한 결과이다. 또 모멘트의 중심을 선체 중앙(Stn.5)을 기준으로 계산하여 부심 등을 구하였다. AREA는 침수부 단면적, GIRTH는 침수부의 둘레길이, BWL은 수선 폭이다.

배수량 등의 계산서

HEEL ANGLE 0˚

Stn.	AREA (m^2)	n	n*A	m	m*n*A	GIRTH (m)	n*G	BWL (m)	n*B	m*n*B
0	0.0000	1	0.0000	-10	0.0000	0.000	0.000	0.000	0.000	0.000
	0.0210	4	0.0840	-9	-0.7560	0.384	1.536	0.310	1.240	-11.160
1	0.0675	2	0.1350	-8	-1.0800	0.697	1.394	0.574	1.148	-9.184
	0.1328	4	0.5312	-7	-3.7184	0.990	3.960	0.816	3.264	-22.848
2	0.2122	2	0.4244	-6	-2.5464	1.270	2.540	1.072	2.144	-12.864
	0.2985	4	1.1940	-5	-5.9700	1.532	6.128	1.320	5.280	-26.400
3	0.3891	2	0.7782	-4	-3.1128	1.780	3.560	1.557	3.114	-12.456
	0.4773	4	1.9092	-3	-5.7276	2.010	8.040	1.771	7.084	-21.252
4	0.5586	2	1.1172	-2	-2.2344	2.205	4.410	1.970	3.940	-7.880
	0.6245	4	2.4980	-1	-2.4980	2.358	9.432	2.129	8.516	-8.516
5	0.6722	2	1.3444	0	0.0000	2.475	4.950	2.246	4.492	0.000
	0.6955	4	2.7820	1	2.7820	2.550	10.200	2.320	9.280	9.280
6	0.6952	2	1.3904	2	2.7808	2.562	5.124	2.360	4.720	9.440
	0.6688	4	2.6752	3	8.0256	2.542	10.168	2.332	9.328	27.984
7	0.6155	2	1.2310	4	4.9240	2.460	4.920	2.272	4.544	18.176
	0.5380	4	2.1520	5	10.7600	2.335	9.340	2.174	8.696	43.480
8	0.4385	2	0.8770	6	5.2620	2.170	4.340	2.080	4.160	24.960
	0.3231	4	1.2924	7	9.0468	1.948	7.792	1.856	7.424	51.968
9	0.2020	2	0.4040	8	3.2320	1.669	3.338	1.610	3.220	25.760
	0.0807	4	0.3228	9	2.9052	1.285	5.140	1.260	5.040	45.360
10	0.0000	1	0.0000	10	0.0000	0.000	0.000	0.000	0.000	0.000
			23.1424		22.0748		106.312		96.634	123.848

수선 길이	(m)	7.800	배수 용적=23.1424*0.390/3 3.009 (m³)
h	(m)	0.390	배수량=23.1424*0.390/3*1.025 3.084 (ton)
최대 단면적	(m²)	0.6990	부심 위치=22.0748*0.390/23.1424 0.372 (m/stn.5)
			침수 면적=106.312*0.390/3 13.821 (m²)
			수선 면적=96.634*0.390/3 12.562 (m²)
			부면심=123.848*0.390/96.634 0.500 (m/stn.5)

3.2 배수량 분포, 부력중심 위치, 비척계수

배수량이 동일하더라도 그 분포는 다양하게 나타날 가능성이 있다. 예를 들면, '선체 중앙부에 부피가 집중되고 전후가 날씬한 선형'이나 '선체 전후로 부피가 분산되어 중앙부가 그리 뚱뚱하지 않은 선형'이 있다. 이 같은 배수량 분포는 조파저항에 큰 영향을 주므로, 어떤 속도 범위에 중점을 두는가에 따라서 최적 배수량 분포가 달라져야 한다. 일반적으로 저속 영역에서는 '부피 중앙집중형', 고속에서는 '부피 분산형'이 좋다고 알려져 있다. 이 같은 분산도를 계수화한 것이 '비척계수'이다.

- 주형 비척계수(C_P, Prismatic coefficient)

$C_P = \nabla$(배수 용적) $\div$ {Lwl(수선 길이) $\times$ Amax(최대 단면적)}

이 계수는 최대 단면적 주상체와 선체 배수 용적의 비율을 나타내며, 배 길이 방향의 배수량 분포를 가장 잘 나타낸다.

- 방형 비척계수(C_B, Block coefficient)

$C_B = \nabla$(배수 용적) $\div$ {Lwl(수선 길이) $\times$ Bwl(수선 폭) $\times$ D(흘수)}

이 계수는 선체의 물에 잠긴 부분을 둘러싸는 직육면체와 선체 배수 용적의 비율을 나타내고 있다. 길이 방향 배수량 분포와의 관련은 C_P와 같다고 생각해도 좋다. ($C_P = C_B \div C_M$)

- 중앙횡단면계수(C_M, Midship coefficient)

$C_M = $ Amax(최대 단면적) $\div$ {Bwl(수선 폭) $\times$ D(흘수)}

이 계수는 선체의 물에 잠긴 부분의 최대 단면적과 이를 둘러싼 직사각형 면적의 비율을 나타낸다.

배수량 분포를 그림으로 표시한 것이 면적곡선(Area curve, C_P curve)이며, 이 도형의 길이 방향 도심이 부력중심(center of buoyancy, 부심)이다. 선체의 무게중심(center of gravity)과 부심은 물론 길이 방향으로 동일 위치에 있어야 하므로, 배를 수면에 띄우면 이 두 점이 길이 방향으로 동일 위치에 오도록 선체의 트림이 바뀐다. 부심의 최적 위치는 물론 속력에 따라 달라진다.

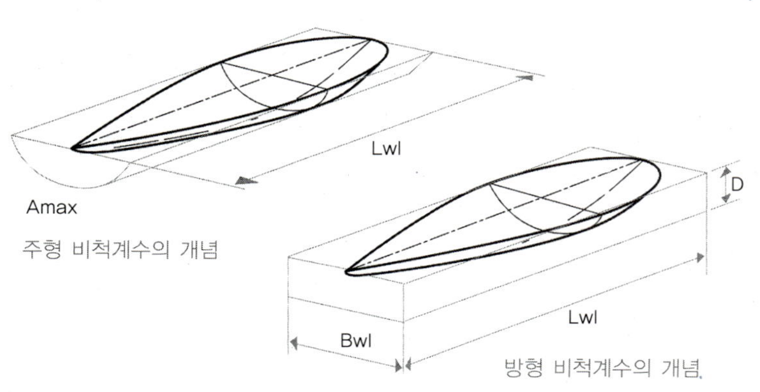

주형 비척계수의 개념

방형 비척계수의 개념

면적곡선/C_P곡선

배수량 분포는 조파저항에 큰 영향을 주는데,
이 배수량 분포를 비척계수 C_P값만으로 나타
내기에는 다소 무리가 있다. 그러나 같은 종류
의 선형을 비교할 때는 저항값의 크기를 판단
하는 지표로서 의미가 있다. 오른편 제일 위에
있는 도표는 테일러 도표로부터 C_P의 최적치
를 찾아내 속도−길이비에 따라 정리한 것이다.

그러면 C_P값이 달라지면 면적곡선이 어느
정도 변할 것인가를 살펴보자. 세 종류의 C_P값
을 동일 배수량으로 비교하면 두 번째 그림과
같이 된다. C_P값의 차이가 아주 작은 것으로
생각되지만, 면적곡선에는 이같이 큰 차이가
나타나게 된다. 그러나 이것은 단면적 분포이
기 때문에 실제 선형에서도 이러한 정도의 차
이가 나타나리라고는 생각되지 않는다.

다음은 같은 C_P값인데도 배수량 분포가 다
른 예를 보기로 하자. 이 같은 차이가 어떤 성
능차를 보이는가를 깊이 분석해보면 요트 선형
의 최적 배수량 분포를 찾아낼 수 있다. 몇 가
지 일반론이 있기는 하지만 특수한 요트 선형
에 대한 최적 배수량 분포는 통계자료로 처리
할 수 있는 범위 안에 있지 않으므로, 수조실
험이나 CFD에 의하여 선형의 우열이나 발생
되는 현상을 파악하여야 한다. 요트 선형 설계
에서 어려운 점은, 급격한 방향 전환이나 바람
의 강약에 의한 가속·감속이라는 큰 상황 변화
에 잘 적응할 수 있는 선형이 되어야 한다는 점
이다.

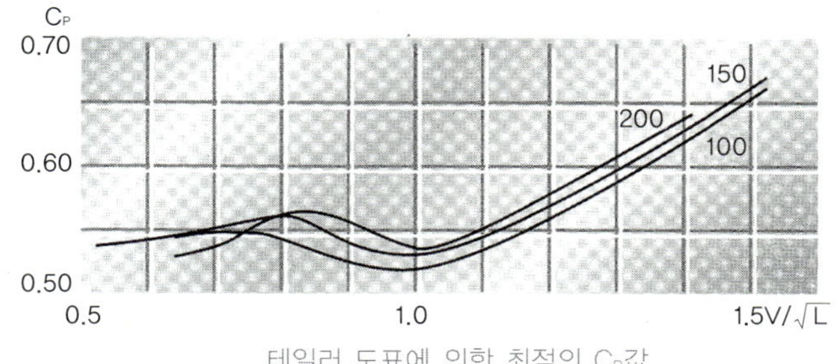

테일러 도표에 의한 최적의 C_P값

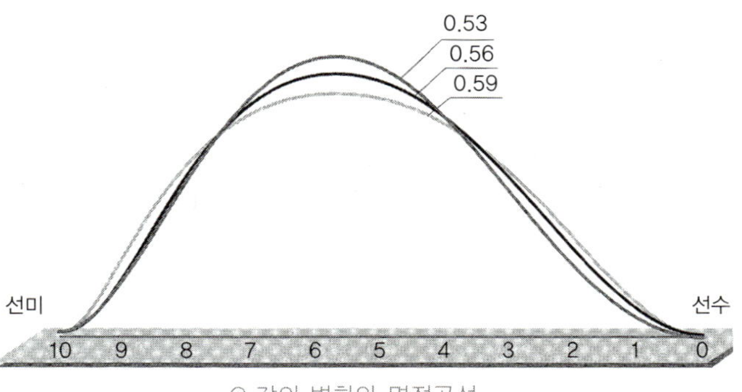

C_P값의 변화와 면적곡선

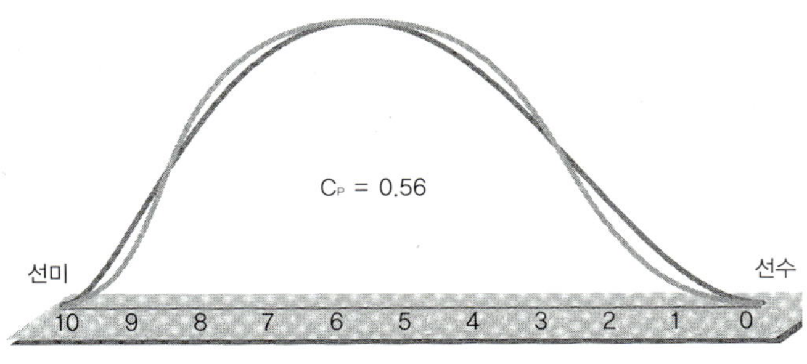

같은 C_P값에서 면적곡선의 변형

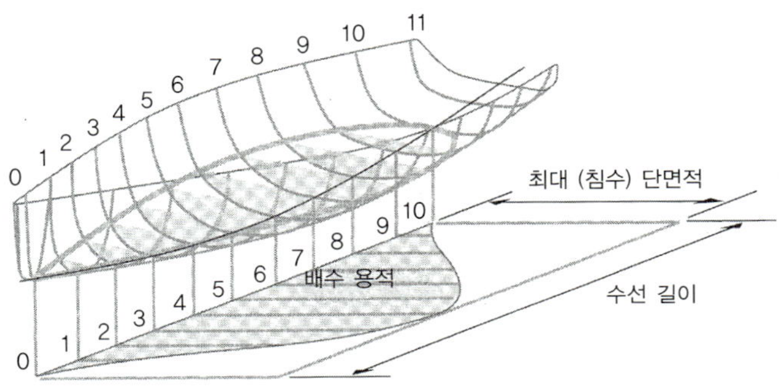

C_P곡선은 선체 단면적 분포 곡선이다.

3.3 수선 면적, 부면심

선체와 수면이 교차하는 선체 단면의 면적이 '수선 면적'
이고, 이 면적의 면적중심을 '부면심'이라고 한다. 배는
이 부면심을 중심으로 회전하여 길이 방향 트림이 발생

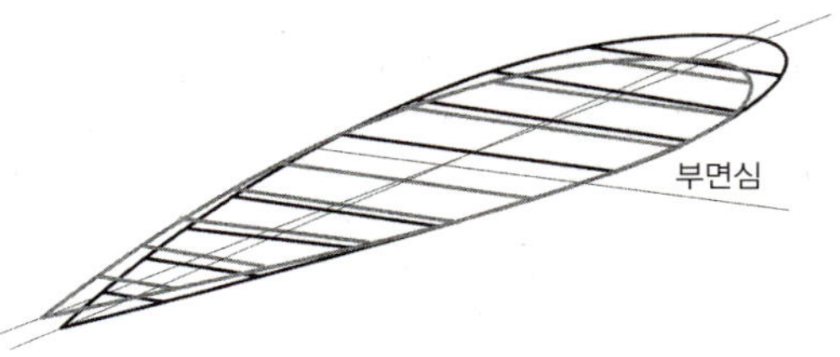

요트는 전후 트림에 따라 수선면이 크게 변한다.

하게 된다. 또 배의 중량이 변화하는 경우, 수선 면적이 작은 선형일수록 떠오르거나 잠기는 양이 커진다.
반면에 파도 중에서 파도에 의한 상하동요(heave) 강제력은 작아진다.

- cm당 배수 톤수(TPC) : TPC는 수선 면적 크기에 따라 결정되는 값으로서, 1cm 침하하는 데 필요한
  중량(톤)이다.
- cm당 트림 모멘트(MTC) : MTC는 수선 면적의 전후 모멘트에 의하여 결정되는 값으로서, 1cm만큼
  트림을 변화시키는 데 필요한 모멘트이다. 이 값은 배수량 변화에 의한 부가 침하량의 예측, 중량물
  이동에 의한 트림의 변화 예측에 편리한 자료이다.

3.4 선체 폭, 수선 폭

요트는 큰 복원력을 필요로 하기 때문에 선체 폭을 넓게 할 필요가 있다. 그 반면에 폭을 넓게 하면 저항이
증가하기 때문에, 그 사이에서 적절히 절충하여 폭을 정하지 않으면 안 된다. 수선면의 폭을 넓히면 조파
저항도 증가하지만 침수 표면적도 증가하여 마찰저항이 커지는 것도 무시하지 못한다. 요트의 선형은 비
교적 흘수가 얕고 폭이 넓기 때문에, 수선면의 폭이 넓어지면 침수 면적의 증가와 직결된다.

제3장에서 언급한 바와 같이 선체의 저항 중에서 침수 표면적에 의한 마찰저항의 비중이 상당히 높기
때문에, 성능을 중시하는 종류의 요트에서는 수선면의 폭을 결정하는 데 많은 신경을 쓰고 있다. 바람이
약한 저속 영역에서는 마찰저항이 훨씬 크기 때문에, 횡경사가 작을 때 침수 표면적이 작고 수선면의 폭이
좁은 선형이 큰 효과가 있다. 그러나 풍속이 강해지면 횡경사가 커져 오히려 고전을 면치 못하게 된다.

일반적으로 선체의 폭을 넓게 하면 초기 복원력은 향상되지만, 90°에 이르는 큰 각도의 횡경사에서는
그 효과가 소멸된다. 더 큰 횡경사 각도, 즉 선체가 전복된 상태에서는 역작용하여 전복 상태로 안정되는
범위가 넓어지는 경향이 있다. 즉, 운이 나빠 배가 뒤집히면 바로 세우는 것이 매우 어려워진다. 복원력을
키우는 또 다른 방법으로는 중심을 낮추는 방법이 있는데, 이것은 횡경사가 커졌을 때 초기 복원력을 증가
시키는 것보다도 큰 효과를 발휘하는 특징이 있다. 이와 같은 특징들을 잘 이해하여 필요에 따라 적절한
방책을 사용하면서 설계해야 한다.

횡경사 효과

요트 선형은 횡경사 각도나 폭과 깊이의 비를 변경하면 여러 가지 특성이 크게 변화하는데, 30피트 요트를 모형으로 그 변화를 구체적으로 조사해본다.

표준 모델	주요 치수
전장	9.30m
수선 길이	8.0m
최대 폭	3.00m
수선 폭	2.40m
배수량	2.70ton

표준 모형의 폭과 깊이의 비를 변경하여 '10% 폭이 넓은 모형'과 '10% 폭이 좁은 모형'으로 동일 배수량의 비례 모형을 만들고 여러 자료의 변화를 조사해보자. 횡경사하지 않은 상태에서는 각 모형의 침수 표면적, 수선 면적, 수선 폭 등에 당연히 그 비율에 따른 차이가 생긴다. 그러나 횡경사하면 이들 값은 모두 감소한다. 이것이 요트 선형의 특징이고, '광폭 모형'일수록 이 감소 경향이 강하나 횡경사 각도가 30°를 넘으면 각 모형이 비슷해진다. 그 이유는 동일 늑골선으로 만들어진 비례 모형이기 때문인데, 다른 늑골선을 썼을 때에는 약간 닮은 경향을 보이기는 하지만 다르게 나타난다. 또한 이 비례 모형은 실용상의 조건을 완전히 무시하고 만든 것이므로, 경기 규칙 등의 제반 사정을 반영하여 만든 실제 선형에서는 이 비교 자료와 다소의 차이가 있다는 점을 고려하여야 한다.

횡경사하면 침수 표면적과 수선 폭이 감소하므로, 횡경사로 인하여 선형이 다소 비뚤어지는 것을 제외하면 선체 저항 요소로는 좋아지는 경우가 많다.

숙련된 항해자들은 이러한 사실들을 경험을 통하여 알고 실천하고 있다. 이들은 또한 바람이 약한 저속일 때는 승선원들의 체중 이동으로 최적의 횡경사 각도나 선수트림을 만들어, 요트의 범주 상태를 조절하고 속력을 올리는 방안도 항상 염두에 두고 있다.

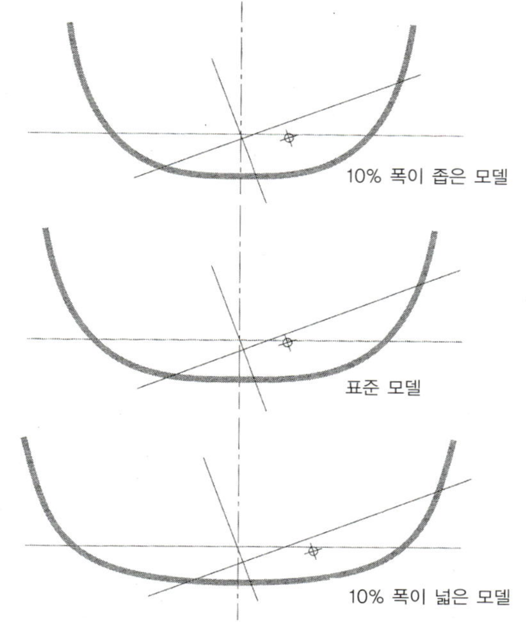

폭–깊이비 변경 모형의 단면 비교도

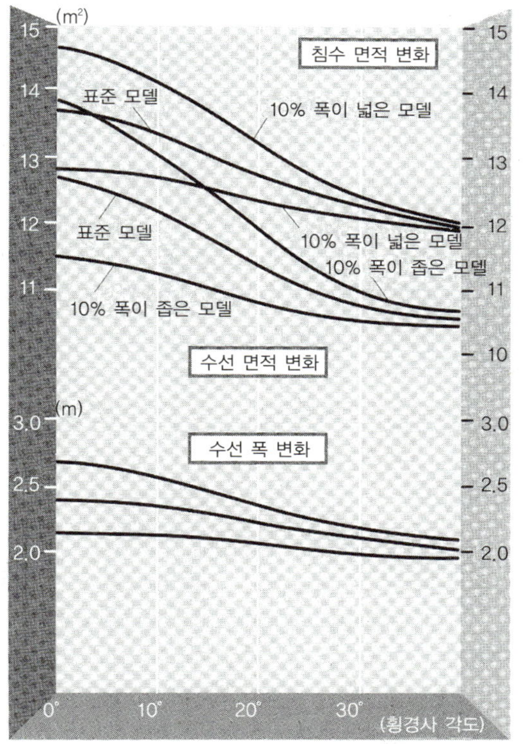

폭–깊이비 변경 모형의 특성 비교 도표

요트 선형은 횡경사하면 부심의 이동이 크게 나타난다. 이러한 부심의 이동과 무게중심과의 위치관계로 인하여 복원 모멘트가 발생한다. 복원력은 횡경사 각도(θ), 부심의 수평 이동거리(TCB), 중심높이(VCG), 중량(W) 등에 의하여 다음과 같이 계산된다.

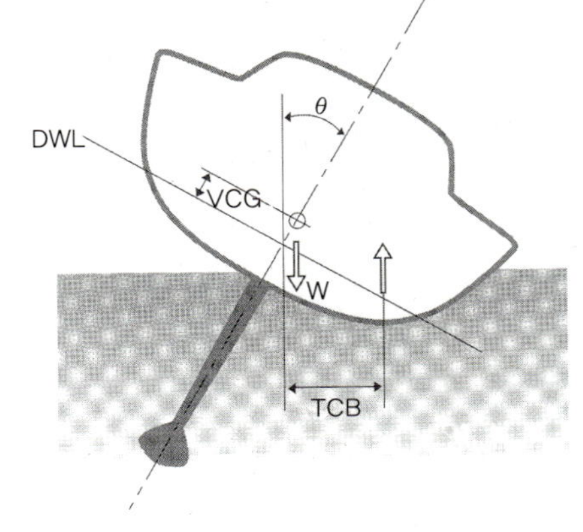

$$복원력 = (TCB - VCG \times \sin\theta) \times W$$

복원력을 키우는 방법에는 몇 가지가 있다. 부심 이동이 큰 선형을 만든다, 중심위치를 낮춘다, 중량을 무겁게 한다 등의 방법이 그것이다. 이 방법들은 선체 횡단면 형상(늑골선)을 변화시켜 선체 폭을 넓히거나 용골 무게를 무겁게 하고 그 중심위치를 낮추는 등의 수단으로 구현할 수 있다.

실제로는 중량을 무겁게 하면 성능이 저하되므로, 이를 피하기 위하여 돛 면적을 키우지 않으면 안 된다. 중심위치를 내리는 것도 많은 경우 흘수의 제한을 받거나, 규칙 관계로 용골을 원하는 만큼 깊게 할 수 없다든가, 거주 설비 때문에 중량이 증가한다든가 하는 어려운 일이 많아진다. 이러한 상황이 벌어지면 횡단면 형상을 변경하여 부심 이동이 큰 선형을 만들어 문제를 해결하려 하게 된다.

그러나 횡경사가 일어나면 횡단면의 형상이 변하여 선체 저항을 비롯한 모든 유체역학적 특성에 큰 영향을 주게 되는 것은 자명하므로, 선체 횡단면 형상을 복원력 관점만으로 결정하려 한다면 실패할 수도 있음을 명심해야 한다.

복원성을 향상시키면 안전성, 승선감, 성능 등의 향상을 기대할 수 있다. 즉, 횡경사 각도가 자주 변하는 선형의 승선감은 결코 좋지 않다. 경기용 요트에서는 돛이나 타로 횡경사를 잘 조절하여 속도를 높이는 것을 즐긴다. 바람을 추진력으로 바꾸는 효율을 높이려면 큰 복원력이 필요하다. 횡경사 각도가 커지면 돛의 효과도 떨어지고 옆밀림도 커지므로 성능 저하가 현저하게 나타난다. 한편 순항 요트는 중량도 무겁고 수선 폭이 넓어서 복원력이 크며, 그다지 민감하게 반응하지도 않으므로 승선감이 좋게 되어 있다.

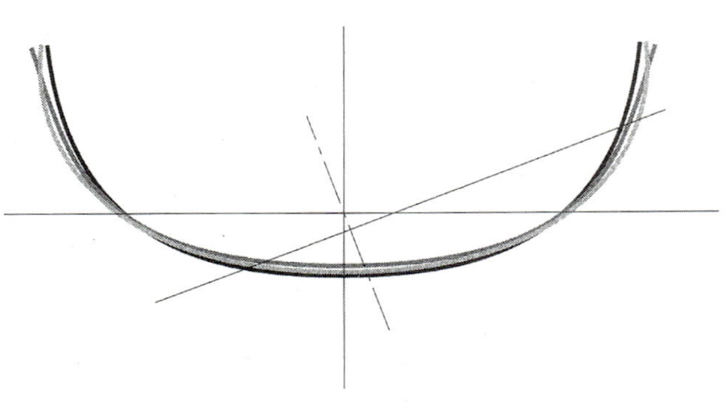

늑골선의 특성 변화

복원력 곡선

먼저 횡경사가 일어난 상태에서의 배수량과 부심의 횡 이동량 등의 실제 계산 예를 보인다. 많은 계산 부분이 횡경사 0°일 때와 같지만, 각 단면의 면적과 면적중심 이동량(L)의 모멘트 계산이 추가된다. 이것을 적분한 것으로부터 부심의 횡 이동량이 계산되고, 복원력이 구해진다.

배수량 등의 계산서

HEEL ANGLE 30°

Stn.	AREA (m^2)	n	n*A	m	m*n*A	GIRTH (m)	n*G	BWL (m)	n*B	m*n*B	L (m)	n*L*A
0	0.0000	1	0.0000	-10	0.0000	0.000	0.000	0.000	0.000	0.000	0.000	0.000
	0.0112	4	0.0448	-9	-0.4032	0.290	1.160	0.245	0.980	-8.820	0.023	0.001
1	0.0521	2	0.1042	-8	-0.8336	0.596	1.192	0.500	1.000	-8.000	0.054	0.006
	0.1135	4	0.4540	-7	-3.1780	0.899	3.596	0.755	3.020	-21.140	0.090	0.041
2	0.1923	2	0.3846	-6	-2.3076	1.185	2.370	1.011	2.022	-12.132	0.131	0.050
	0.2840	4	1.1360	-5	-5.6800	1.453	5.812	1.258	5.032	-25.160	0.183	0.208
3	0.3802	2	0.7604	-4	-3.0416	1.725	3.450	1.482	2.964	-11.856	0.239	0.182
	0.4782	4	1.9128	-3	-5.7384	1.954	7.816	1.701	6.804	-20.412	0.294	0.562
4	0.5710	2	1.1420	-2	-2.2840	2.143	4.286	2.022	4.044	-8.088	0.350	0.400
	0.6474	4	2.5896	-1	-2.5896	2.288	9.152	2.123	8.492	-8.492	0.400	1.036
5	0.7051	2	1.4102	0	0.0000	2.408	4.816	2.125	4.250	0.000	0.441	0.622
	0.7335	4	2.9340	1	2.9340	2.455	9.820	2.185	8.740	8.740	0.470	1.379
6	0.7318	2	1.4636	2	2.9272	2.483	4.966	2.199	4.398	8.796	0.491	0.719
	0.6945	4	2.7780	3	8.3340	2.453	9.812	2.179	8.716	26.148	0.498	1.383
7	0.6295	2	1.2590	4	5.0360	2.344	4.688	2.098	4.196	16.784	0.499	0.628
	0.5360	4	2.1440	5	10.7200	2.195	8.780	1.987	7.948	39.740	0.495	1.061
8	0.4212	2	0.8424	6	5.0544	2.012	4.024	1.814	3.628	21.768	0.488	0.411
	0.2933	4	1.1732	7	8.2124	1.723	6.892	1.572	6.288	44.016	0.483	0.567
9	0.1722	2	0.3444	8	2.7552	1.456	2.912	1.275	2.550	20.400	0.486	0.167
	0.0655	4	0.2620	9	2.3580	0.962	3.848	0.892	3.568	32.112	0.510	0.134
10	0.0035	1	0.0035	10	0.0350	0.316	0.316	0.301	0.301	3.010	0.545	0.002
			23.1427		22.3102		99.708		88.941	97.414		9.559

수선간 거리 (m)	7.800	배수 용적=23.1424*0.390/3	3.009(m³)
h (m)	0.390	배수량=23.1424*0.390/3*1.025	3.084(ton)
최대 단면적 (m²)	0.7368	부심 전후=22.3102*0.390/23.1424	0.372(m/stn.5)
		부심 좌우=9.551/23.1427	0.413(m)
		침수 면적=99.7080*0.390/3	12.962(m²)
		수선 면적=88.9410*0.390/3	11.562(m²)
		부면심=97.4140*0.390/88.9410	0.427(m/stn.5)

횡단면이 달라지면 복원력이 어떻게 달라지는지를 검증해보자. 30피트 요트 '표준 모형', '10% 폭이 넓은 모형', '10% 폭이 좁은 모형'에서 무게중심을 DWL상의 동일 위치에 놓은 자료로 비교해보자. 복원력은 횡경사 0°부터 90°까지 전 영역에서 '폭 넓은 모형'이 당연히 높은 값을 보이지만, 60° 정도까지는 폭 차이를 상회하는 비율을 나타내고, 90°로 접근할수록 그 차이가 줄어들어 서로 비슷한 값이 된다. 결국 초기 복원력은 폭을 넓힘으로써 늘릴 수 있지만, 옆으로 크게 기울어지면 그 의미가 없다.

다음은 늑골선 특성 변화에 의한 효과를 검증해보자. '복원력을 키우고 싶지만 저항 증가는 피하고 싶다'면 '수선 폭은 그대로 두고, 선체 상부 폭(flare)을 넓힌다', '중심을 내린다' 등의 방법이 있다. 두 방법 모두 초기 복원력에는 크게 기여하지 못하지만, 횡경사 각도가 커지면 그 효과가 나타난다. 물론 선체 상부 폭에 의존하는 방법은 경사각이 90°에 가까워지면 그 위력을 잃게 되지만, 중심을 내리는 방법은 그때에도 복원력에 계속 기여한다.

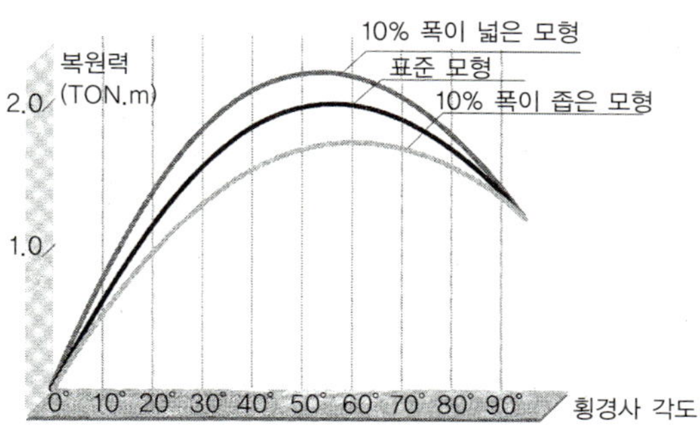

폭 변화와 복원력

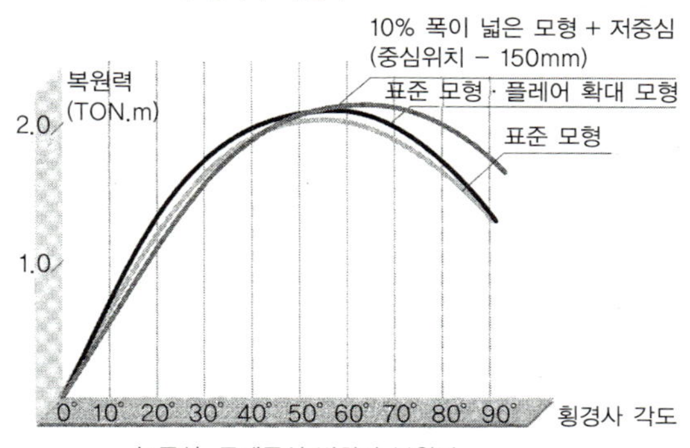

늑골선, 무게중심 변화와 복원력

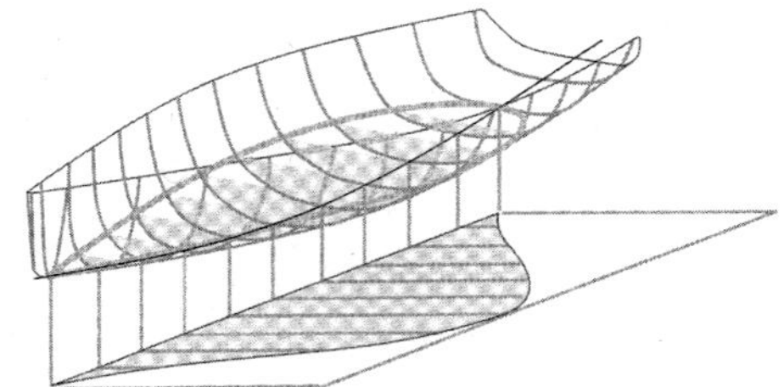

science of yacht

부가물의 설계

Chapter · 5 Appendage

1.1 용골과 타의 역할

요트는 바람이 불어오는 방향으로 바로 직진할 수 없다. 그러나 용골, 타, 돛 등을 잘 조종하면 풍향과 이루는 각도(바람각)가 40° 정도일 때까지는 바람을 거슬러 택바꾸기(tacking)를 되풀이하며 목적지를 향해 지그재그로 항주할 수 있다. 따라서 어떻게 하면 더 높은 효율로 바람을 거슬러 항주할 수 있는가가 요트 성능 향상의 영원한 숙제이며, 이를 해결하기 위한 노력의 하나로 선형뿐만 아니라 용골의 개량에 관한 많은 연구가 이루어지고 있다.

용골의 역할은 크게 나누어 두 가지가 있다. 돛의 양력으로 인한 옆밀림을 막아주는 역할과, 돛의 양력으로 인한 횡경사 모멘트를 상쇄시켜 횡경사가 작아지도록 복원력을 발생시키는 역할이 바로 그것이다. 이 두 가지 역할을 효과적으로 실행하기 위해서 깊고 무거운 용골이 필요하다는 것은 잘 알려져 있다. 그러나 용골의 형상은 용골 자체의 효율만을 위해서 결정되는 것이 아니라, 요트 전체의 개발 개념이나 선형, 새로운 구조 재료를 반영한 중량 배분, 그리고 경기 핸디캡 규칙 등의 제약을 감안하여 결정된다.

또한 당연한 일이지만 수면 아래 잠겨있는 타를 포함한 양력 면과 공기 중에 있는 돛 형상 사이의 관계를 파악하여 균형을 이루도록 결정하여야 한다. 한 가지 더 중요한 것은, 순풍에서 항주할 때에는 용골이 필요 없다는 것이다. 순풍범주에서도 용골은 진로 안정성이나 직진성 유지 등에는 기여하지만, 옆밀림과 횡경사 방지라는 관점에서 보면 이것은 큰 저항만 받는 아무 소용 없는 무용지물일 뿐이다.

횡경사가 돛이나 용골, 타의 효율을 약화시킨다는 것도 큰 문제이다. 횡경사 각도가 증가하면 돛, 용골, 타의 유효 양력이 저하되고 저항이 증가하여 옆밀림 각도가 증가한다. 횡경사가 과대해지면 선체가 받는 저항이 증가한다.

보통 요트일 때는 총중량의 30~50%의 중량이 용골에 할당되고 있으므로 총중량을 가볍게 하기 위해서 용골의 중량을 줄이지 않으면 안 될 때도 있다. 따라서 이러한 경우에는 복원력 확보를 위한 다른 방법을 강구하지 않으면 안 된다.

돛과 부가물에 발생되는 힘

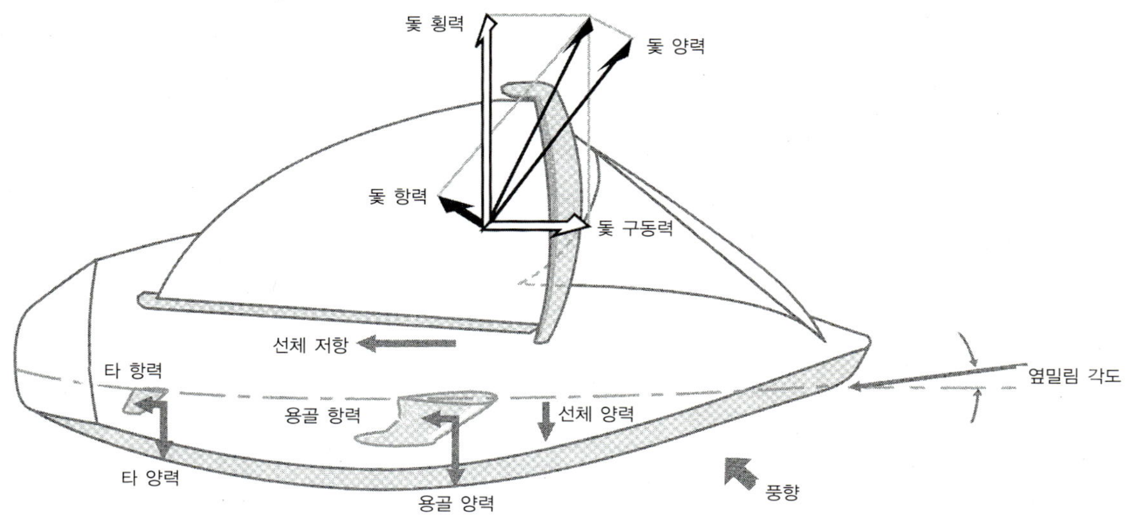

요트가 얼마나 높은 효율로 바람을 거슬러 범주할 수 있는가는 선체, 용골, 타, 돛 모두가 얼마나 저항이 작고 양력이 큰, 즉 효율적인 형상으로 되어있는지 여부에 따라 결정된다.

요트가 바람 방향에 대하여 40° 정도의 각도로 거슬러 올라가면서 범주하는 상태에서, 요트로 불어오는 바람의 유입 각도(상대풍향)는 25° 정도가 되고, 이 각도에 수직하게 양력과 저항이 발생한다. 양항비가 크고 성능이 좋은 돛일수록 이 합력 벡터는 전방을 향하게 되어 큰 전진 방향의 힘을 낼 수 있는 반면, 성능이 나쁜 돛은 횡방향 힘만 키우므로 요트가 크게 횡경사진 채 옆으로 밀리게 할 뿐이다.

수면 아래 잠긴 용골과 타가 발생시키는 양력은 요트가 옆으로 밀리는 옆밀림 각도 때문에 생긴다. 즉, 옆밀림 각도의 증감에 따라 용골과 타의 양력이 변화하므로, 돛의 횡방향 힘을 받아줄 수 있는 양력이 발생되는 옆밀림 각도로 범주하게 된다. 선체도 옆밀림에 의하여 작은 힘이나마 양력을 발생시키고 있다.

타도 돛이나 용골과 균형을 이루도록 상대적 위치관계를 잘 선정해주어 훨씬 큰 양력을 얻을 수 있도록 해야 한다. 또 타를 중립(타각 0°)으로 하였을 때 요트가 스스로 바람 방향으로 거슬러 올라가도록 균형을 맞춰주는데, 이것을 '선수끌림(weather helm)의 평형'이라 한다. 이 상태에서 타각을 아주 미세하게 키우면 타의 양력이 증가하여 '직진' 상태에서의 평형을 얻을 수 있다. 그러므로 이 상태에서는 타의 횡력은 증가하고 용골의 횡력은 감소한다(횡력의 합계는 동일). 즉, 옆밀림 각도가 다소 감소하여 바람을 거슬러 올라가는 성능이 좋아진다. 타와 같은 가동 날개를 적절하게 잘 사용하면 큰 양력을 얻을 수 있으므로 성능 향상에 효과적이나, 타각이 너무 커지면 저항이 급격히 증가하고 조종도 어려워지므로 주의해야 한다. 선수끌림과는 반대로 '선수밀림(lee helm)의 균형'이 되어버린 요트에서는 타가 풍하 방향의 힘을 발생시키게 되므로, 용골에서 타에 의한 손실을 보상하기 위한 풍상 방향의 힘을 발생시키지 않으면 안 된다. 따라서 이러한 요트는 큰 옆밀림 각도를 피할 수 없게 된다. 또한 용골과 선체는 당연히 큰 저항을 받게 되어 성능이 크게 악화되므로 이러한 상황은 반드시 피해야 한다.

결국 적절한 균형을 찾아내어 수면 아래 있는 모든 날개와 선체가 효과적인 양력을 발생시키고 각각의 유입 각도도 낮게 억제되면, 저항이 낮고 옆밀림 각도가 작은 상태가 되어 높은 성능을 얻을 수 있게 된다.

1.2 용골의 종류

용골(keel)의 어원은 등뼈에 상당하는 구조재의 명칭인 '용골'이다. 범선의 발달 과정에서 배가 옆밀림을 줄이기 위하여 용골을 조금씩 깊게 하는 방법이 채택되기 시작하였다. 이 같은 용골의 변화에 따라 '핀 용골(fin keel)'이라는 말도 나오는 등 지금의 용골은 원래의 어원인 용골과 전혀 다른 뜻이 되고 말았다.

근대 요트의 용골은 깊이가 깊어지고 면적이 줄어드는 경향으로 발전하고 있으며, 특히 최근의 경기용 요트에서는 가늘고 깊고 무게중심이 낮은 용골이 주류를 이루고 있다. 그 이유는 요트의 성능 향상을 위해 돛 면적을 늘리는 데 필요한 추가적인 복원력을 용골에서 얻고자 하기 때문이다. 또 구조상의 발전으로 가볍고 강한 선체를 만들 수 있게 되면서 선체 총중량의 경량화가 가능해짐에 따라 무게중심이 낮은 용골을 채택하는 경우도 많아지고 있다.

경기용 요트의 벌칙(핸디캡 규칙)에는 반드시 용골 깊이에 대한 제약이 있고, 복원력도 규칙에서 계산식으로 주어지는 경우가 많다. 복원력이 큰 요트는 역풍범주 성능이 좋기 때문에 당연히 큰 핸디캡이 주어지게 된다.

대양 경기용 요트에는 1990년경부터 IMS 규칙이 보급되기 시작하면서 예전 규칙에서 큰 복원력과 깊은 용골에 부과하던 핸디캡이 상당히 경감되었기 때문에, 용골 형상도 크게 변하여 깊고 중심이 낮은 벌브 용골이 일반화되고 있다. 그러나 극단적으로 깊고, 좁고, 면적이 작고, 무게중심이 낮은 용골은 여전히 핸디캡상 불리하기 때문에, 성능에 대한 장점과 핸디캡과의 균형을 이루도록 잘 조정하면서 설계를 하고 있다.

순항 요트(cruiser)의 경우에는 규칙에 의한 제약은 없다. 하지만 순항할 때에는 많은 항구를 출입하게 되는데 이때 긴 용골 때문에 운항에 제약을 받을 수 있기 때문에 큰 호응을 얻지는 못하고 있다.

남태평양과 같이 산호초 등이 많은 해역을 항해하는 요트는 특히 얕은 용골이 선호되고 있다. 운 나쁘게 좌초되는 경우도 감안하여, 성능상으로는 다소 불리하지만 좌초되어도 쉽게 파손되지 않는 용골-타 일체형을 택하는 경우도 있다.

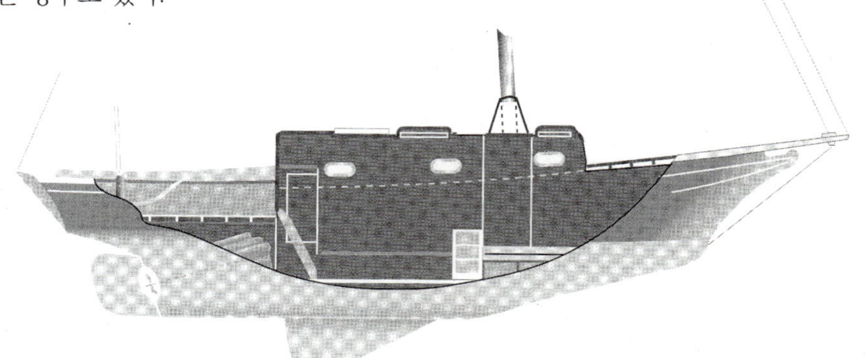

구식 항해용 요트의 용골 형상. 들어 올릴 수 있는 용골(centerboard)을 장비한 경우도 있다.

용골에 관한 규칙

용골 형상의 진화 과정을 살펴보면, 용골이 단독으로 진화한 것이 아니라 돛과 선체 구조 및 재료의 발전과 설계 규칙의 변화 등이 모두 반영되어 전체적인 설계 개념이 진화하는 가운데 용골의 설계도 진화한 것이다.

보통의 요트는 극단적인 차별화를 피하여 일반성을 중요시하고 있기 때문에 설계 규칙상에서도 여러 가지 제약을 가하고 있다. 예를 들면, 날개용골(wing keel)이나 조절탭 등에 큰 벌점을 주어 금지시키고 있는 경우도 있다. 설계 규칙은 주로 경기에 핸디캡을 주기 위한 것이므로, 성능 평가에 따라 핸디캡을 산출하여야 한다. 그러나 여기에는 미묘한 문제가 있다. 예를 들면, 예전 규칙에서 현재의 IMS 규칙으로 바뀐 이후에 용골의 모양이 크게 변화하였는데, 새로운 규칙에서 깊고 복원력이 큰 용골에 대한 핸디캡이 다소 완화된 것을 단순한 '규칙의 불완전성'이라고도 볼 수 있지만,

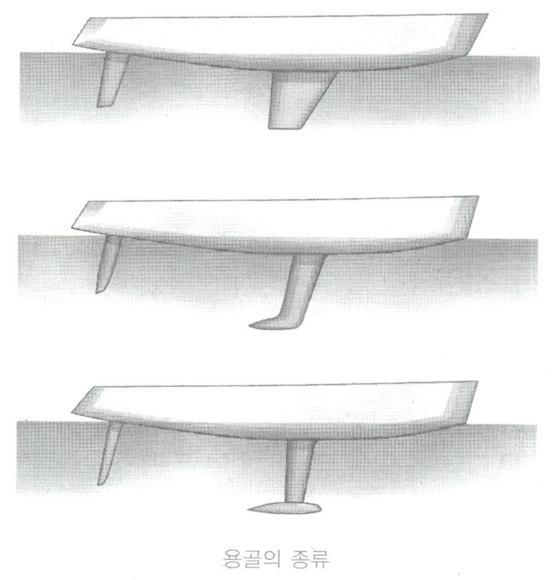

용골의 종류

또 다른 관점에서 보면 예전 규칙에서 복원력이 높은 요트에 크게 불리한 핸디캡을 주었더니 복원력이 낮은 요트가 많아졌다는 '나쁜 경향'을 '건전한 방향'으로 시정하려는 '정책적인 의도'로 생각할 수 있다.

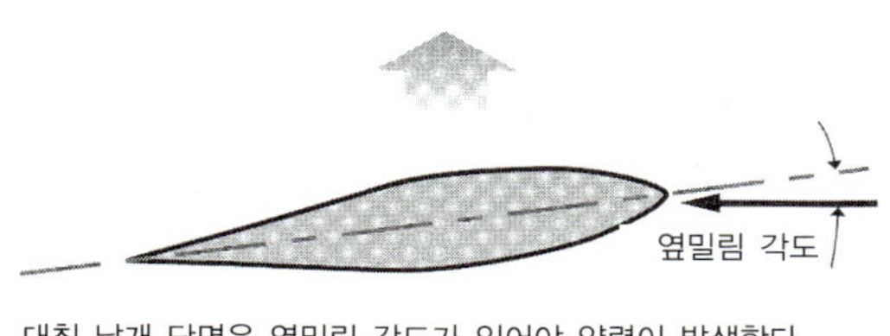
옆밀림 각도

대칭 날개 단면은 옆밀림 각도가 있어야 양력이 발생한다.

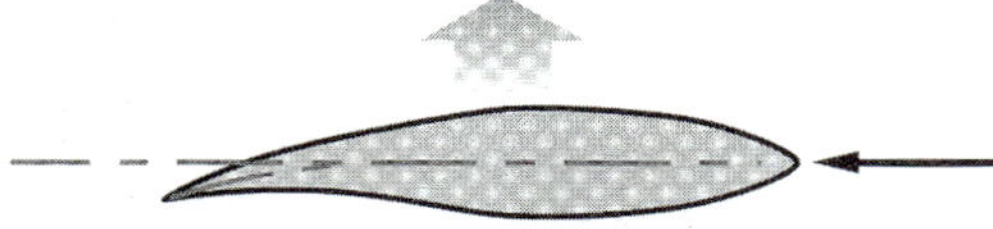

비대칭 날개 단면은 옆밀림 각도가 없어도 양력이 발생한다.

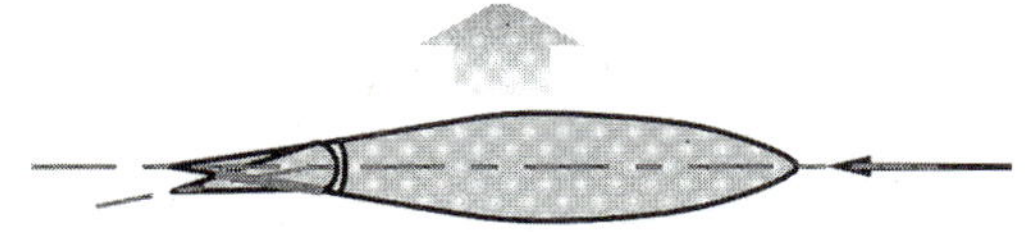

대칭 날개 단면도 조절탭으로 비대칭 날개 단면과 같은 효과를 낼 수 있다.

조절탭의 역할

조절탭의 역할

용골의 뒷부분을 회전할 수 있게 만든 것을 '조절탭(trim tab)'이라 한다. 비행기 날개의 플랩(flap)은 매우 복잡한 기구로 되어있어서 이착륙 시에는 날개 단면 형상과 면적을 크게 변화시킬 수 있지만, 요트의 경우에는 경기 규칙에서 회전축을 1개소만으로 제한하는 경우가 많아 용골의 뒷부분을 회전시키는 단순한 기구로 되어있다. 또한 요트 용골에서는 양현(횡) 방향으로 동일한 성능을 얻기 위하여 대칭 날개 단면을 사용할 수밖에 없기 때문에, 양력을 얻으려면 옆밀림이 있어야만 한다. 그러나 만일 캠버가 있는 비대칭 날개 단면 형상을 사용한다면 옆밀림이 없어도 양력이 발생해 바람을 거슬러 올라가는 상행도 가능하므로, 이와 유사한 효과를 얻기 위하여 용골에 조절탭을 적용한다. 그러나 이 경우 날개 단면에 굴곡을 주어야 하기 때문에 형상이나 접합 부분을 잘 만들지 않으면 저항이 증가하여 효과가 없는 무용지물이 되고 만다. 또 옆밀림이 작아짐에 따라 선체의 저항 감소 등 미묘한 저항치 변화가 생기므로 조절탭 각도를 적절히 절충해야만 성능을 향상시킬 수 있다.

1.3 아메리카컵 요트의 용골

요트 건조 규칙이 바뀌면 선체 형상은 물론 용골의 형상도 바뀌게 된다. 가장 극단적인 것이 아메리카컵 대회의 규칙으로, "용골의 깊이는 4.0m로 제한하고 그 폭은 선체 폭보다 좁아야 하며, 움직일 수 있는 부분은 타를 포함하여 2개소만 허용한다"라는 것이 주요 골자이다. 복원력도, 용골 면적도 전혀 규칙의 계산식에는 들어있지 않다. 이런 규칙 때문에 참가자들은 선체를 어떻게든 경량화하여 줄어든 중량을 용골벌브에 추가함으로써, 선체 중심을 최대한 낮추려는 노력을 계속하고 있다. 이에 따라 용골 하단의 거대한 벌브에 선체 총중량의 80%나 되는 중량을 집중시키고, 용골의 면적도 가능한 한 줄여 구조 강도의 한계에 도전하고 돛 조종 기술에 크게 의존하려는 설계도 출현하고 있다.

아메리카컵 요트는 용골에 비행기의 수평꼬리날개와 같은 날개를 붙이는 경우가 많다. 용골 폭의 제약은 이 수평날개의 폭에 대한 것이다. 그러나 이 날개는 그 효과를 잘 이해하여 설계하지 않으면 효과를 얻을 수 없는 섬세한 장치이다. 적절한 크기, 부착 각도, 부착 위치 등이 잘못되면 이득보다는 오히려 손해가 발생한다. 날개의 설계법도 아직 완전히 확립되지 않았기 때문에 성능을 알고 있는 기준선(trial horse)과의 비교 범주를 통하여 성능을 판정하고, 최적 상태가 되도록 조율(tuning)하게 된다. 날개 효과로는 택바꾸기 성능 향상을 들 수 있으나, 이것도 정성적으로는 이해할 수 있지만 종합적인 평가가 어려워 결국은 해상시험으로 평가할 수밖에 없다.

기상 조건에 따라 용골의 최적치도 달라지며, 미묘한 차이로 승패가 결정된다. 따라서 극심한 개발 경쟁의 최종 단계에 이를 때까지 용골은 언제나 남의 눈에 띄지 않도록 숨겨져 왔다. 뉴질랜드 팀의 1992년 아메리카컵 도전 요트에 부착되었던 이중 용골(tandem keel)은 기발한 아이디어로 한계에 도전한 대단히 혁신적인 설계로 화제를 모았지만 컵의 획득에는 실패하였다. 이와 같이 용골의 설계에 도전하여 실제 적용할 수 있었다는 것도 아메리카컵 경기이기 때문에 가능했던 것이다.

아메리카컵 요트인 영 아메리카(Young America)호 (1995년)

용골의 형상

아메리카컵의 규칙이 1992년 경기부터 크게 바뀌면서 용골과 타의 형상도 크게 바뀌었다. 즉, 가늘고 길며 저항이 작은 선체에, 가늘고 깊으며 낮은 무게중심의 벌브 용골을 조합한 것이 표준형이 되었다.

1992년의 경기에서는 여러 나라가 연합체를 구성하여 다양한 용골 형상을 적용하였다. '움직일 수 있는 부분을 타를 포함하여 2개소로 제한하는 것', '거대한 벌브와 핀 용골을 조합하는 것'이라는 복합 퍼즐을 푸는 것이 1992년의 주제였다. 움직이는 선수 용골(canard keel)과 타, 그리고 고정된 용골 지주(strut)에 벌브가 부착된 조합은 1987년 프리맨틀에서 열린 아메리카컵 경기에서 처음으로 출현하였는데, 이 요트와 같이 새 규칙을 적용한 요트로 참가한 팀은 일본뿐이었으나 큰 성과는 얻지 못했다.

벌브를 지지하는 용골 지주 전체가 회전하는 전회전 용골(full rotate keel)을 호주 팀이 채택하였지만, 용골이 너무 커져서 성공하지 못하였다. 용골 지주를 회전시키더라도 규정에 따라 거대한 중량물인 벌브를 움직이면 안 되기 때문에 여러 면에서의 연구가 필요했었다.

1992년에는 용골의 재료로 탄소섬유가 많이 사용되어 가벼워지긴 했지만, 크기를 줄이지 못해 좋은 성과를 올리지는 못하였다. 미국 팀과 뉴질랜드 팀은 용골 지주에 고강도강을 사용하여 이것을 아주 작은 날개 단면 형상으로 만드는 데 성공하였다.

뉴질랜드 요트의 이중 용골은 벌브의 앞단과 끝단에 지주가 부착되어 벌브 중량을 지지하고, 두 지주는 모두 완전히 회전할 수 있기 때문에 뒷지주는 타의 역할도 맡고 있다. 모험적인 설계로는 성공적이었으나 두 날개(지주)가 보통 요트에서보다 앞쪽에 위치하기 때문에 돛 면도 상당히 앞으로 옮겨지게 되었다. 이에 따라 옆밀림이 거의 없이 범주할 수 있는 특이한 요트였지만 세밀한 균형으로 맞추는 데 어려움이 있어서 최종 경기까지 버티진 못하였다.

미국 요트 중에서도 이중 용골을 시도한 팀이 있었지만 성공하지는 못하였다. 아메리카컵 방어 요트로 선정된 요트는 조절탭이 붙은, 거의 한계에 이를 정도로 가는 용골 지주가 벌브의 중앙에 연결되고, 가늘고 작은 타가 조합된 정통적인 형상이었다. 자유자재의 폭 넓은 범주 스타일로 전략적인 자유도가 있다는 평을 받았고, 이중 용골보다 균형이 잘 맞아 조종하기 쉽다는 평가였다. 이 미국 요트가 1992년 아메리카컵을 방어하였기 때문에 1995년 경기에는 모든 팀들이 수면 아래 형상을 이러한 모양으로 설계하여 참가하였다.

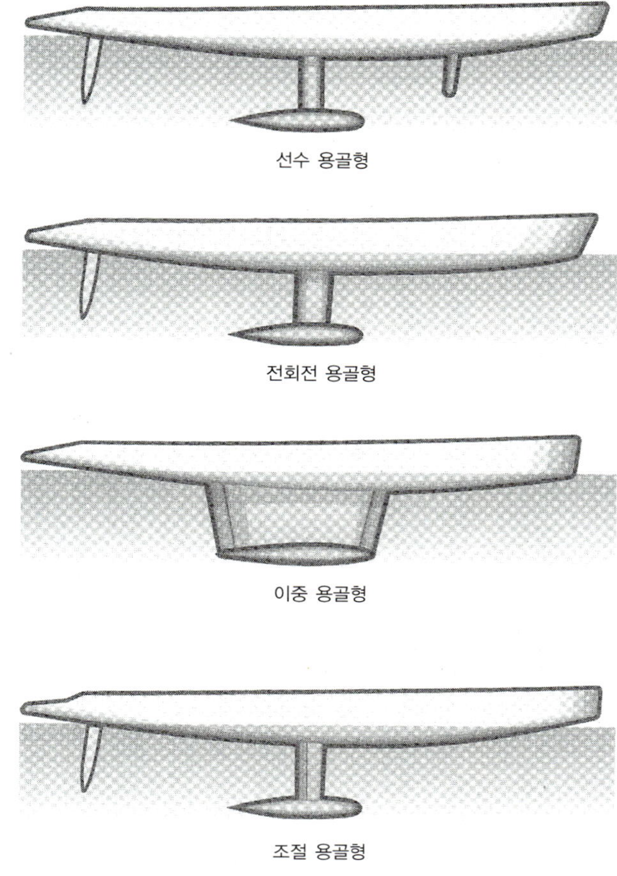

아메리카컵 요트의 용골 형상

용골의 특성에 크게 영향을 주는 요소로는 가로세로비, 후퇴각, 경사(taper)비 등이 있지만, 여기서는 가로세로비에 대하여 중점적으로 생각해보기로 한다. 길이가 긴(깊이 잠기는) 용골은 가로세로비가 큰 날개가 되므로, 이러한 용골의 앞날에 벌브를 붙여주면 무게중심이 낮아져서 큰 복원력을 얻는 데 효과적이다.

동일 면적을 가지는 두 개의 용골을 설계해보자. 폭과 깊이의 치수가 같아서 가로세로비가 1인 용골과, 깊이는 두 배로 늘어나고 폭은 2분의 1로 줄어서 가로세로비가 4인 용골을 비교하면 양력계수(C_L)는 약 두 배가 된다(제3장 참조).

양력(L)은 유체의 밀도(ρ), 요트의 속력(V), 용골 면적(S)에 의하여 다음과 같이 계산된다.

$$L = 1/2 \times \rho \times V^2 \times S \times C_L$$

가로세로비가 1인 용골로 옆밀림각 $4°$로 항주하는 경우를 가로세로비가 4인 용골의 경우로 바꾸어보면 어떻게 될까? 여기서 L은 용골에서 얻어지는 양력으로서 돛에서 얻어지는 횡력과 평형을 이루어야 하므로, 엄밀하게는 L이 약간 변화하게 되지만 지금은 변화하지 않는다고 생각하자. 가로세로비가 4가 되면 효율이 높아져 C_L이 두 배가 되어야 할 것으로 생각되지만, 실제로는 C_L값은 같고 옆밀림각이 2분의 1로 줄어든 상태가 된다. 즉, 옆밀림각이 $2°$로 줄어들어 성능이 향상되는 것이다. 이때 설계 요구조건을 옆밀림 개선이 아니라 속력 향상에 치중한다면, 용골 면적을 반으로 줄여주어도 동일한 양력을 얻을 수 있으므로 저항이 감소하고 속력이 상승한다. 여기서 양력은 속도의 제곱에 비례하여 증가하므로, 속력 향상에 따라 옆밀림도 감소한다. 실제 설계에서 용골 깊이를 과감하게 두 배로 키우는 것은 어렵지만, 용골 면적을 반으로 줄이는 것은—용골 깊이가 $\sqrt{2}=1.41$배로 늘어난다는 것이므로—설계에서 적용 가능한 값이 된다.

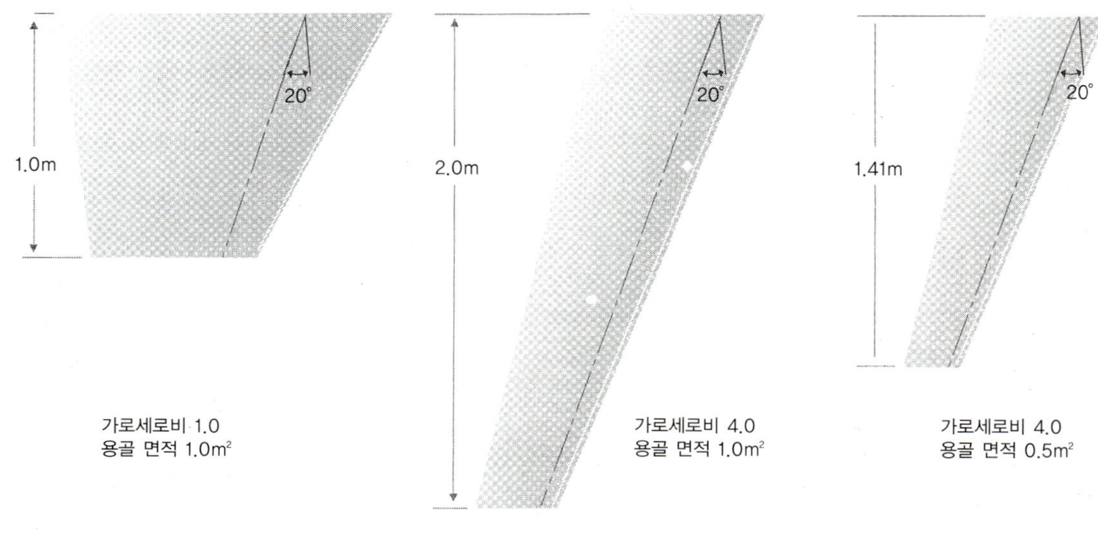

용골의 가로세로비 변화 비교도

가로세로비와 양항비

가로세로비가 커지면 양력계수가 크게 좋아진다는 것은 잘 알려져 있으나, 항력은 과연 어떻게 될까? 또한 가로세로비가 커지면 유도저항이 감소한다는 것도 알고 있지만 과연 어느 정도일까? 이런 점들을 용골 설계 전에 미리 알아둘 필요가 있다. 이 관계를 알기 쉽게 정리한 것이 양력계수와 항력계수를 좌표축으로 한 '극도표(polar diagram)'이다. 가로세로비에 의한 양력계수의 변화를 오른편 그림에 표시하였다.

가로세로비가 1인 용골과 4인 용골에 대하여 구체적으로 살펴보자. 가로세로비가 4인 용골에서는 양력계수가 두 배로 커지므로 용골 면적의 2분의 1로도 동일한 양력을 얻을 수 있다. 그러면 이때 항력은 어떻게 되는지를 살펴보자. 유체의 밀도(ρ), 요트의 속력(V), 용골 면적(S), 항력계수(C_D)로 항력(D)을 계산할 수 있다.

$$D = 1/2 \times \rho \times V^2 \times S \times C_D$$

가로세로비 A.R		1	4
용골 면적	Sm^2	1.0	0.5
용골 깊이	dm	1.0	1.41
양력계수	C_L	0.13	0.26
항력계수	C_D	0.018	0.014
양력	L kg	61.49	61.4
항력	D kg	8.5	3.3

옆밀림 각도 4°

유체의 밀도(ρ) 105kg · s^2/m^4

요트의 속력(V) 3m/s

위 표의 간략한 계산을 보면 동등한 양력을 동일한 속도에서 얻을 수 있다는 것인데, 이와 같이 용골의 항력이 반감되면 실제로는 그만큼 속력이 높아지므로 동등 이상의 양력이 발생하고 옆밀림 각도도 약간 줄어들어 성능이 향상된다.

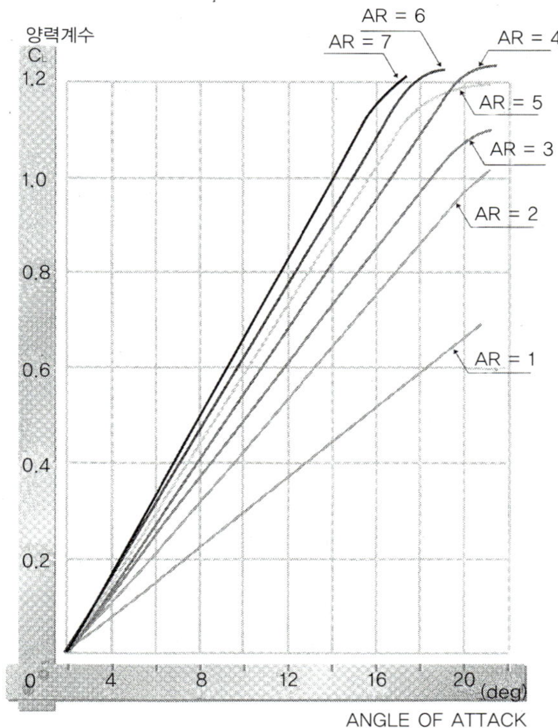

가로세로비에 따른 양력계수의 변화

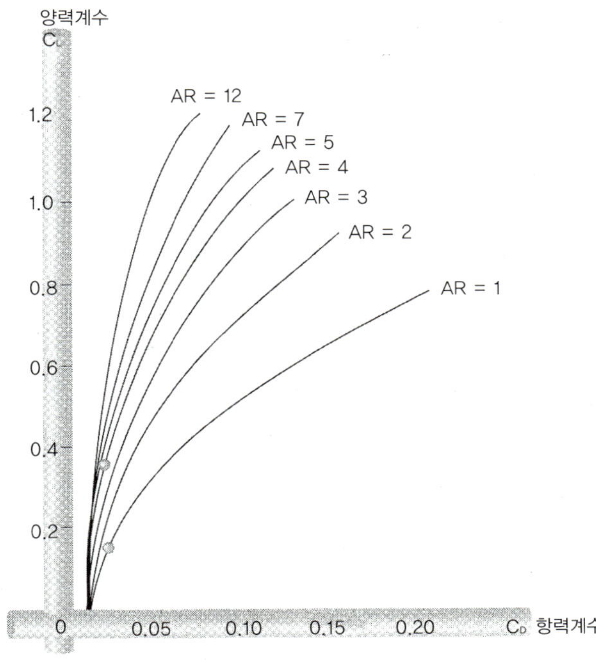

가로세로비에 따른 극도표의 변화

3.1 타의 역할

타는 진로를 변경하거나 보정하는 역할을 하지만, 그 밖에도 요트가 역풍범주할 때에는 타도 용골처럼 양력을 발생시켜 옆밀림을 방지하는 중요한 역할을 담당한다. 이 때문에 요트에서는 타를 '수면 아래의 날개'로 보아 효율을 높이기 위해 노력하고 있으며, 요트의 저항을 줄이고 범주 성능을 향상시키기 위해 작으면서도 효과적이고 성능이 우수한 타의 설계가 요망되고 있다.

타의 설계는 용골이나 선체, 돛의 형상 등과 밀접히 관련되어 있으며, 전체적인 균형이 잘 잡혀있으면 작은 타로도 충분히 제 역할을 할 수 있다. 타는 요트를 '운전'하는 '자동차의 핸들'과 같아, 과연 전체적인 평형이 잘 이루어지고 있는지 타를 조종하는 타자루(tiller)나 타륜(steering wheel)을 잡은 손으로 직접 느낄 수 있어야 한다. 그러므로 설계자는 요트의 평형 상태를 손으로도 감지할 수 있도록 타를 설계하여야 한다.

3.2 타의 실속

타는 그 기능상 선체의 가장 뒤쪽에 붙이는 경우가 많으므로, 범주 중에 크게 횡경사가 일어나면 타의 상부가 수면 위로 나오게 되는 경우가 있다. 횡경사 각도가 커지면 돛 힘에 의한 선수돌림 모멘트도 커지므로 타각을 크게 잡아 이에 대처해야 한다. 이 같은 상황에서는 타의 날개면에 작용하는 하중이 커지기 때문에 일정한 한도를 넘으면 실속(stall) 상태가 된다. 또 어떤 계기로 수면에서 공기가 유입되면 실속 상태가 시작된다. 최악의 경우, 타의 전체 표면이 실속되어 조종이 불가능하게 되는 브로칭 상태가 되는 경우도 있다. 설계에서의 대책으로, 조종 성능상 허용할 수 있는 한도 내에서 가능한 한 타를 앞쪽에 설치하는 방법이 있다. 타가 완전히 수면 아래에 잠기면 거울(mirror image) 효과에 의해 효율이 높아진다. 또 타 상부 날개 단면의 두께를 통상의 최적치보다 다소 두껍게 하여 실속을 어렵게 하는 방법도 유효할 것이다. 실속을 늦추는 방법이 몇 가지 더 있지만 날개 효율을 높이는 방법과 일치하지 않는 경우가 많기 때문에, 설계자는 범주의 실제 사정을 잘 파악하여 적절하게 설계할 필요가 있다.

횡경사각이 커져 타가 수면 위로 나와 있다.

날개 형상과 실속 특성

날개 형상을 잘 설계하면 실속이 시작되는 위치를 조절할 수 있다. 날개 모양에 따라 양력분포가 변하므로, 국부양력계수(Cl)와 실속, 그리고 형상과의 관계를 살펴보자. 날개의 받음각이 커지면 양력계수가 높아져 일정 한도를 초과할 때 실속이 시작되므로, 국부양력계수가 최대가 되는 위치가 가장 먼저 실속이 시작되는 위치이다.

경사(taper)도 후퇴각도 없는 직사각형 날개의 국부양력계수는 날개 뿌리에서 가장 크고, 날개 끝단으로 가면서 작아진다. 경사진 끝이 가는 날개인 경우에는 국부양력계수가 날개의 중앙부에서 최대가 되지만, 경사가 커지면 그 위치는 날개 끝단 방향으로 이동한다. 또 후퇴각을 주어도 같은 현상이 일어나, 국부양력계수가 최대가 되는 위치가 날개 끝단 방향으로 이동한다.

이와 같이 실속 발생 장소를 이동시킬 수 있으므로 날개 모양의 설계를 잘하면 국부양력계수가 최대인 위치를 실속이 일어나도 별로 해롭지 않은 위치로 옮길 수 있어서, 가령 실속이 시작되더라도 적절히 대처만 하면 별 탈이 없게 된다.

그런데 날개의 가장 중요한 성능인 양력은 이 국부양력계수와 그 부분의 면적을 곱하여 날개 전체 면적에 걸쳐 적분한 것이다. 그러므로 날개 주요 부분에서의 실속을 방지하기 위해 중요치 않은 부분의 국부양력계수를 최대가 되게 하는 방법도 있으나, 도가 지나치면 양력 면에서 낭비가 아닐 수 없다.

타원 형상의 날개는 양력분포가 일정하고 성능이 우수하지만, 실속할 때에는 일시에 날개 전체 표면이 실속 상태에 빠진다. 그러므로 타원 형상을 개량하여 양력분포에 약간의 경사를 주면, 성능은 우수하게 유지하면서도 실속이 먼저 시작되는 위치를 결정해줄 수 있어 날개 전체가 동시에 실속하는 것을 방지할 수도 있다. 타에도 이 방법을 응용할 수 있다. 타의 상부에서 실속이 시작되는 경우, 수면이 가깝기 때문에 공기 흡입(air draw)이 동시에 일어나 순식간에 전체로 파급될 가능성이 높아지므로, 아래 단(tip)에서 실속이 시작되게 하면 좀 더 안전한 설계가 될 것이다.

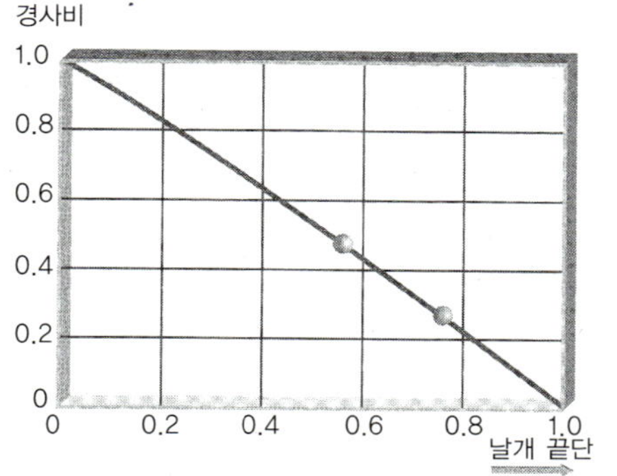

경사비와 최대 양력계수 위치

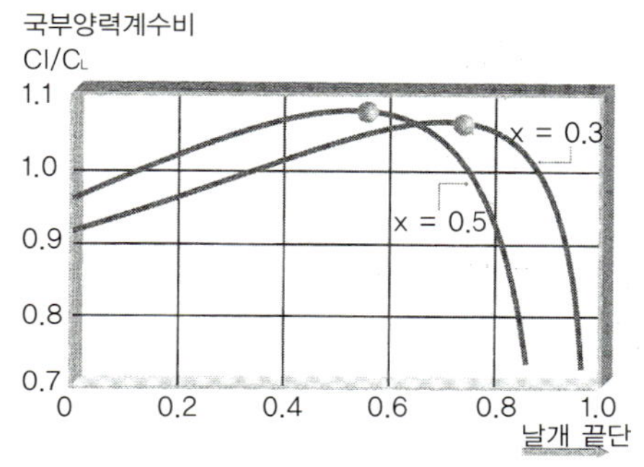

양력분포와 경사비에 따른 변화 예

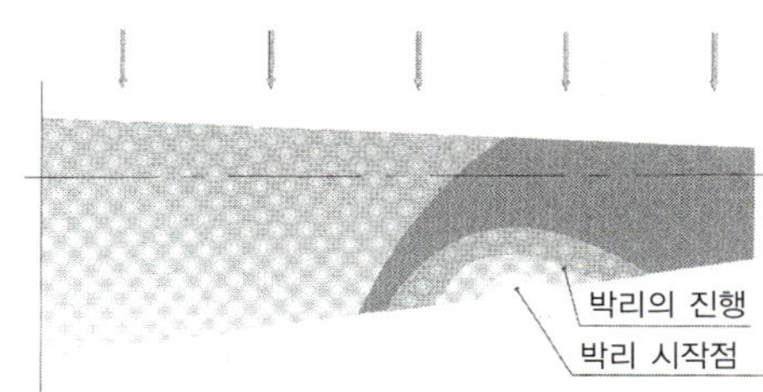

실속의 실제 예(λ=0.5)

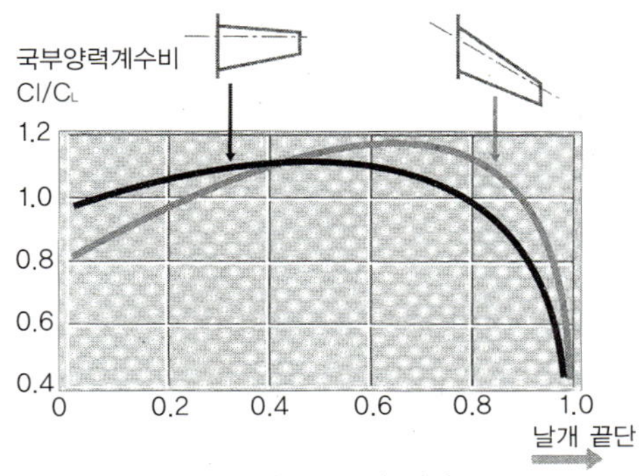

후퇴각과 양력분포의 변화

3.3 타의 형상과 특성

용골은 선체에 고정되어 있어서 옆밀림 각도가 있어야만 양력이 발생하지만, 타는 각도를 자유로이 바꿀 수 있는 조절 가능한 양력 발생 장치이다. 따라서 여러 가지 문제가 있기는 하지만 타는 적절한 설계를 통해 큰 성과를 올릴 수 있는 부분이기도 하다. 규칙의 제약도 그리 심하지 않은 부분이며, 깊이도 여유가 있다. 타도 가늘고 긴, 즉 높은 가로세로비를 갖게 하면 작은 면적으로 큰 성능을 얻을 수 있다. 가로세로비가 클수록 양항비가 높아져 성능은 향상되지만 실속이 쉽게 일어나게 되므로, 이를 적절하게 설계하지 않으면 취급하기 어려운 위험한 타가 될 수도 있다.

원래 타는 스케그에 조립되어 있어서 아래 끝부분이 스케그로 지지되고 있다. 타가 붙어있는 스케그는 선체와 일체로 되어있어 강도상 신뢰성이 높은 구조이다. 근년에는 효율이 좋은 형상, 즉 스케그가 없는 현수식 타(hanging rudder)가 주류를 이루고 있으며, 타의 회전축만으로 타가 받는 큰 하중을 감당하는 구조로 되어있다. 강도를 확보하기 위해 타의 축을 굵게 하면 타 상부 날개 단면의 두께가 최적치를 초과할 위험이 있다. 그러므로 강도가 높은 재료를 타의 축에 사용하거나, 날개 단면 형상을 적절히 조정하여 이러한 문제를 해결하여야 한다.

타에서는 그 축의 위치를 어디로 할 것인지의 문제, 즉 '타의 균형'이란 문제가 조타하는 승조원의 입장에서는 대단히 중요한 문제가 된다. 타력 토크가 지나치게 크거나 작지 않게, 그리고 타를 잡은 손으로 적당한 타력을 감지할 수 있도록 타의 균형을 결정하여야 한다. 적절한 돛 조절과 횡경사 각도 등이 주어져 요트 전체의 균형이 모두 잘 이루어졌을 때, 비로소 요트는 최상의 상태로 범주할 수 있다. 그러므로 이러한 상태를 감지할 수 있는 타를 설계하지 않으면 안 된다. 역풍범주에서 타각을 약간 풍상으로 하여 요트 전체의 균형이 안정되도록 돛채비와 용골의 전후 위치를 결정한다. 타각에 옆밀림 각도를 더한 각도가 타에 대한 유동의 유입 각도가 되며, 이 각도가 타의 양력을 결정하는 받음각이다. 여기서 유입 각도가 양항비를 악화시키지 않는 7° 이하에서 타의 전체적 균형을 결정하는 것이 좋다. 날개 단면이 발생시키는 양력의 중심은 통상의 유입 각도에서는 타의 앞날에서 약 25% 되는 위치에 있지만, 유입 각도가 커지면 후방으로 이동하게 된다. 당연히 양력중심 위치는 날개 단면 형상의 종류나 날개두께비에 따라 예민하게 변화한다.

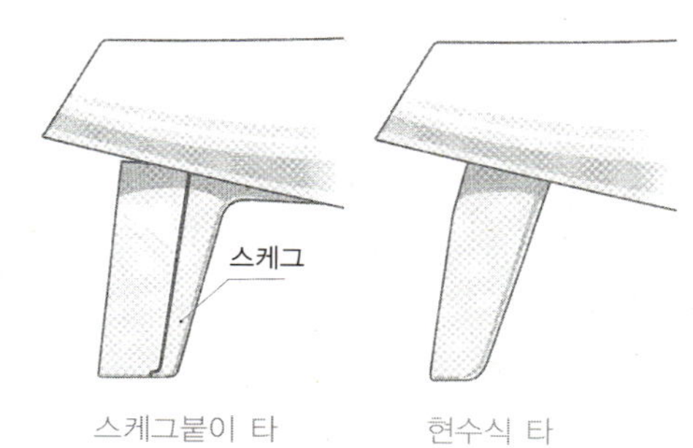

타의 가로세로비를 높이는 데 따른 구조적 문제

타는 그 성능을 높이기 위하여 가로세로비를 높여주고, 작은 면적으로도 효과를 발휘할 수 있도록 마찰저항과 유도저항을 줄여야 한다. 최근 설계의 예에서 보면, 상당히 높은 가로세로비의 타도 적절한 설계가 이루어지면 실속 없이 무난히 사용할 수 있다. 앞에서도 언급한 바와 같이, 가로세로비가 1에서 4로 변화하면 2분의 1 면적으로도 동등한 양력을 발생시키게 되고, 이렇게 되었을 때 깊이는 1.41배가 되어 타 축에 작용하는 굽힘 모멘트도 1.41배가 된다. 그런데 타의 폭과 두께는 35%가 되어 타 축의 치수, 재질, 그리고 경우에 따라서는 단면 형상을 변경하지 않으면 구조상 성립될 수 없는 상황이 된다. 통상 타의 축은 원형 단면 파이프 또는 원형 단면 봉을 사용하는데, 타의 단면 형상이 작아지면 단면 형상에 맞춰 직사각형 단면의 탄소섬유를 축으로 사용하지 않으면 안 된다.

1995년 아메리카 큐브(America cube) 팀의 아메리카컵 경기 요트인 마이티 매리(Mighty Mary)호에 사용된 타와 같이 극단적으로 세장해지면(타가 용골과 동일한 깊이), 타 그 자체를 타 축으로 생각하여야 구조적인 설계가 가능한 것도 있다.

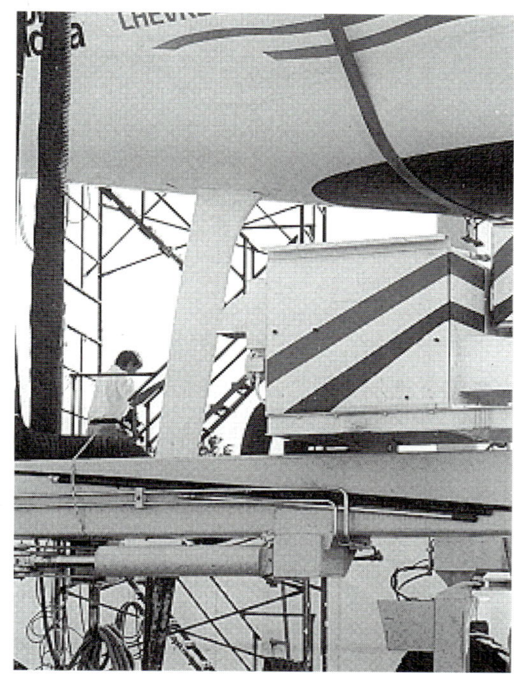

마이티 매리호의 타

타 평형의 개별적인 대응

타의 균형은 '이 정도면 좋다'라고 간단하게 한마디로 평가할 수 있는 것이 아니다. 타의 축 앞쪽에 있는 면적이 전체 면적의 15~17% 정도의 범위 안에 있으면 좋다고 하지만, 요트의 크기나 기타 사정에 따라 조절하지 않으면 안 된다.

이 균형비가 커지면 타는 중립 상태에 가까워져 타에 걸리는 힘을 감지하기 어려워진다. 반면에 앞쪽 면적이 줄어들어 균형비가 낮아지면 타를 조종하는 데 큰 힘이 필요하게 된다. 그런데 소형 요트에서는 본래 타력이 작기 때문에 균형비를 작게 하지 않으면 타에 걸리는 힘을 감지하기 어렵고, 대형 요트에서는 균형비를 크게 하지 않으면 조타력이 커져서 조종하기 어렵게 되므로 균형비의 미세한 조정이 필요하게 된다. 더욱 큰 배가 되면 유압장치 등의 기계력으로 조타하게 되는데, 이때는 요트에서 중요한 '조타감의 감지'에 의한 상황 판단이 어려워진다.

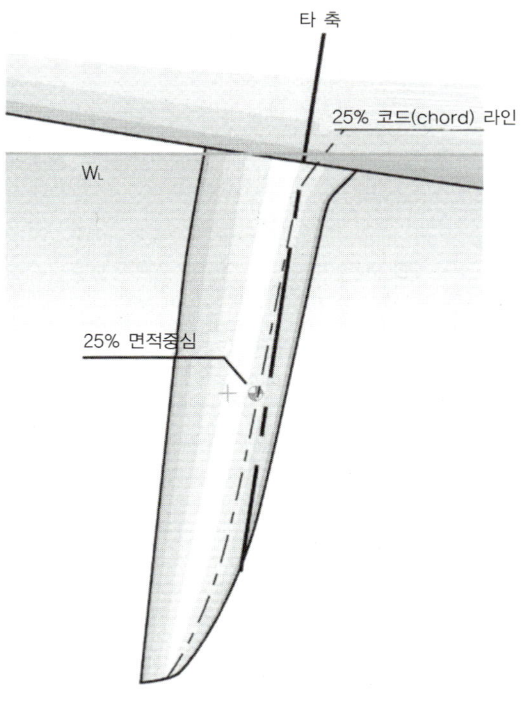

가로세로비를 높여준 타의 설계 예(AR=6)

날개 단면의 성능에 대해서는 이미 제3장에서 다루었지만, 구체적으로 용골이나 타에 사용할 날개 단면 형상을 선택하는 경우에는 각각 독자적인 선정 조건이 있으므로 그에 맞도록 날개 단면이나 날개두께비를 선택하게 된다. NACA 날개 단면은 그 형상 특성을 계통적으로 변화시킨 계열 모형으로 풍동실험에서 얻어진 광범위한 자료가 축적되어 있고, 비교 자료도 잘 정리되어 있기 때문에 사용하기 편리하다.

날개 단면을 선택할 때에는 각각의 사용 환경을 잘 살펴본 후에 그 범위 내에서 양항비가 큰 것을 택하는 것이 당연하지만, 그와 더불어 적용 범위가 넓고 특이한 결점이 없는 것을 선택하도록 한다. 특히 가로세로비가 큰 날개의 경우에는 실속 특성에 주의하여 선정하여야 한다.

용골의 날개 단면 형상을 선정할 경우 받음각으로는 옆밀림각인 2~4°로 생각하면 되므로, 이 범위 내에서 양항비가 우수한 날개 형상과 최적 날개두께비를 택한다. 물론 순풍에서의 성능도 고려하여, 받음각이 0°인 경우의 항력계수도 다소 고려할 필요가 있다. 용골에 관한 또 하나의 중요한 항목은 용적이다. 용골의 중량은 요트 복원력의 중요한 원천이 되기 때문에, 용골의 중량을 확보할 수 있는 용골 용적이 필요하다. 여유 있는 측면적에 얇은 날개 단면 형상을 택할 것인지, 측면적을 작게 하고 두꺼운 날개 단면 형상을 택할 것인지를 설계 개념에 따라 선택하게 된다.

타의 날개 단면 형상을 택할 경우 보통 가장 잘 사용하는 받음각 범위를 7°까지로 생각하는데, 타의 사용 범위가 넓으므로 더 큰 받음각에서의 특성에도 유의해야 한다. 가로세로비가 큰 형상에서는 급격한 타각 변화도 있으므로, 특히 실속 특성을 잘 조사하여 선택할 필요가 있다.

갑자기 강풍을 만나게 되어 큰 횡경사가 일어나는 경우에는 타에 큰 부하가 걸리고 타 상부가 공기 중에 노출되는 등 가혹한 상황에 놓이게 된다. 이럴 때 타의 상부에서 실속이 일어나면 수면에서 공기를 흡입하여 일시에 타 표면 전체로 실속 상태가 파급되게 된다.

타 상부를 설계할 때에는 실속의 계기가 되지 않도록 조심하여야 한다. 타는 어느 한도를 넘어야 실속이 일어나며, 이 같은 조짐을 타를 조작하는 조타수(helmsman)가 감지할 수 있다. 타의 어느 부분에서부터 실속이 일어나기 시작하는가에 따라 감지가 어려운 경우도 있기는 하지만, 이러한 조짐에 기민하게 대처하면 타 전체의 실속을 미연에 방지할 수 있다. 타의 하부로부터 실속이 일어나면 그 확산이 느려서, '돛을 늦춘다'든가 하는 등의 대처를 할 시간적인 여유가 있다. 이와 같이 타의 설계는 형상과 적절한 날개 단면 그리고 날개두께비의 선택에 따라 실현된다.

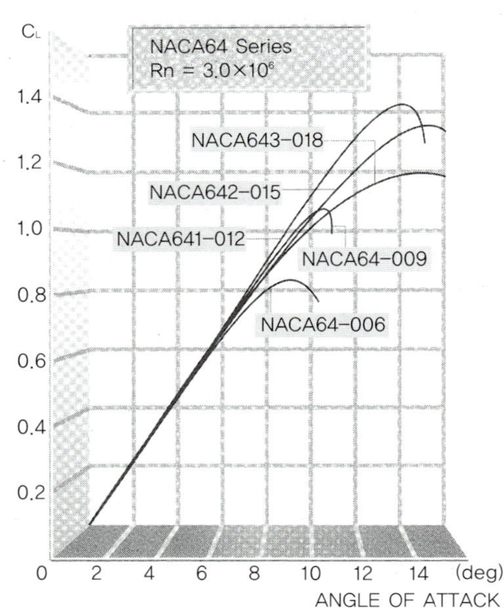

날개두께비와 양력계수의 변화

날개두께비의 선택

NACA 날개 단면 개발에서는 동일한 특성의 날개 단면으로 날개두께비를 다양하게 바꿔가면서 실험한 결과 계통적으로 자료를 확보했기 때문에, 최적 날개 단면 형상이나 최적 날개두께비를 판단하기 쉽다.

NACA 64 계열 날개 단면의 자료를 예로 들면, 받음각 7° 정도까지는 날개두께비가 변화하여도 양력곡선의 기울기는 거의 일정하다. 즉, 받음각이 작을 때에는 양력계수가 받음각에 대하여 직선적으로 변화하며, 각도가 커져야 기울기에 차이가 나타난다. 얇은 날개는 빨리 실속하기 시작하여 양력계수가 곧 한계에 이르게 되지만, 두꺼운 날개는 날개 주위 유동 상태가 그대로 있어 양력계수가 증가하여도 쉽사리 실속하지 않는다는 것을 알 수 있다.

항력계수는 받음각이 0° 이면 날개두께비에 따라 증가한다. 받음각이 증가하면 얇은 날개는 예민하게 반응하여 항력계수가 증가하지만, 두꺼운 날개의 항력계수는 어느 정도 각도까지는 변화하지 않는다. 구체적으로 최적 날개두께비를 판단할 경우에는 양력계수와 항력계수를 좌표축으로 하여 도표로 표시한 극도표(polar diagram)로 비교하는 것이 편리하고 정확하다.

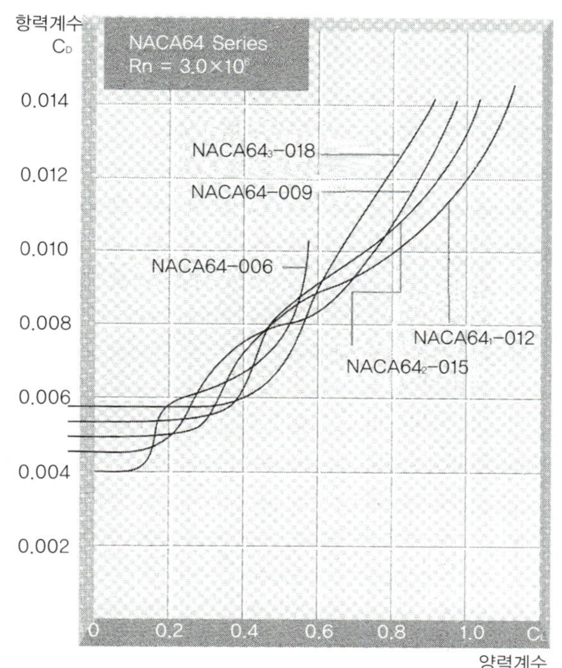

날개두께비에 따른 극도표의 변화

위의 극도표로 용골 단면을 검토하면, 받음각(옆밀림각)이 아주 작다면 얇은 날개 단면이 유리하다. 가령 양력계수 0.2(옆밀림각 2°) 이하로 항주한다면 날개두께비는 9%가 적당하다. 날개두께비를 6%까지 얇게 하면 작은 조종 실수로도 옆밀림이 커지면서 저항이 급증하여 매우 불안정한 상태로 항주하게 된다. 통상 3~4° 의 옆밀림에서는 12% 이상의 두께인 날개를 사용한다. 맞바람 성능이 중요하고 큰 파도가 이는 해면이라면 더욱 두꺼운 날개라도 좋을 것이다. 맞바람(역풍)과 뒷바람(순풍) 성능을 절충하는 경우에는 날개두께비를 12~15%로 선택하는 것이 표준이다.

타의 단면 형상에서는 용골의 단면과는 다른 종류의 형상을 택하기도 한다. 그러나 어떤 경우이건 실속을 방지하기 위해서는 우선 얇은 날개는 피해야 한다. 비행기의 날개에서는 날개 끝에서부터 실속이 시작되지 않도록 설계하고 있다. 왜냐하면 날개 끝단에서의 실속은 좌우 날개에서 동시에 일어나는 것은 아니기 때문에, 한 날개에서만 실속이 발생하면 횡평형이 크게 깨어져 추락할 위험에 처하게 된다. 그러므로 날개를 좀 비틀어서 날개 끝단에서의 받음각을 작게 하여 실속이 먼저 일어나지 않도록 하고 있다.

요트의 타에서는 날개 끝단에서 실속이 먼저 일어나도 문제가 없으며, 이것이 오히려 실속의 징후를 알려주는 센서 역할을 한다고 생각해도 좋다. 그러므로 타 상부, 중앙부, 하부의 날개두께비를 각각 다르게 정하지 않으면 안 된다. 상부에서는 실속이 일어나기 어려운 두꺼운 단면을 택해야 할 것이고, 하부에서는 약간만 무리해도 실속하게 되는 날개두께비를 택해도 된다. 날개 끝단의 와동에 의한 저항을 감소시킨다는 측면에서도 타의 하단은 얇게 해두는 것이 좋을 것이다. 또한 아메리카컵 경기 요트와 같이 완전히 수면 아래 있어 상부로부터의 실속 위험성이 없는 타에서는 상부를 두꺼운 단면으로 설계할 필요가 없다.

용골은 요트의 옆밀림을 방지하기 위한 횡력을 발생시키는 작용과, 중심을 내려 횡복원력을 발생시키는 작용을 한다. 용골이 발생시키는 힘은 돛 힘 전체와 평형을 이루어야 하기 때문에, 용골의 성능(작은 항력으로 큰 횡력을 발생시키는 것)은 요트 전체의 성능에 큰 영향을 준다. 이 때문에 용골의 형상에 대해서는 많은 연구가 이루어지고 있다. 이 중 가장 첨단이라 할 수 있는 것이 용골에 붙인

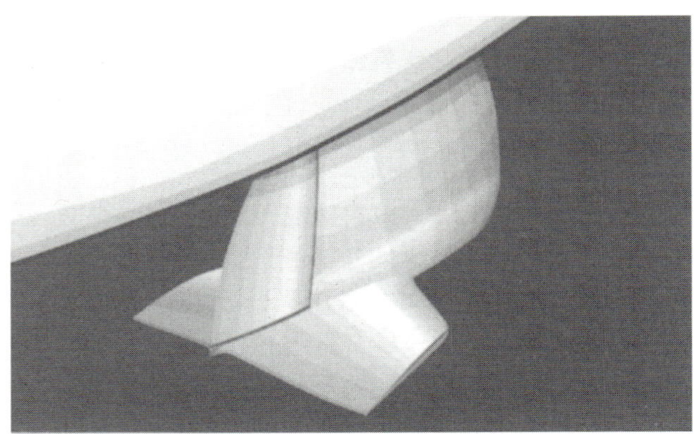

오스트레일리아 II 호의 용골날개(1983)

'용골날개(keel-wing)'이다. 이것은 정해진 코스를 돌아오는 '바다의 F1 경기'라고 불리는 아메리카컵 요트 경기에서는 잘 사용되고 있지만, 다른 경기에서는 거의 사용되지 않는다.

1983년 제26회 아메리카컵 요트 경기에서 처음으로 미국으로부터 컵을 빼앗아간 오스트레일리아 II 호가 용골날개를 사용한 첫 요트이다. 이 요트는 12m급 요트로서, 흘수의 제한이 엄격하고 용골은 그다지 길어질 수 없다. 따라서 용골은 가로세로비가 낮은 날개가 되어 효율이 나빠지는데, 이 용골의 효율을 향상시키기 위해 고안된 것이 용골날개이다. 제28회 경기부터는 규칙이 변경되어 선체가 가늘고 길어짐과 동시에, 용골 지주(keel strut)도 길고 가로세로비가 커지는 등 전혀 다른 형상으로 변했으며, 이에 따라 용골날개의 형상도 크게 변했다.

용골날개의 효과는—아직 불분명한 점이 있지만—다음과 같다고 생각된다.

① 바람이 강하든가 또는 요트의 속력은 높지 않으나 용골 지주에 큰 양력계수가 필요할 때(옆밀림각이 클 때) 용골 전체의 양항비를 크게 한다. 이로 인해 역풍범주 속력이 높아지게 된다.

② ①의 경우 선체 유체력의 작용점을 후방으로 이동시키는 효과로 인하여 선수 균형(방향 안정성)을 향상시킨다.

③ 택바꾸기를 할 때 요트의 속력 저하를 다소 억제하든가, 택을 바꾼 후의 속력 회복을 빠르게 한다. 그러나 최적 용골날개의 설계는 대단히 어려워 실제 경기 형식의 평가를 통하여 조율해나가는 것이 보통이다.

뉴질랜드 팀 요트의 용골날개(1995)

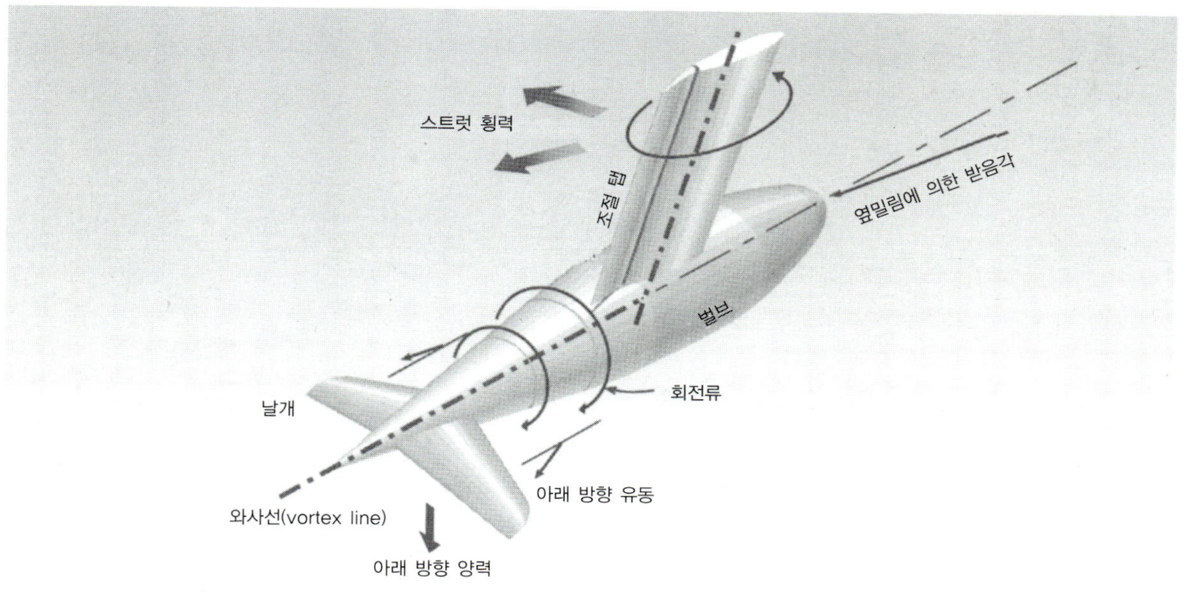

아메리카컵 요트의 용골 주위 유동과 용골날개의 작용

1992년과 1995년의 경기 참가 요트의 가장 대표적인 용골에는 용골 지주에 플랩이 붙어있고, 용골날개는 용골 지주보다 후방의 벌브상에 붙어있다. 역풍범주로 용골이 횡력을 발생시키고 있을 때, 용골 지주는 날개로 양력을 발생시킨다. 양력을 발생시키고 있는 상태에서는 주위에 회전유동(circulation)이 만들어지고 있으며, 이 회전유동은 벌브 주위에 전달되어 후방으로 나간다. 그림의 경우, 날개 위치에서 물의 유동은 왼쪽에서 상향, 오른쪽에서 하향이 된다. 오른쪽 날개는 하향 양력을 발생시키고, 오른쪽으로 기울어진 상태에서 용골 지주와 동일한 방향으로 횡력을 발생시킨다. 왼쪽 날개는 옆밀림과 횡경사의 관계로 인해 거의 힘을 발생시키지 않는다.

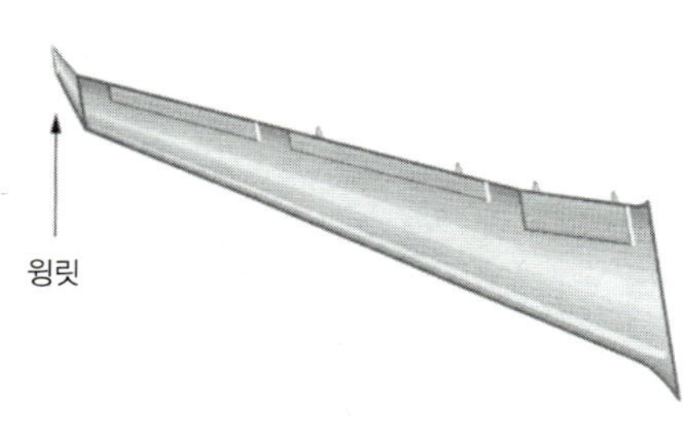

B747-400의 윙릿

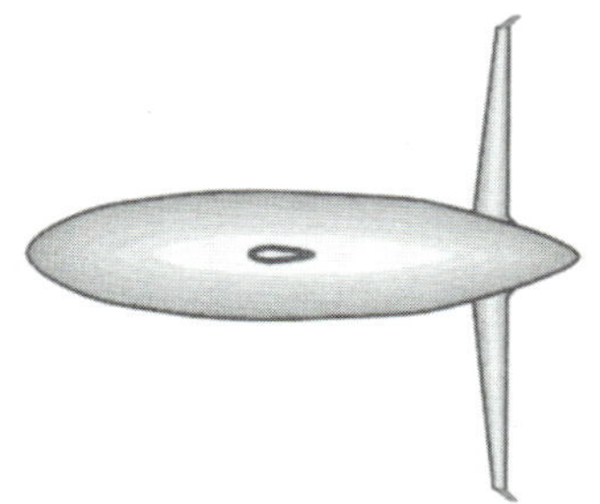

닛폰 챌린지 아메리카컵 요트의 벌브와 용골날개

용골에 붙인 날개의 작용은 항공기의 윙릿(winglet) 역할과 유사하다. 날개 끝단으로부터 후방으로 방출되는 와동(vortex)을 약화시키고, 동시에 윙릿에 작용하는 힘이 양력의 일부를 분담하여 주 날개 끝단의 성능도 좋게 한다. 오스트레일리아 II 호의 용골에 붙인 날개와 유사한 효과를 가지고 있는 것으로서, 1992년 이후의 아메리카컵 요트와는 좀 다르다.

1995년의 일본 팀 요트용으로 설계된 것으로서, 벌브 길이가 4.5m, 날개 길이가 1.1m(한쪽의 길이)이다. 용골에 붙인 날개는 하반각(아래로 늘어진 형태)을 갖도록 하는 것이 보통이지만, 그해의 각국 요트를 비교하면 크기, 받음각, 캠버 등이 서로 크고 작은 여러 조합으로 이루어져 있다. 용골날개의 설계법이 확립되어 있지 않음을 의미하는 것이다.

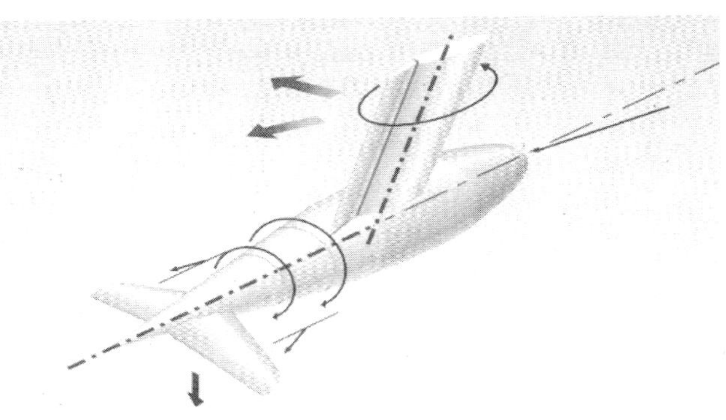

science of yacht

돛의 설계

Chapter·6 Sail

부분 범장 슬루프(fractional rig sloop)를 예로 들어 돛채비(sail plan)를 계획해보자. 돛 면적은 목적하는 풍속과 요트의 복원 모멘트와의 관계로 결정된다. 우선 요트가 역풍범주로 쾌적하게 항주할 수 있는 횡경사각은 30° 정도까지라고 생각하여 요트를 30°만큼 횡경사하게 하는 풍속을 결정하고, 이 풍속을 '적합풍속'이라고 부르자. 만약 이 적합풍속이 낮다면 미풍에 적합한 요트일 것이고, 적합풍속이 높다면 강풍에 알맞은 요트라고 생각할 수 있다. 일반적으로 용골붙이 보트(keel boat)에 적합한 풍속은—물론 요트의 크기에도 관계되겠지만—대개 6~10m/s 정도이다.

같은 돛 면적이라도 가로세로비가 크면 적합풍속은 낮아진다. 이것은 돛이 상공에서 부는 빠른 바람을 받게 되고, 또 돛의 효과중심 CE(center of effect)가 높아져 횡경사 모멘트가 커지기 때문이다. 가로세로비가 큰 돛은 역풍범주시 전진력이 커지는 효과를 기대할 수 있지만, 너무 커지면 다음과 같은 문제가 생길 가능성이 있다.

① 의도하는 돛 형상을 얻기 어렵다 : 돛채비와 돛 조절(sail trim) 문제

② 제노아 인입각도를 작게 할 수 없다 : 돛대줄(shroud)과의 간섭(갑판 의장) 문제

③ 구조 강도 문제로 돛대 지름이 커져 기대한 만큼 공기역학적 성능이 나지 않는다.

전진력을 내려면 제노아가 중요하다는 것이 알려져 있으므로, 성능 면에서 우선 돛 면적의 상당 부분을 제노아에 배분하고 그 하단(foot)은 갑판에 닿게 하여 바람의 누출을 방지해주면 더욱 효과적이다. 또한 주 돛과 제노아가 중첩되는 부분의 크기 LP는 J의 150% 정도로 해주는 것이 표준이다(오른쪽 그림 참조). 주 돛과 중첩되지 않는 지브(non overlap jib)는, 요트의 조종은 간편하지만 성능 면에서 본다면 강풍에 적합한 성향을 갖는 것이라고 할 수 있다.

제노아 상단의 높이 I에 관한 특별한 정설은 없다. 전 범장(mast head rig)은 조작시 고장이 날 확률이 낮다는 장점은 있어도 돛 형상을 조절하는 자유도 면에서는 부분 범장보다 뒤진다.

주 돛의 측면 형상은 이론상으로 우수한 타원 분포에 가깝게 하고, 또 상공의 빠른 바람을 받게 하기 위해 로치(roach, 돛 끝날의 곡률)를 크게 뽑는 경우도 있다. 이와 같이 설계된 돛 형상을 실제로 구현하려면 돛의 전 폭을 가로지르는 활대(full batten)를 부착해주어야 한다.

넓은 바람각(broad reach)에서 주행(running)까지는 복원 모멘트에 따른 제약이 없으므로 스피니커의 크기는 승선원이 감당할 수 있는 크기이면 무난하다. 그러나 더 위로 항해하려면 횡경사가 커지므로, 순행(reaching)을 중시한다면 순행 각도에 따른 적합풍속의 크기를 검토할 필요가 있다. 다동선이나 딩기 등 속력이 빠른 요트에서는 겉보기 풍향이 크게 앞으로 돌기 때문에 비대칭 스피니커를 채용하는 경우가 많다.

전폭 활대(full batten) 돛을 채용한 쌍동선
Photo by KAZI

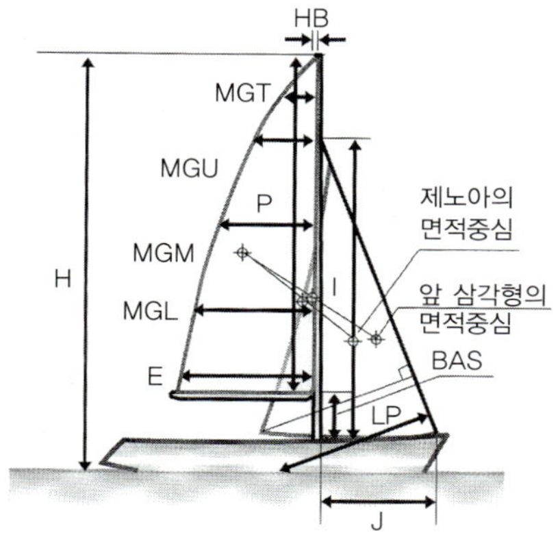

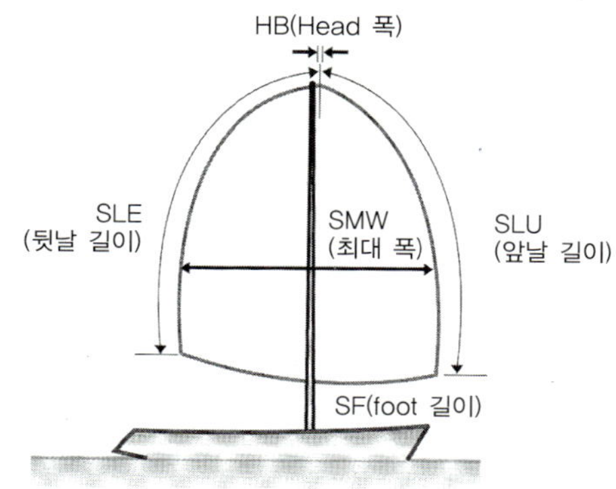

제노아의 면적 $A_J = \sqrt{I^2+J^2} \times LP/2$

주 돛의 면적 $A_M = (E+2\times MGL+2\times MGM+1.5\times MGU+MGT+0.5\times HB)\times P/8$

스피니커의 면적 $A_S = (0.36\times SLU+0.24\times SL)\times SMW$

적합풍속을 구한다.

30° 횡경사의 복원 모멘트 RM_{30}이 돛에 의한 모멘트와 평형이 되어야 하므로,

$$RM_{30} = \frac{1}{2}\, C_H A \rho v^2(h+0.43D)$$

따라서 $v = \sqrt{\dfrac{2RM_{30}}{C_H A\rho(h+0.43D)}}$

$RM_{30} = 1800kgm$, $\rho = 0.1229kgs^2/m^2$(기온 20℃)

돛 면적 $A = 60m^2$(실제 돛 면적 A_J+A_M을 사용), $h = 6m$,

$D = 2m$, 돛의 횡력계수 $C_H = 1.2$로 하면,

$$v = \sqrt{\frac{2\times1800}{1.2\times60\times0.1229\times(6+0.43\times2)}} = 7.7m/s$$

돛의 면적중심 높이 약 6m를 해면상 10m로 환산하면,

$$적합풍속 = 7.7\times\frac{0.465\log10+1}{0.465\log6+1} = 7.7\times1.076 = 8.3m/s$$

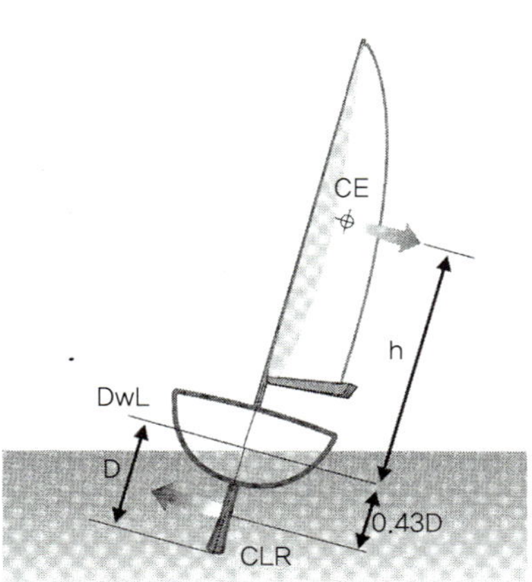

2.1 돛 주위의 유동

돛은 날개의 일종이지만 용골이나 타 혹은 항공기의 날개와는 달리 두께가 없다는 것이 특징이다. 이런 날개를 '얇은 날개'라 한다. 얇은 날개인 돛에 바람이 불면 날개의 위아래 양면 사이에 압력차가 발생한다. 압력은 돛 표면상의 모든 점에 수직으로 작용하는 단위면적당의 힘으로, 위치에 따라 크기가 다르다. 압력과 속력은 서로 밀접한 관계가 있으므로 돛 표면을 흐르는 바람의 속도가 위치에 따라 다르다고도 말할 수 있다. 돛의 풍하 측(윗면)은 풍속이 빨라 압력이 낮고, 풍상 측(아랫면)은 풍속이 낮아 압력이 높다. 말하자면 윗면의 흡인력이 지배적이고, 돛 표면 각 점의 압력을 모두 합하면 전체 돛 표면에 걸리는 힘이 된다.

한편 달리 생각한다면 공기는 돛 앞날(luff)을 따라 흘러들어와 뒷날(leech)을 따라 휘어져 흘러나간다. 즉, 돛은 공기의 유동 방향을 변화시켜 힘을 얻는다.

돛에 작용하는 힘을 우선 양력(lift)과 항력(drag)으로 나누어 생각하자. 항력은 공기와 돛 표면의 마찰에 의한 것과, 유동박리(separation) 등으로 인하여 교란되기 때문에 생기는 것(형상에 의한 것), 그리고 돛의 상하 단에서 유출되는 와(eddy)에 의한 것 등 세 가지가 있다. 또한 유동 상태에는 층류와 난류가 있는데, 변동하는 바람 속에서 흔들리면서 달리는 요트의 경우 돛 주위의 유동 현상에서는 난류가 지배적인 것으로 생각된다. 또한 돛의 전체 면적에 공기가 원활히 흐르고 있는 경우는 오히려 드물고, 부분적으로 박리와 재부착을 반복하면서 범주하게 된다.

양력은—돛의 형상이 일정하면—유동과 이루는 받음각에 거의 비례한다. 즉, 바람 방향을 바꾼 각도가 크면 클수록 양력도 커진다. 그러나 받음각이 너무 커지면 유동이 박리되어 양력이 더 이상 증가하지 않고 항력만 늘어나게 되는데, 이것을 '실속(stall)'이라고 한다.

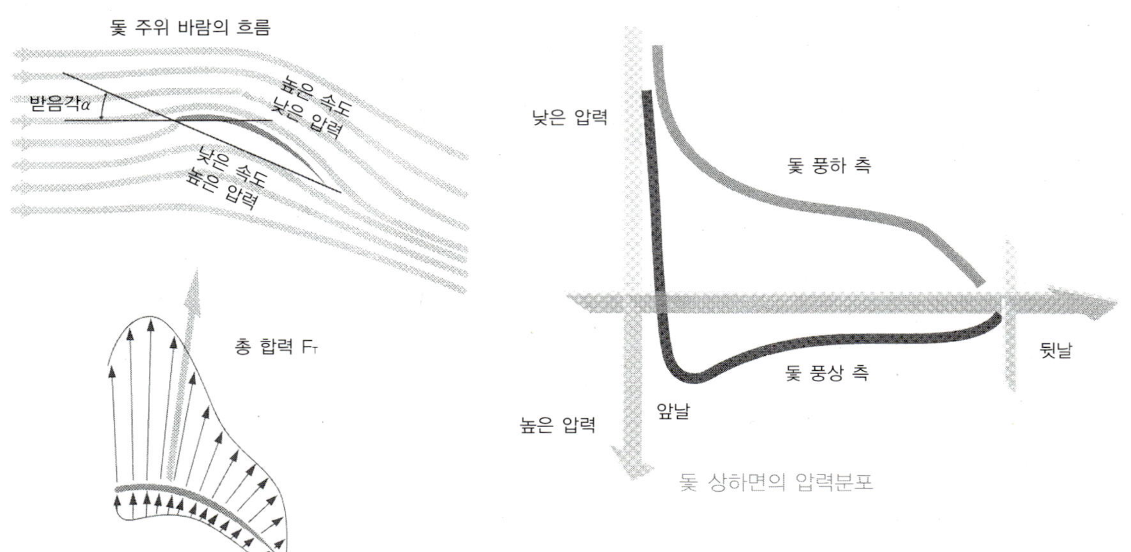

돛 상하면의 압력분포

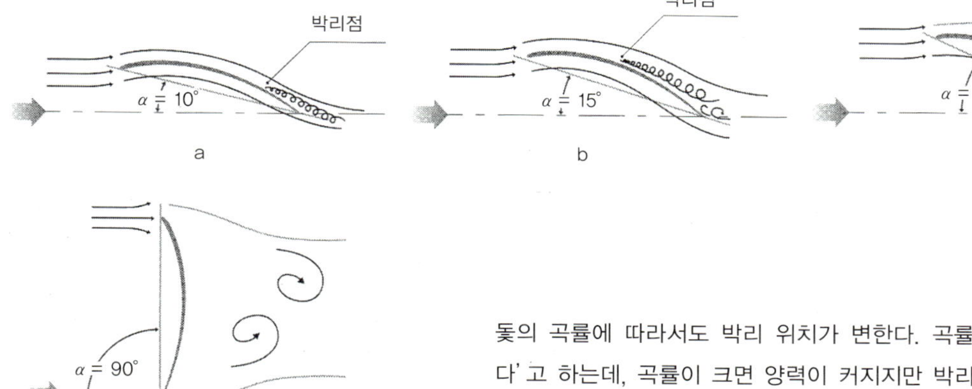

돛의 곡률에 따라서도 박리 위치가 변한다. 곡률이 큰 것을 '돛이 깊다'고 하는데, 곡률이 크면 양력이 커지지만 박리되기도 쉽다(박리점이 전방으로 밀리고 박리하는 범위가 커지기 쉽다).

캣 범장의 양항력계수 곡선의 예

실험 등으로 얻은 힘 F를 다음과 같은 식으로 무차원화하여 구한 양력계수 C_L, 항력계수 C_D의 그림이다.

$$C = F / \frac{1}{2} \rho v^2 A$$

역으로 이 계수를 사용하면 돛 힘을 계산할 수 있다. 예를 들어 받음각 15°일 때 C_L=1.03, C_D=0.25이므로 기온 20℃, 겉보기 풍속 8m/s, 공기 밀도 0.1229kgs²/m⁴, 돛 면적 60m²라면,

$$양력\ F_L = \frac{1}{2} \times 1.03 \times 0.1229 \times 8^2 \times 60 = 243kg$$

$$항력\ F_D = \frac{1}{2} \times 0.25 \times 0.1229 \times 8^2 \times 60 = 59kg$$

두 힘을 더한 합력 $F_T = \sqrt{F_L^2 + F_D^2} = \sqrt{243^2 + 59^2} = 250kg$
양항비 $L/D = C_L/C_D = 1.03/0.25 = 4.12$
VPP(속도 예측 프로그램)는 이와 같은 C_L, C_D 표를 데이터 베이스로 갖고 있다.

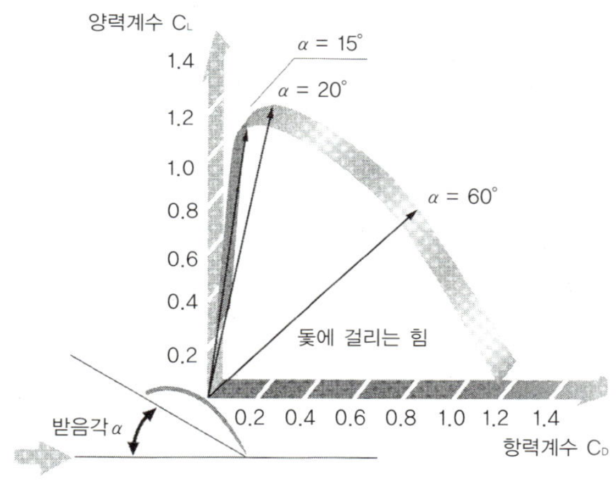

오른쪽 그림은 받음각을 횡축으로 잡아 위 그림을 재작성한 것이다. 받음각이 낮으면 양력이 직선적으로 증가한다. 또 받음각이 어느 정도 이상이 되면 항력은 급증하고, 그 후에도 양력과는 달리 계속 증가하는 경향이 있다는 것을 알 수 있다.

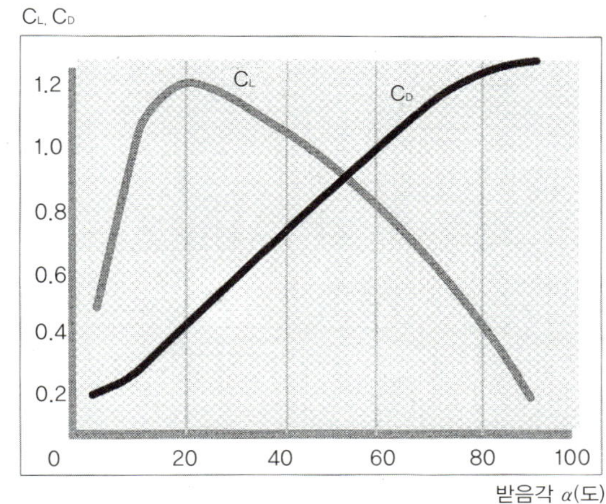

2.2 전진력

돛 힘을 양력과 항력 그 자체만으로 생각할 수 있다면 좋겠지만, 돛이 요트를 어떻게 전진시키는가 하는 것은 요트의 진행 방향에 따라 결정된다. 즉, 양력과 항력으로 표현한 돛 힘 중에서 요트의 전후(X축) 방향 성분이 요트를 앞으로 나아가게 하는 전진력이고, 이 힘에 수직한(Y축) 방향 성분이 옆밀림과 횡경사의 원인이 되는 횡력이다. 이제는 전진력을 증가시키는 방법에 대해 생각해보자.

아래 예시한 그림을 보면 겉보기 바람(진짜 바람이 아님)을 바로 옆에서 받고 있는 요트는 그 바람에 대한 돛의 받음각이 20° 정도일 때 최대 전진력을 얻고, 그것이 양력의 최대치와 일치하고 있다. 그러므로 이때의 횡력이 바로 항력이다. 또한 돛의 받음각을 작게 하면 전진력과 횡력이 모두 작아지고, 받음각을 크게 하면 전진력은 작아지나 횡력은 커진다는 것을 알 수 있다(물론 이것은 겉보기 풍향과 풍속이 일정하다고 가정한 경우이다).

이와 같이 요트의 전진 방향이 변해도 양력과 항력을 선체 중심축을 기준으로 분해하면 전진력과 횡력을 구할 수 있다.

한편 겉보기 풍향이 105° 로 상당히 뒤로 돌아간 상태에서도 돛의 최대 받음각은 약 25° 로 되어있다. 일반적으로 생각하면 넓은 바람각(broad reach) 상태이고 언뜻 보면 바람에 밀려가는 것 같아 보이지만, 양력이 여전히 요트 전진에 유효하게 작용하고 있다는 것을 알 수 있다. 이것이 넓은 바람각에서도 돛에 바람이 흐르게 하는 것이 중요하다는 이유이다(이것은 특히 스피니커를 달지 않은 캣 범장의 경우에 해당된다).

겉보기 풍향이 25° 정도인 역풍범주의 경우 돛의 최대 받음각이 15° 정도로 되어있다. 이때 요트와 돛 힘이 이루는 각도는 80° 정도가 되고, 이것 때문에 횡력 성분이 대단히 커져 전진력과의 비는 약 1대 5 정도가 된다. 이와 같은 힘의 방향 때문에 전진력은 항력의 크기에 큰 영향을 받는다. 예를 들어 양력이 1만큼 증가하면 전진력의 증가는 0.19에 불과한 데 비해, 항력이 1만큼 감소하면 전진력은 0.98만큼 증가한다. 즉, 전진력을 증가시키려면 공기저항 등의 항력을 낮추는 것이 필요하다.

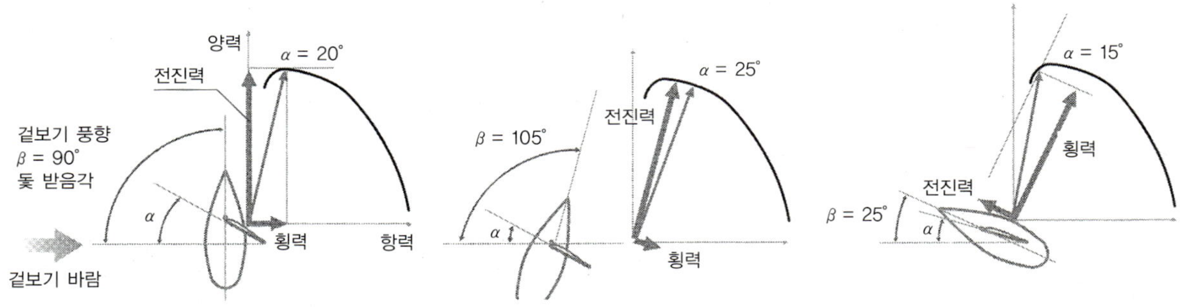

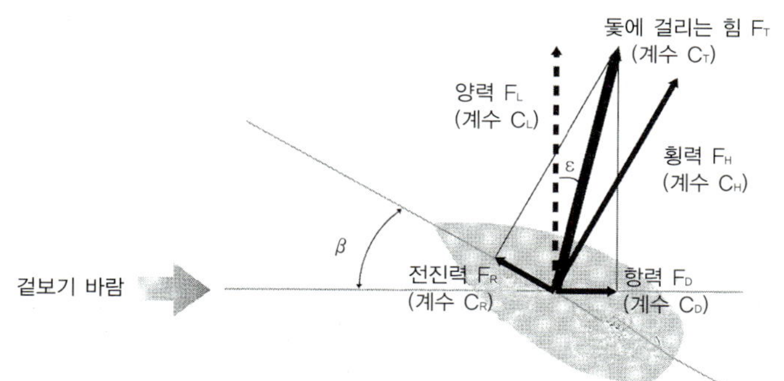

돛에 걸리는 힘 F_T의 작용 방향이 앞쪽으로 치우칠수록 전진력 F_R이 커진다. 즉, 양항비가 증가한다. 양력이 일정할 경우는 항력의 크기가 양항비에 크게 영향을 미친다.

$$F_R = F_L \sin\beta - F_D \cos\beta$$
$$F_H = F_L \cos\beta + F_D \sin\beta$$
$$F_T = \sqrt{F_L^2 + F_D^2}$$

또는

$$C_R = C_L \sin\beta - C_D \cos\beta$$
$$C_H = C_L \cos\beta + C_D \sin\beta$$
$$C_T = \sqrt{C_L^2 + C_D^2}$$

$$양항비 = \frac{F_L}{F_D} = \frac{C_L}{C_D}$$
$$E = \tan^{-1}\left(\frac{C_D}{C_L}\right)$$

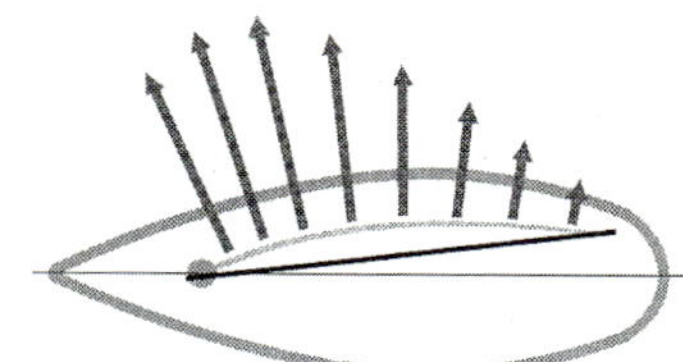 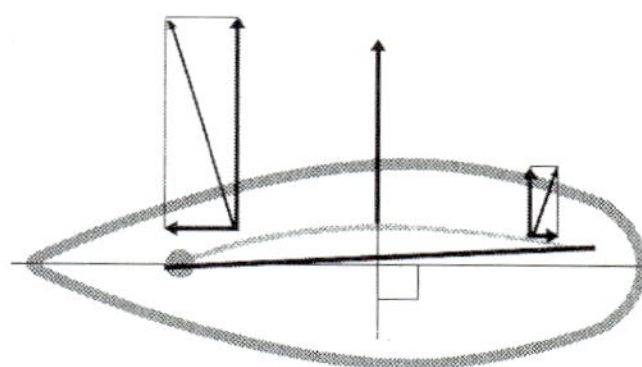 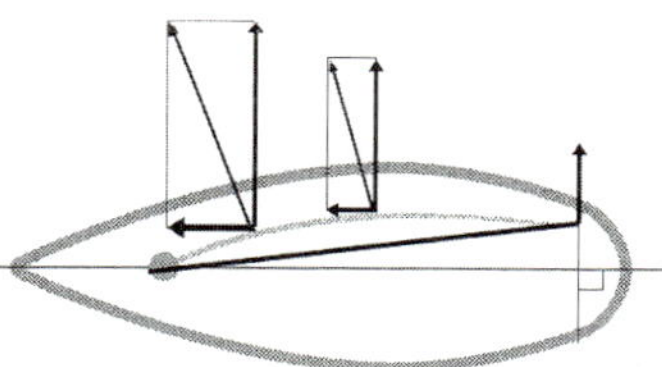

돛 표면 압력은 각 점에 수직으로 작용하기 때문에 실제로 전진력을 발생시키는 곳은 돛의 앞부분이다. 바람과 평행한 부분에서는 횡력만 발생하고, 그보다 뒤에서는 저항(음의 전진력)이 생긴다. 그러므로 돛 뒷날의 방향을 요트의 전후 방향과 평행하게 해주면 압력에 의한 저항이 작아진다. 단, 양력도 감소되므로 최종 전진력의 크기는 각 점의 압력을 합산해보아야 알 수 있다.

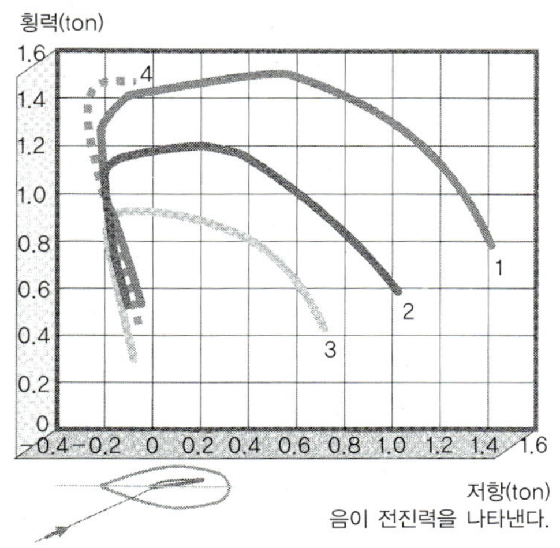

전진력의 대소를 검토할 경우, 동시에 횡력의 크기도 감안해야 한다. 그 이유는 횡력이 너무 커지면 횡경사각이 커져 돛이나 용골, 타의 효율이 떨어지고, 동시에 저항도 증가하기 때문이다. 이제 아래 그림에서와 같이 돛 1, 2, 3에 대한 가상적 성능곡선으로 그 차이를 살펴보자.

횡력의 크기가 문제되지 않는다면 돛 1을 사용하여 받음각 15°로 한 것의 전진력이 가장 크다. 그때의 횡력은 1,300kg이다. 횡력 1,000kg이라면 돛 2의 전진력이 크다. 횡력을 더 낮추어 850kg 이하로 할 경우에는 돛 3이 가장 좋다.

횡력(정확히는 횡경사 모멘트)을 억제하기 위한 돛 조절법을 '동력 줄임(power down)'이라고 한다. 만일 동력을 줄일 필요가 없는 상황이라면 전진력의 크기로 돛을 평가할 수 있다. 여기에서는 돛 3의 양항비가 가장 높다(원점에서 접선의 각도가 가장 작다). 따라서 만일 횡력이 1,300kg이라는 조건에서 비교한다면 돛 3의 형상을 그대로 유지하면서 면적을 1.6배로 늘린 돛 4(점선)가 240kg이라는 가장 큰 전진력을 발생시킨다는 결과가 나온다.

3.1 돛의 형상

돛 형상을 파악하기 위해서는 돛의 각 수평 위치에서의 단면곡선을 결정한 후, 이것을 높이 방향으로 연속적으로 쌓아올린다. 단면곡선의 표현법에는 여러 방법이 있지만, 그렇다고 특별히 정해진 것은 없다. 한 가지 예로서 코드 길이, 캠버의 최대값, 캠버가 최대가 되는 드래프트(draft)의 위치, 유입각과 유출각 등의 5가지 수치로 표현하는 것이 일반적이다. 여기에 선체 중심축과의 각도를 나타내는 수치인 비틀림(twist)을 더하면 하나의 단면곡선을 6개의 수치로 표현할 수 있다. 높이 방향으로는 돛 제작사가 돛 높이의 1/4, 1/2, 3/4 위치에 줄무늬(stripe)를 넣는 경우가 많으므로, 이들 각 4등분 위치에서 3개의 단면곡선을 결정하는 것이 일반적이다.

돛의 실제 형상을 계측하기 위해서는 우선 돛채비(sail plan) 등에서 코드 길이를 구하고, 사진을 찍어 줄이 쳐진 세 수평 위치의 단면곡선을 분석한다. 사진상에서는 비틀림의 기준선(요트의 전후 방향축)을 찾기 어렵지만, 아래활대(boom)의 선이나 앞당김줄(forestay)과 돛대와의 위치관계로부터 이것을 추정할 수 있다(앞당김줄은 아래로 처져있으므로 계측시 주의해야 한다). 돛 정상부의 실제 형상도 알지 못하므로 위에서 1/8의 위치에도 줄무늬가 있는 편이 정확하다. 돛 하단(foot)의 형상은, 지브일 경우에는 갑판상에 표시하여 측정하고, 주 돛이라면 아래활대의 각도와 아래활대 바로 위에서의 드래프트를 직접 측정한다. 책상 위에서 돛을 표현하는 6개의 매개변수를 높이별로 자유롭게 선택하였어도 실제로 돛을 계측해보면 상하의 연속성이 원활하여 크게 튀는 값은 없음을 알 수 있다.

요트에서 돛은 엔진이고, 그 성능을 결정하는 것은 돛의 형상이다. 그러나 실험이나 수치계산을 통하는 경우가 아니면 그 성능이 수치로 확실하게 나타나는 것이 아니기 때문에, 돛 모양의 좋고 나쁨을 판단하기 위해서는 실제 항해를 통해 형상과 속력 사이의 관계를 직접 체험하고 경험을 쌓아나가는 노력이 필요하다. 돛의 형상을 사진으로 남기고 이 자료를 수치화한다면 이러한 경험의 축적은 더욱 유효하게 될 것이다.

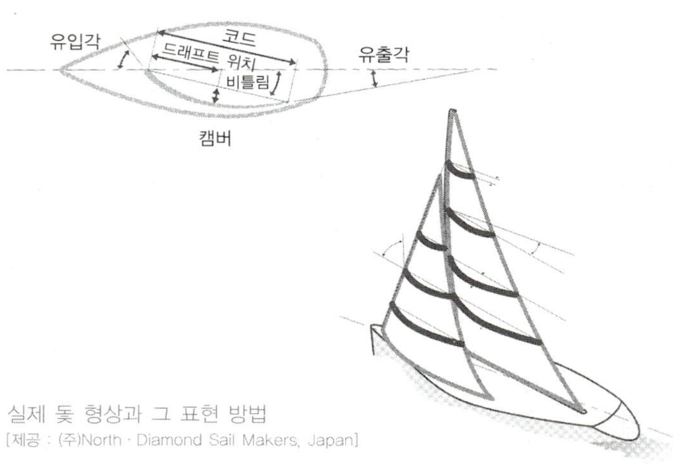

실제 돛 형상과 그 표현 방법
[제공 : (주)North · Diamond Sail Makers, Japan]

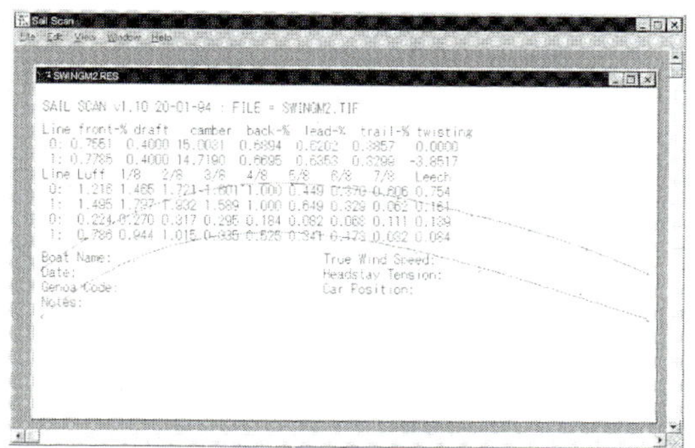

돛의 형상을 사진으로부터 수치화한 자료의 예
[제공 : (주)North · Diamond Sail Makers, Japan]

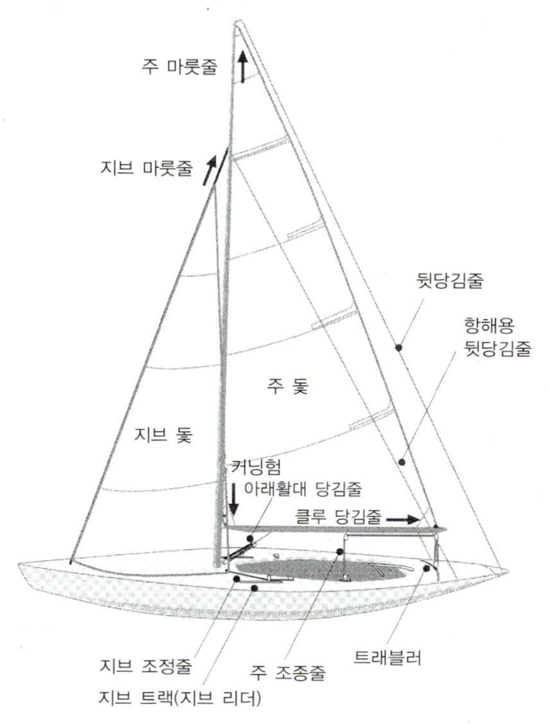

주 돛과 지브 돛 형상 조절을 위한 의장

돛 제작사는 이러한 자료를 축적해두고 있다. 돛 전체의 깊이를 한마디로 표현하기 위해 일반적으로 위에서부터 1/4 높이(75%)에서의 최대 캠버를 사용하고, 돛의 비틀림 정도는 유출각 0°, 즉 선체 중심축과 평행한 곳의 높이로 파악한다. 돛 조절의 기본 상식 중에는 '꼭지활대(top batten)가 아래활대와 평행하다'는 말이 있는데, 그 뜻은 아래활대가 선체 중심선상에 있고 꼭지활대의 높이가 위에서 1/4이면, 이 1/4 높이가 유출각이 0°가 되는 비틀림이라는 것이다.

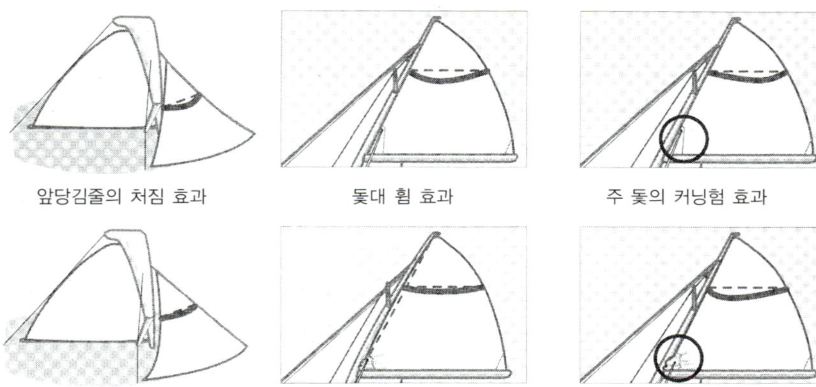

앞당김줄의 처짐 효과   돛대 휨 효과   주 돛의 커닝험 효과

돛의 형상은 조절(trim)에 따라 크게 달라진다. 특히 캠버는 주 돛의 경우에는 돛대의 휨(bend), 지브/제노아 돛의 경우에는 앞당김줄의 처짐(sagging)량에 크게 좌우된다. 또한 한 곳을 조절하면 다른 곳에 그 영향이 미치는 등 서로 복잡하게 관련되어 있다. 예를 들면, 지브 조정줄(sheet)을 잡아당겨 인장을 주면 제노아의 비틀림이 적어지면서, 동시에 돛 하단의 캠버는 얕게 된다. 또한 제노아의 중앙부 위쪽의 유출각이 커지고 드래프트는 뒤쪽으로 가며 캠버는 좀 깊어질 것이다. 이와 같이 돛 조절은 매우 복잡하지만 조정줄을 조절할 때마다 돛 형상의 변화를 엄밀하게 확인해가면 그 영향을 쉽게 파악할 수 있다. 물론 실제로는 돛채비나 의장 그리고 개개의 돛에 따라서 조절 효과가 다르게 나타나기 때문에 구체적인 조절량이나 세부적인 사항에 대한 일반적인 논의는 별 의미가 없을 것이다.

3.2 지브 돛과 주 돛의 조합 효과

지브 돛과 주 돛의 조합 효과에 관하여 '지브에 의해 굽어진 바람의 영향으로 주 돛을 더 선체 중심선 쪽으로 끌어들일 수 있다' 혹은 '주 돛의 풍하 측 박리를 지브가 막아준다'라고 말하기도 하지만, 이 말은 현상적으로는 옳을지 몰라도 성능적인 설명으로는 맞지 않다. 그 이유는 주 돛을 끌어들이면 확실히 주 돛이 발생시키는 양력은 커지지만 그것이 전진력 증대에 과연 얼마나 기여하는지 알 수 없기 때문이다. 주 돛을 끌어들이면 전진력을 발생시키는 돛 면상의 범위가 좁아질 것이고, 또 양력이 커지면 바람직하지 않은 횡력과 횡경사각도 커지게 된다.

주 돛의 역할 가운데 하나는 순환(양력)을 발생시켜 지브에 흘러들어가는 바람의 유동에 영향을 주는 것이다. 지브만으로 범주할 때 너무 방향을 틀어서 돛의 뒷면으로 바람이 들어오는(뒷바람, 裏風) 상태에서도, 주 돛이 있으면 그 영향으로 지브의 앞날에 유입되는 바람의 각도가 변하여 지브 양면으로 바람이 흐르게 된다. 이 때문에 전진력이 커지므로 지브와 주 돛 모두를 더 끌어들여 바람을 거슬러 더욱 잘 달릴 수 있게 된다. 따라서 주 돛을 조절할 때 조정줄을 쉽사리 늦추어주지 말고, 풍하 측 유동이 박리되려는 극한 상태에서도(혹은 다소 박리하더라도) 계속 잡고 있는 것이 중요하다. 그러나 동력 줄임(power down)이 필요한 상황에서는 다르다.

주 돛과 지브 사이의 간격을 '틈새(slot)'라 하며, 돛 성능을 결정하는 중요한 요소로 간주된다. 틈새 효과의 실태는 잘 알려져 있지 않지만, 하류로 갈수록 틈새가 좁아지기 때문에 주 돛과 지브 사이로 유입하는 공기의 유속이 감소하고 압력이 높아지는 것으로 생각된다. 이것 때문에 지브 풍하 측과의 압력차가 커져 전진력 증대에 기여하게 된다. 그러나 틈새가 지나치게 조여지면 압력이 너무 커져 주 돛의 앞날을 밀어 올리는 결과를 초래하는데, 이것이 주 돛으로 들어가는 역풍(back wind)의 정체이다. 또 주 돛의 순환이 지브에 강하게 영향을 미치게 하기 위해서는 두 돛을 가까이 배치하는 편이 좋고, 이 경우 자연히 틈새는 좁아진다.

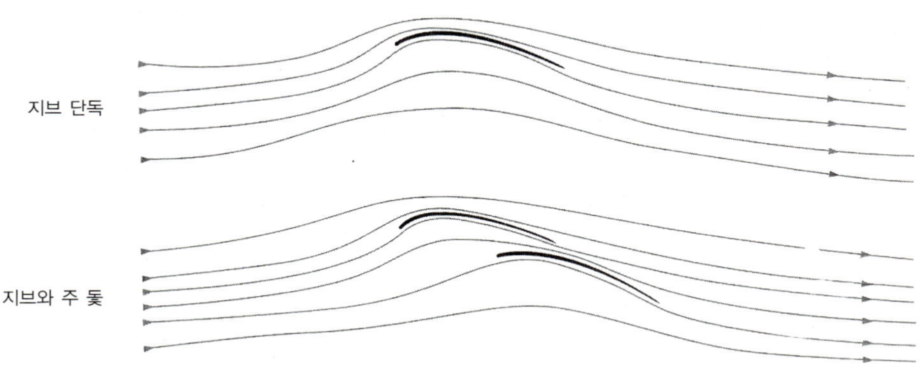

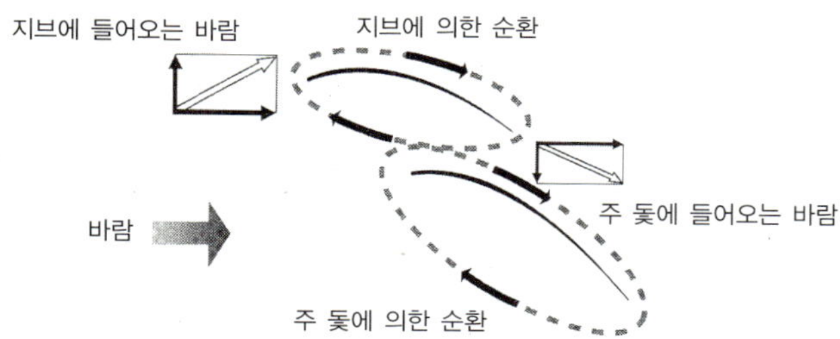

지브와 주 돛은 각각 순환을 발생시켜 서로의 유동에 영향을 미친다. 지브의 유입각은 커지고 주 돛의 유입각은 작아진다.

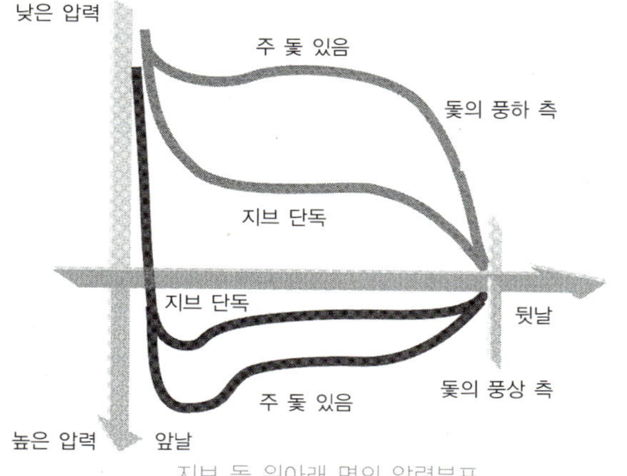

지브 돛 위아래 면의 압력분포

지브 상하면의 압력분포에 주 돛이 미치는 영향. 주 돛이 있으면 특히 전진력이 커진다는 것을 알 수 있다.

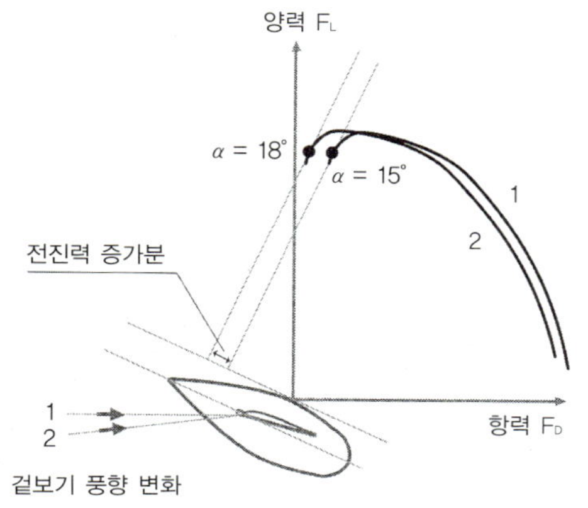

지브의 유입각이 커진다는 것은 요트의 겉보기 풍향이 커진다는 것이다. 따라서 전진력의 대폭적 증대가 기대된다.

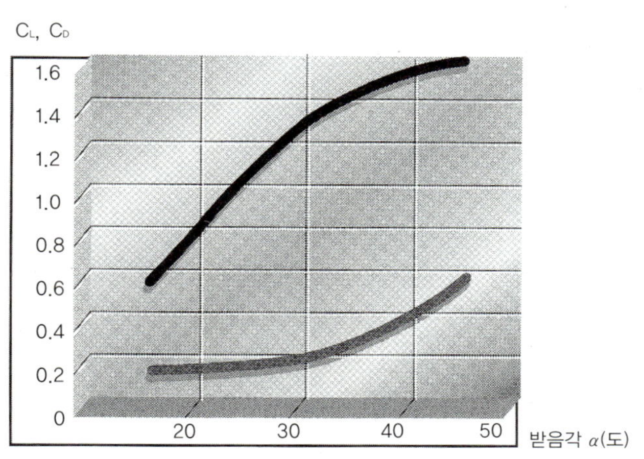

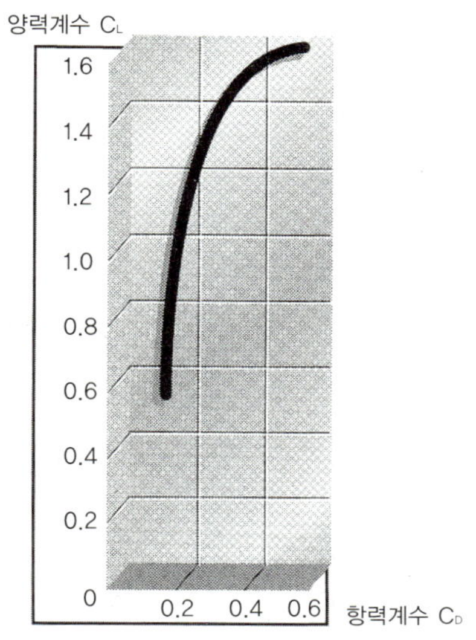

슬루프에 대한 돛 힘 계산 예. 계수 산출에는 실제 돛 면적(제노아+주 돛)을 사용하였다.

3.3 와동의 영향

지브의 하단은 갑판에 접해있으나 상단은 자유로우므로, 여기에서 양력 발생에 수반되는 와동(날개 끝단의 와동)이 방출된다. 주 돛의 아래활대 밑에서 나오는 와동은 특히 주 돛 하부의 유동에 영향을 주어 풍하 측 박리를 억제하는 효과가 있다. 이것을 '와동에 의한 세류(down wash)'라고 한다. 상단에서 나오는 와동도 주 돛 상부에 미치는 세류 효과가 있으나, 하단에 분포된 면적이 크기 때문에 하단에서 나오는 와동이 더 강하다. 이것이 돛에 비틀림이 필요한 이유 중 하나이다. 비틀림이 필요한 또 다른 이유는 높이 방향으로 바람 속도가 달라져 겉보기 바람의 방향도 달라지기 때문이다.

실제로 아래활대를 풍상 측으로 많이 밀어내어 유출각이 상당히 커져도 주 돛 하부에 달린 뒷날 띠(leech ribbon, 뒷날에 붙인 tuft)는 깨끗이 흐르고 박리하지 않는다. 순환을 높게 확보해야 하는 주 돛의 특성을 살리기 위해서는 물론 이같이 주 돛 하부를 깊게 하고 유출각을 크게 하여 비틀림이 음이 되도록 조절해야 할 것이다. 단, 이때 항력 증가와의 조화를 잘 고려해야 한다.

만일 아래활대와 갑판 사이에 틈이 없으면 지브 하단에서와 같이 와동이 발생하지 않으므로 가로세로비가 커지는 효과가 있다. 그러나 현실적으로 이 틈을 막는 일은 대단히 어려우며, 요트의 조종이 불편해지더라도 아래활대의 위치를 낮추는 것이 좋을지, 또는 주 돛 전체를 위로 올려 상공의 빠른 바람을 많이 받게 하는 것이 좋을지를 판단하는 것도 어려운 문제이다.

주 돛 상부의 유동은 주 돛 상단에서 나오는 와동뿐 아니라 지브 상단에서 나오는 와동의 영향도 받는다. 주 돛 상단의 와동이 지브에서 나오는 와동의 아래쪽에 있으면 세류가 되고, 위쪽에 있으면 역세류가 된다. 더욱이 이 두 와동은 서로 간섭하여 복잡한 유동을 형성하였다가 나중에는 합류하여 하나의 와동이 된다.

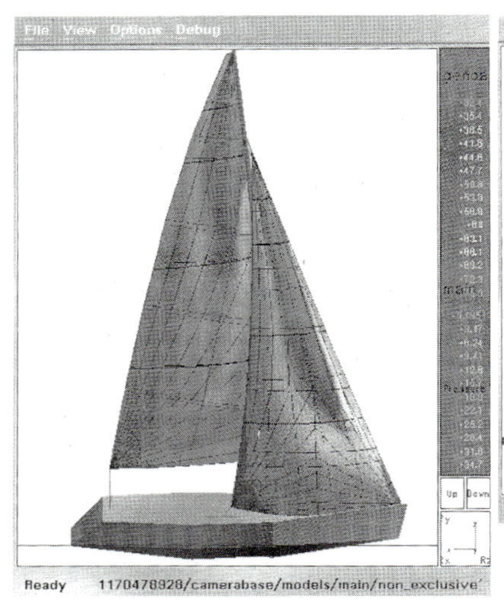

수치 계산에 의한 돛 표면의 압력분포와 바람의 유동. 지브와 주 돛의 상하단에서 나오는 와동에 주목할 것. [제공 : (주)North · Diamond Sail Makers, Japan]

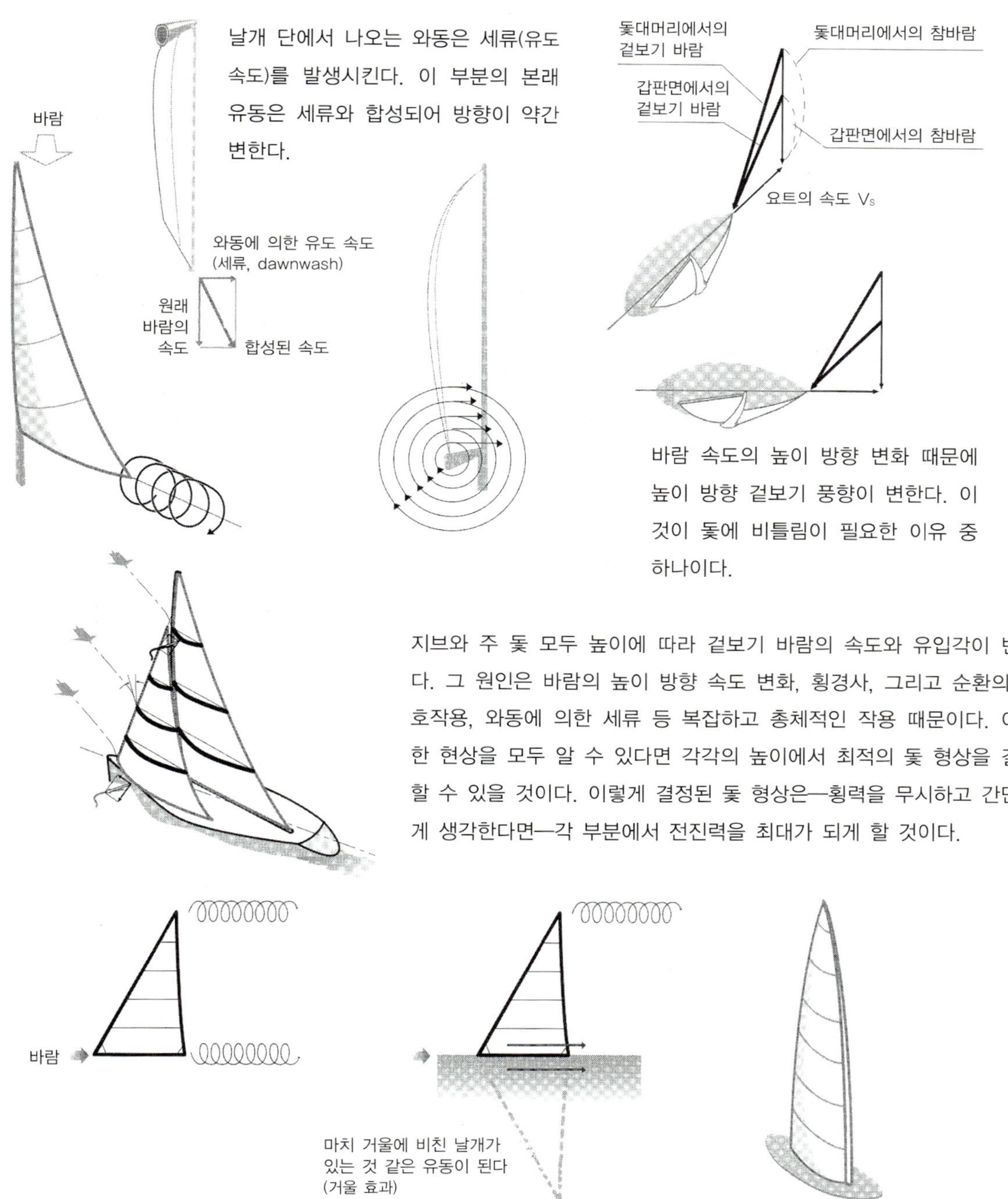

바람 속도의 높이 방향 변화 때문에 높이 방향 겉보기 풍향이 변한다. 이 것이 돛에 비틀림이 필요한 이유 중 하나이다.

지브와 주 돛 모두 높이에 따라 겉보기 바람의 속도와 유입각이 변한 다. 그 원인은 바람의 높이 방향 속도 변화, 횡경사, 그리고 순환의 상 호작용, 와동에 의한 세류 등 복잡하고 총체적인 작용 때문이다. 이러 한 현상을 모두 알 수 있다면 각각의 높이에서 최적의 돛 형상을 결정 할 수 있을 것이다. 이렇게 결정된 돛 형상은—횡력을 무시하고 간단하 게 생각한다면—각 부분에서 전진력을 최대가 되게 할 것이다.

날개 한쪽 단을 벽에 붙이면 원래 발생하던 와동이 없어지고 유기항력(유도저항)이 줄어든다. 그리고 이론상 가로세로비 는 두 배가 된다(유기항력은 가로세로비에 반비례하고, 양력의 제곱에 비례한다). 날개 끝단에 적당한 면적의 끝판을 붙여도 가로세로비는 커진다(동시에 마찰항력도 증가하지만). 이것을 '끝판 효과'라고 한다. 아메리카컵 요트에는 이러한 목적에 서 극단적으로 폭이 넓은 아래활대를 채용한 예가 있다.

3.4 횡경사의 영향

요트가 역풍범주할 때는 횡경사되므로 바람을 받으면 돛의 상하 방향, 즉 하단에서 상단으로 향하는 유동이 발생하여 돛을 가로질러 가는 유동의 속도가 느려진다. 횡경사되지 않았더라도 돛대가 뒤로 경사져 있으면(raked) 마찬가지로 위로 올라가는 바람이 생긴다. 횡경사되면 실효 유속이 떨어지고 실효 유입각도 작아지지만, 이러한 기하학적 영향 이외의 효과에 관해서는 아직 잘 알려져 있지 않다.

3.5 동력 줄임

횡력(정확하게는 횡경사 모멘트)을 억제하는 동력 줄임(power down)에는 다음 두 가지 방법이 병용되는 경우가 많다.

① 바람에 대한 돛의 받음각을 작게 한다. 보통 돛을 폄과 동시에 요트를 되도록 풍상으로 향하게 하여 횡경사를 억제하고, 동시에 VMG의 저하를 방지한다.

② 돛을 비튼다. 특히 양력을 많이 발생시키는 주 돛을 비틀어 양력을 감소시키는 동시에 돛의 효과중심 CE의 위치를 낮춘다.

①을 위해서는 돛의 받음각을 낮출 필요가 있고(그렇지 않으면 바람을 받지 못한다), 이때 CE는 약간 뒤로 이동하는 경향이 있다. ②에서는 돛의 가로세로비가 낮아지지만 CE는 앞으로 이동한다. 횡경사되었을 때 자칫 과대해지기 쉬운 타각을 줄인다는 관점에서 본다면, CE가 앞으로 이동하는 편이 바람직하다.

3.6 공기저항

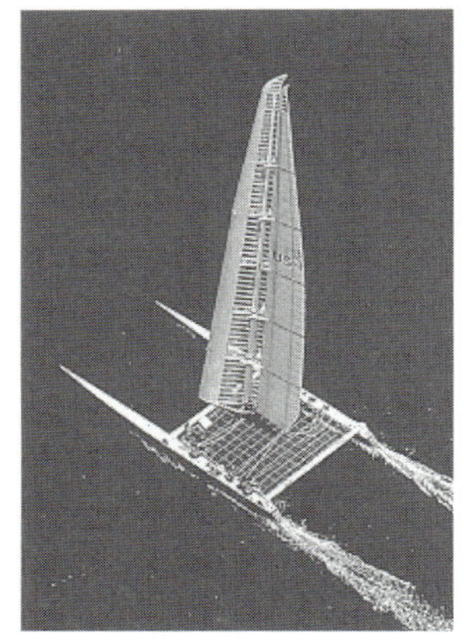

대칭 날개 단면에 플랩을 붙인 날개 돛(wing sail)을 채용한 쌍동선. Photo By Kaoru Soehata / Photo Wave

돛의 마찰저항, 유도저항 외에 바람에 의한 저항으로서 돛대에 의한 저항 증가, 당김줄(stay)이나 로프에 의한 저항, 선체나 갑판상의 물체에 의한 저항 등이 있으며, 이것들을 모두 합하여 '공기저항'이라 한다. 즉, 공기저항이란 공기 유동의 박리로 인해 발생하는 압력저항이고, 이 저항을 감소시키는 것이 역풍범주 성능 향상에 중요하다. 이를 위해서는 형상(유동에 대한)을 매끈하게 유선형화해야 한다. 돛대의 영향으로 주 돛상의 유동이 박리되어 항력이 증가하고 양력이 감소하는 현상이 오래 전부터 문제시되어 왔다. 실제로 주 돛의 앞쪽에 달아놓은 표시계(telltale)는 잘 나부끼지 않는데, 이것은 그곳에서 이미 유동이 박리하고 있다는 증거이다. 돛대의 단면 형상에 대해서도 여러모로 연구되고 있다. 어떤 요트에서는 범포와 같은 얇은 날개로 된 돛을 사용하지 않고 두께가 있는 대칭 날개 단면을 채용하거나, 혹은 돛대를 날개 형상에 가까운 단면으로 만들고 겉보기 풍향에 맞추어 회전시키는 기구를 사용하기도 한다.

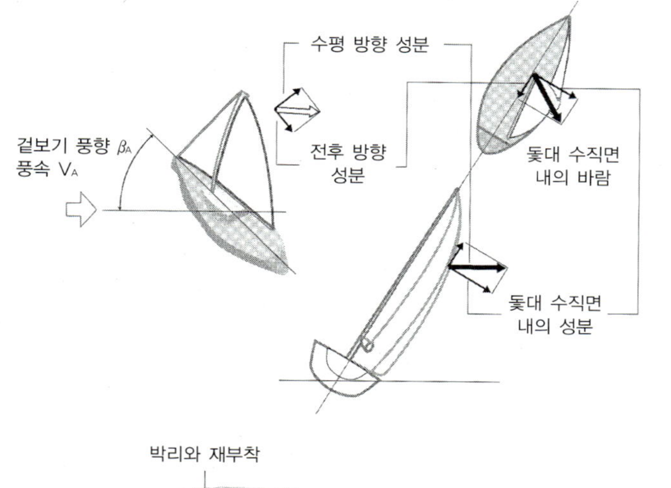

갑판에 수직하게 서있는 돛대에 수직한 면을 생각한다. 이때 겉보기 풍향 β_A, 겉보기 풍속 V_A, 횡경사각 Φ인 경우, 이 면에 유입하는 실효 풍속 V는

$$V = V_A\sqrt{\cos^2\beta_A + \sin^2\beta_A\cos^2\Phi}$$

실효 풍향 β는

$$\beta = \tan^{-1}(\tan\beta_A\cos\Phi)$$

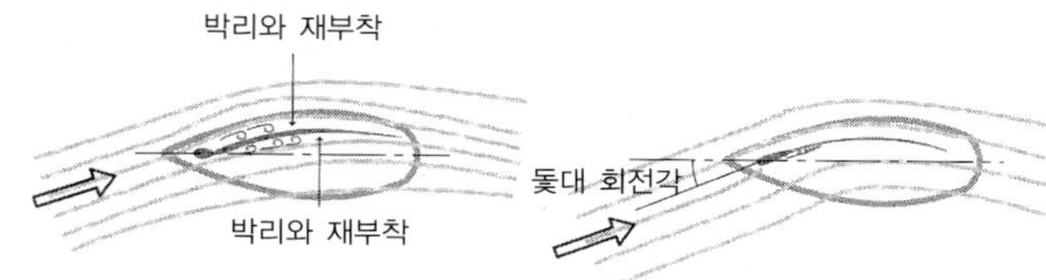

돛대 바로 뒤에서 박리가 발생하여 양력 감소와 저항 증가가 초래된다. 회전돛대는 단면이 날개 형상에 가까운 모양을 가지고 있으며, 선체에 대해 자유롭게 회전하여 유동박리를 억제한다.

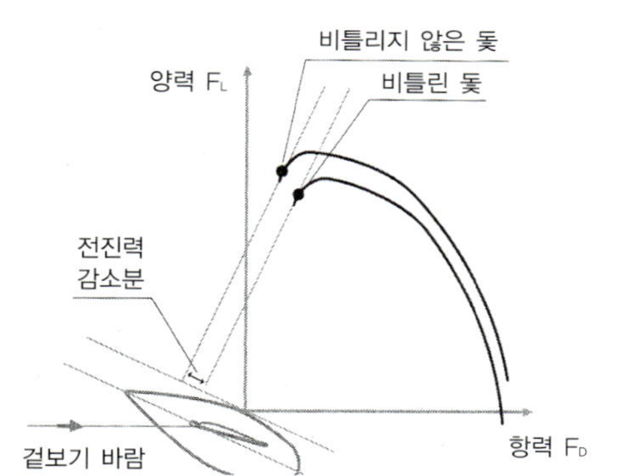

비틀린 돛의 상부에서는 받음각이 작아지고 양력이 감소하는 동시에 돛의 효과중심이 낮아지므로, 횡력과 횡경사각의 감소에 유효하다. 그러나 실제 돛 면적은 감소하지 않으므로 마찰저항은 변하지 않고, 실효 가로세로비가 낮아지므로 항력의 감소는 기대하기 어렵다. 지브에 대한 순환 효과도 떨어지므로 전진력의 감소도 불가피하다.

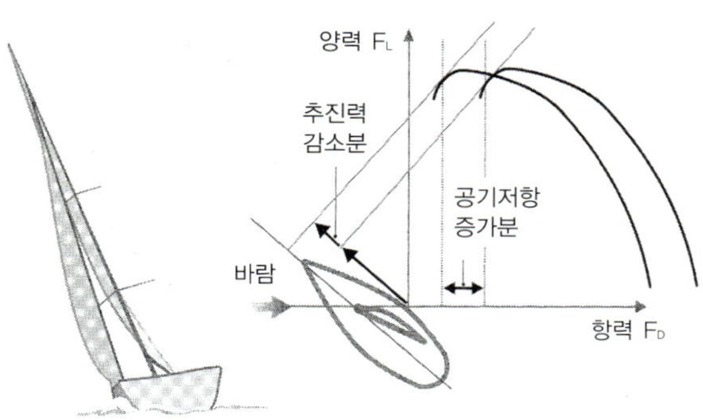

겉보기 풍상에서 본 요트이다.
보이는 부분이 공기저항을 발생시키는 투영 면적이다.

공기저항이 증가하면 그림에서와 같이 양력-항력 곡선은 오른쪽으로 평행 이동한다. 따라서 전진력은 감소한다. 공기저항 D는 $D = \frac{1}{2}C_D\rho v^2 A$로 표시되고, 여기서 ρ는 공기밀도, v는 유속, A는 풍상 측에서 본 요트의 투영 면적이다. C_D는 형상에 의한 저항의 크기를 나타내는 계수로서, 자동차의 카탈로그 등에서도 자주 볼 수 있는 항력계수이다. 당김줄이나 로프 등 원주 단면의 C_D는 1.2 정도인데, 이것을 단면적으로 환산하면 원주는 유선형의 1,500배에 해당하는 항력을 발생시키는 셈이 된다. 선측 거널이 둥글게 손질된 요트를 흔히 보게 되는데, 이것은 공기 유동을 유연하게 하고 투영 면적을 줄여주기 위한 것이다.

순풍이나 그다지 바람각이 좁지 않은 순행(reaching)에서 전개되는 돛으로는 스피니커(스핀)와 비대칭 스피니커가 있다. 이것들은 모두 세 꼭지점, 즉 돛대 상단(head, peak), 아래활대의 앞단(tack)과 뒷단(clew)의 세 점으로 전개되는 삼각형 돛이다. 돛의 단면 형상이 반타원에 가까운 모양을 하고 있는 스핀의 경우, 바람을 횡방향이나 또는 약간 뒤쪽에서 받게 되기 때문에 유동박리를 피할 수 없을 뿐만 아니라, 뒤에는 주돛까지 있어서 유동의 양상은 더욱 복잡해진다.

실험에 의하면 겉보기 풍향이 140° 정도인 주행(running)에서도 스핀의 경우 양항력 비는 1.5 정도여서 양력과 항력은 비슷한 정도로 전진력에 기여하고 있다. 겉보기 풍향이 90°(abeam)인 순행에서는 양항비가 2에 가까워진다. 즉, 낙하산과 같은 효과를 기대하는 스피니커에서도 항력만이 아니라 양력도 적당히 이용하여 범주하고 있다는 것을 알 수 있다. 이런 점을 종합해보면 돛의 투영 면적을 크게 해야 한다는 것과, 돛의 앞날 부근 유동을 박리시키지 않고 원활히 흘러가도록(특히 풍하 측에서) 하여 그 부분에서 되도록 많은 양력이 발생되도록 하는 것이 돛 조절의 중요한 포인트라 할 수 있다. 흔히 '조정줄(sheet)은 내주고, 앞날은 조여라'라는 말이 있는데, 이렇게 하면 확실히 앞의 두 효과를 기대할 수 있다.

겉보기 풍향의 각도가 작은 순행에서는 비대칭 스핀이 사용된다. 이것은 '제니커'라고도 하는 긴 앞날을 가진 비대칭의 얇은 스피니커이다. 겉보기 바람각 40° 정도까지 사용할 수 있는 것도 제작이 가능하다. 비대칭 스핀의 경우 기본적으로 양력은 클수록 좋지만, 횡경사에 영향을 주는 항력이 너무 커지지 않도록 주의해야 한다. 유출각이 너무 커지지 않도록 드래프트가 충분히 앞으로 가게 하고, 앞날을 깊게 하며, 또 그것에 상응하여 돛을 얇게 한다. 돛을 계획하는 데 있어서 전진력을 발생시키는 앞날은 일반적으로 길게 잡아주는데, 갑판 위에서 조정줄을 잡아주는 위치관계를 고려하여 클루의 높이나 면적을 잘 조절해주어야 한다. 비대칭 스핀을 전개하면 CE는 당연히 앞으로 이동한다. 18피트 스키프 범주시 선수밀림으로 인한 힘은, 타자루를 잡고 조타하고 있는 조타수의 발이 거널에서 떨어지게 할 정도로 강하다고 한다.

스피니커를 전개한 주행
Photo By Kaoru Soehata / Photo Wave

18피트 스키프의 순행. 비대칭 스핀을 전개하고 있다. Photo By KAZI

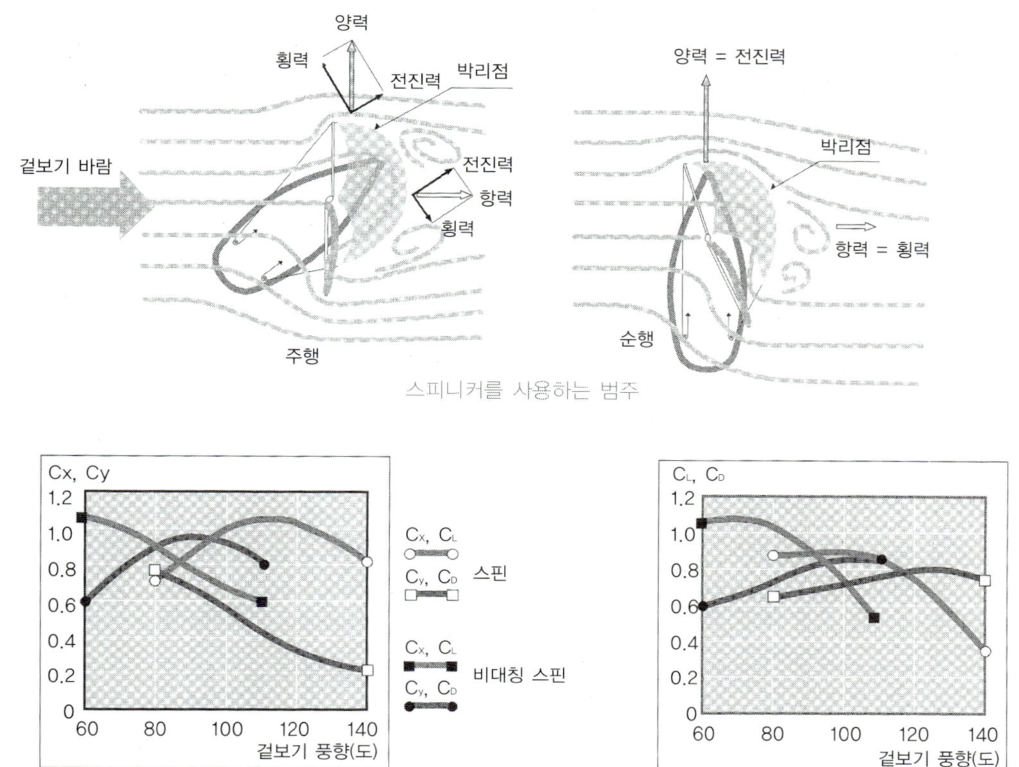

전진력과 횡력계수, Cx–Cy 곡선(왼쪽)과 양항력계수 C_L–C_D 곡선(오른쪽). 겉보기 풍향이 작아지면 비대칭 스핀의 전진력이 커지고, 겉보기 풍향이 커지면 스핀의 전진력이 커진다. 일반적으로 순행에서 주행까지 같은 돛을 사용하지 않고, 특정 풍향에서 전진력이 우수한 돛을 여러 종류 준비하여 적절히 바꿔가면서 사용한다.

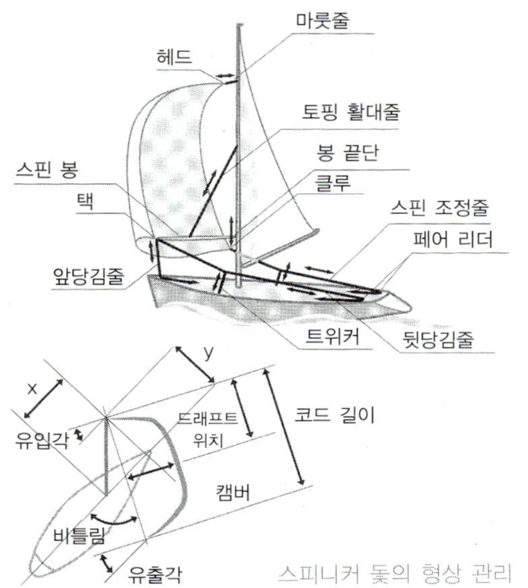

스피니커의 돛 형상도 지브, 주 돛과 마찬가지로 관리할 수 있다 (평면상의 위치 x, y가 추가되어 있다). 돛의 호 길이는 일정하기 때문에 캠버를 얕게 하면 투영 면적은 커진다. 그러나 캠버를 얕게 하면 실제로는(특히 요트가 파도로 인해 동요하는 상황에서는) 돛이 바람을 받기 어려워진다. 그래서 유입각과 유출각을 크게 하여 이 문제를 해결한다. 이러한 돛은 그 모양 때문에 '프리스비(Frisbee, 오락기구)'라고 불리기도 한다. 스핀이나 비대칭 스핀을 조절하기 위해서는 기본적으로 스피니커 봉의 각도와 높이, 그리고 트위커(tweaker) 등 세 가지로 조절하는 수밖에 없지만(조정줄은 앞날이 찌부러질 정도까지 조절한다), 숙련되기까지는 스피니커의 형상을 좀처럼 알기 힘들다. 그러므로 밖에서 형상을 체크하는 것도 한 방법이다.

5.1 돛에 걸리는 응력과 재료

지브가 바람을 받아 부풀어있을 때 돛 표면에 분포된 장력은 택(tack, 앞단), 클루(clew, 뒷단), 핼리어드(halyard, 여기에서는 마룻줄 고리)라는 각 모서리에 가까이 갈수록 각 점에 집중되어, 최종적으로는 이 세 점에서의 장력이 요트를 견인하게 된다. 따라서 돛의 각 부분은 이와 같은 장력에 견딜 수 있는 강도를 갖고 있어야 한다. 또한 돛의 재질은 이러한 강도뿐 아니라 신장 변형에 대한 억제력도 함께 갖고 있어야 한다. 그렇지 못해 돛이 너무 늘어나면 그만큼 이음새가 넓어진 것과 같아져 설계에서 의도한 형상이 잘 나오지 않게 된다.

직물의 경우에는 씨줄(woof, file) 방향의 신장률이 가장 작고, 다음이 날줄(warp) 방향, 그리고 대각선(bias) 방향이 가장 크다. 그러므로 돛의 각 부분에 걸리는 장력의 방향과 범포의 씨줄 방향을 일치시키려고 노력하게 된다. 여러 개의 세분된 범포 조각을 조합하여 돛을 만드는 이유가 바로 이 때문이다. 최근에는 직물 범포 대신 케블라(Kevlar) 등을 사용한 복합재료로 만든 돛에서도 특정 방향에 강한 재료를 장력 방향과 일치하도록 적절히 배치하는 방식이 일반화되고 있다.

한편 이와 같이 여러 개의 조각으로 분할한 범포를 조합하여 제작한 돛이라 해도 장력선은 곡선상으로 분포하기 때문에 어쩔 수 없이 잘 일치하지 않는 부분이 생긴다. 이 문제를 해결하기 위하여 인장에 강한 섬유를, 예상되는 장력선을 따라 곡선 모양으로 배치하기도 하는데, 이러한 돛을 '일체형 돛(seamless sail)'이라 한다. 이런 돛에서는 여러 개의 조각으로 나눌 때 생기는 많은 재봉선을 생략할 수 있고, 또한 섬유의 양도 최적화할 수 있으므로 이론적으로는 돛의 중량을 줄일 수 있다(돛의 중량은 복원 모멘트나 피칭 모멘트에 크게 영향을 미친다). 단, 섬유를 돛 위에 배치할 때 배치선이 직선이 아니므로 헐겁게 되지 않도록 주의해야 한다. 그러지 않으면 장력이 걸렸을 때 섬유가 팽팽해질 때까지 늘어나기 때문에 이 방식의 이점을 살릴 수 없다.

최근 경기용 돛은 신장률이 1%보다 훨씬 낮은 값이 되도록 계획된다(단, 이것은 지브와 주 돛의 경우이고 스피니커에서는 이보다 더 크다). 이상적으로는 돛의 모든 부분에서 신장률이 같아야 하고, 그럴 수만 있다면 원하지 않는 돛 변형은 일어나지 않을 것이다. 또한 지브 상부 등 자연적으로 드래프트가 뒤쪽으로 가게 되는 부분에서는 오히려 앞날 쪽을 늘어나기 쉬운 사선(bias)으로 하는 등 역으로 (신장률이 크게) 설계에 적용하는 경우도 있다.

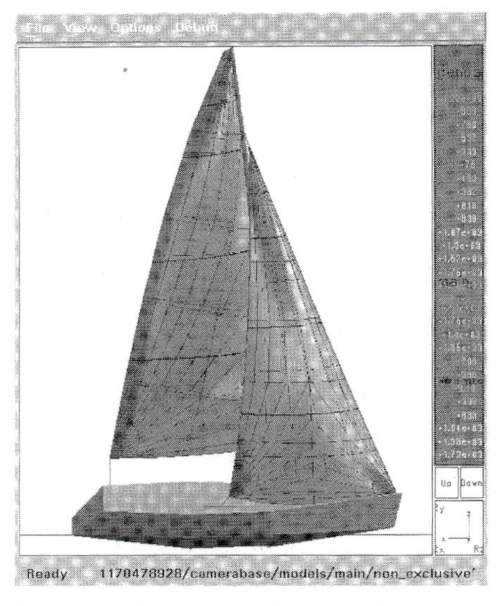

돛 표면의 장력분포 가시화. 뒷날이나 지브의 모서리에 강한 장력이 걸려있는 것을 알 수 있다.

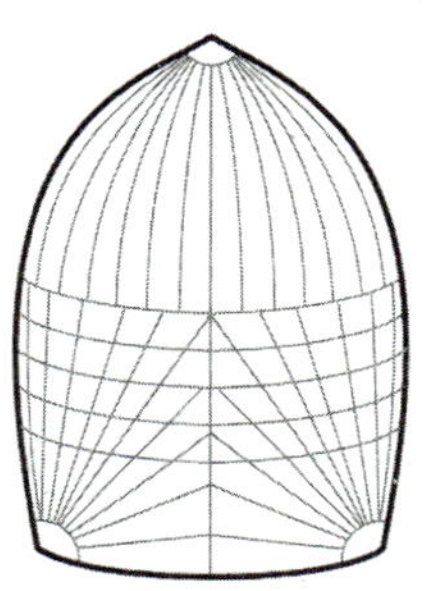
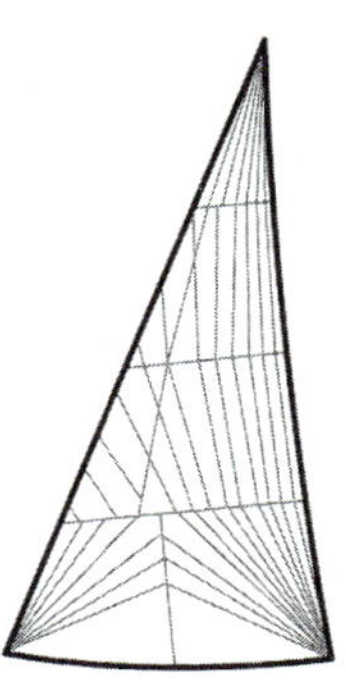
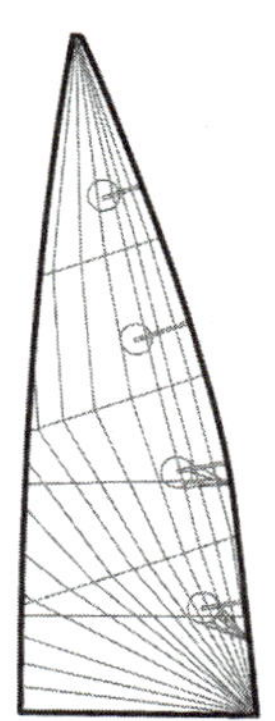

응력분포도에 맞춘 범포 조각 배치 예 [제공 : (주)North Diamond Sail makers, Japan]

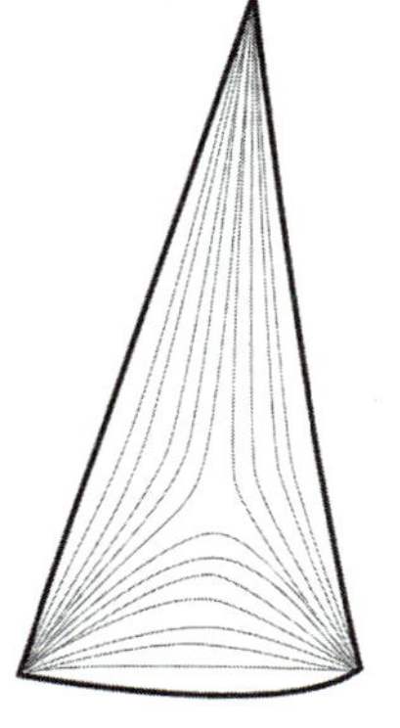

섬유를 곡선상으로 배치한 일체형 돛. 일체형 돛은 이름처럼 봉합선이 없고 돛 전체가 하나로 제작된다.

섬유명	폴리에스테르	아라미드	초고강력 폴리에틸렌
비강도(g/데닐)	6.3~9.0	20~25	25~40
비탄성률(g/데닐)	100~150	500~100	600~1,800
밀도(g/cm³)	1.38	1.47	0.97

돛에 사용되는 재료의 물성표

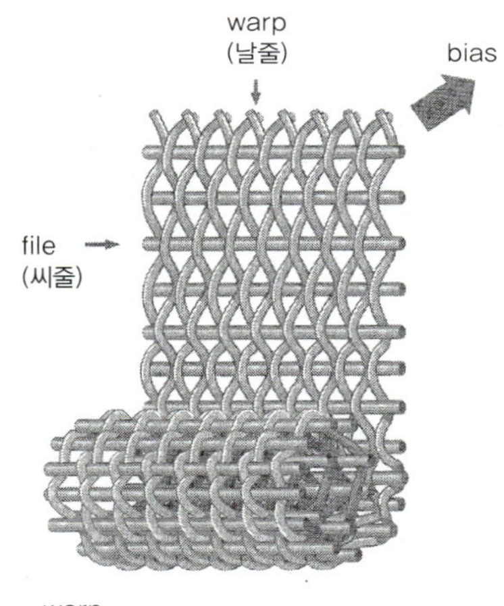

범포는 날줄과 씨줄로 직조되고, 대각선 방향 인장에는 저항력이 약하다. 최근에는 돛을 폴리에스테르 등의 극히 얇은 범포(호박단, Taffeta라고도 한다) 사이에 섬유를 발라 넣어 만든다. 섬유로는 아라미드(Aramid, 상품명은 Kevlar)가 일반적으로 사용되고, 이 외에 초고강력 폴리에틸렌, 탄소 섬유 등도 사용된다. 섬유의 종류나 양에 따라 범포의 신장률이 결정된다. 한편 스피니커에는 나일론이나 폴리에스테르 섬유로 된 극히 얇은 범포가 사용된다.

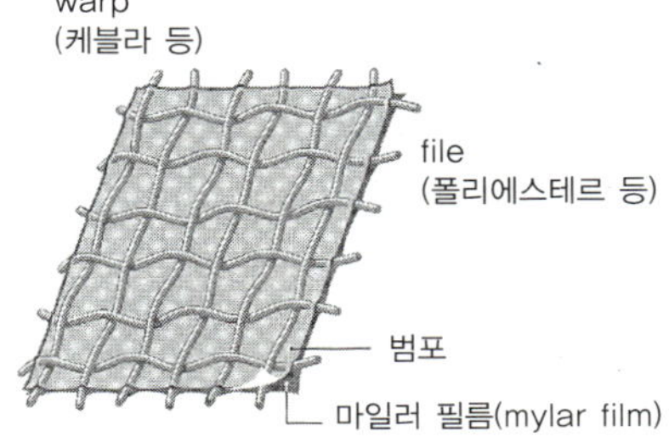

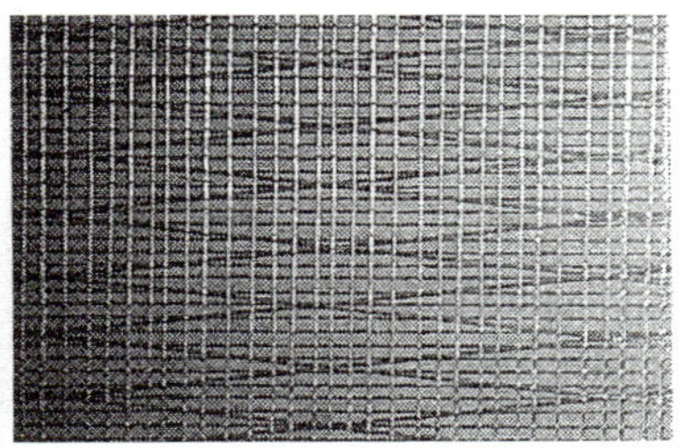

5.2 돛의 설계

주어진 돛채비에 따라 어떻게 돛을 설계하는가를 생각해보자. 우선 돛에 바람을 받은 상태를 상정하여 3차원 형상을 만드는 데 두 가지 방법이 있다.

첫째는 '클로즈 커트(close cut)'라는 방법으로, 범포를 뒷날에 직각으로 4~5등분한 조각의 상하 변에 '넓은 이음매(broad seam)'라는 볼록한 모양의 곡선을 만들어주고, 앞날에도 앞날 곡선(luff curve)을 만들어준다. 이것은 전통적 방법이다. 둘째는 '몰드 커트(mold cut)'라는 방법으로, 먼저 3차원 형상의 몰드 형상을 설계하여 그 표면에 조각 분할을 지정해주고, 각 조각의 전개도를 기하학적으로 구하는 방법이다. 이때 컴퓨터를 이용하면 편리하다. 한편 몰드 형상 치수 그대로 형을 뜨고 그 표면에 필름과 섬유를 순차적으로 발라가면 그 자체가 일체형 돛이 된다.

클로즈 커트는 제작 후 넓은 이음매나 앞날 곡선의 수정이 용이하고, 실제로 바람을 받았을 때의 돛 형상(범주 형상, flying shape)과 설계된 형상과의 관계를 직관적으로 파악하기 쉽다는 특징이 있다. 그러나 이 제품은 일체형 돛에 비해 무겁다는 것이 흠이다. 몰드 커트는 일체형 돛 제작과 직결된다는 이점이 있으나, 설계 기준이 되는 '몰드 형상의 의미'를 파악하기가 어렵다는 난점이 있다. 몰드 형상은 범주 형상과는 다르기 때문에 설계자는 이 두 형상 간의 대응관계를 데이터베이스로 축적해두어야 할 것이다. 한편 몰드 커트로 제작한 돛에 홈(dot)을 삽입하는 등 재손질해줌으로써 좋은 성능을 얻을 수 있었다고 하더라도, 역으로 재손질하지 않기 위한 몰드 형상을 미리 찾아내기는 어렵다는 난점을 지니고 있다.

실제로 항해할 때 펼쳐야 할 돛 형상은 요트의 종류나 해역, 그리고 승선원의 조종 방법에 따라 달라지므로 일괄적으로 말할 수는 없다. 특히 풍속별로 최적의 돛을 몇 종류 마련해두는 것이 필요할 것이다. 예를 들어 제노아라면 코드 1부터 시작하여 지브나 폭풍 지브(storm jib)까지 있으며, 각각의 형상, 사용하는 겉보기 풍속, 그리고 사용된 재료도 다르다(만일 사용 한도를 초과한 풍속에서 사용하면 파손될 수도 있다). 이와 같이 어떤 요트가 상비해야 할 돛의 기록표를 '돛 명세서(sail inventory)'라고 한다.

Photo By KAZI

일체형 돛의 제작. 몰드 형상이 그대로 형이 된다. [제공 : (주)North Diamond Sail makers, Japan]

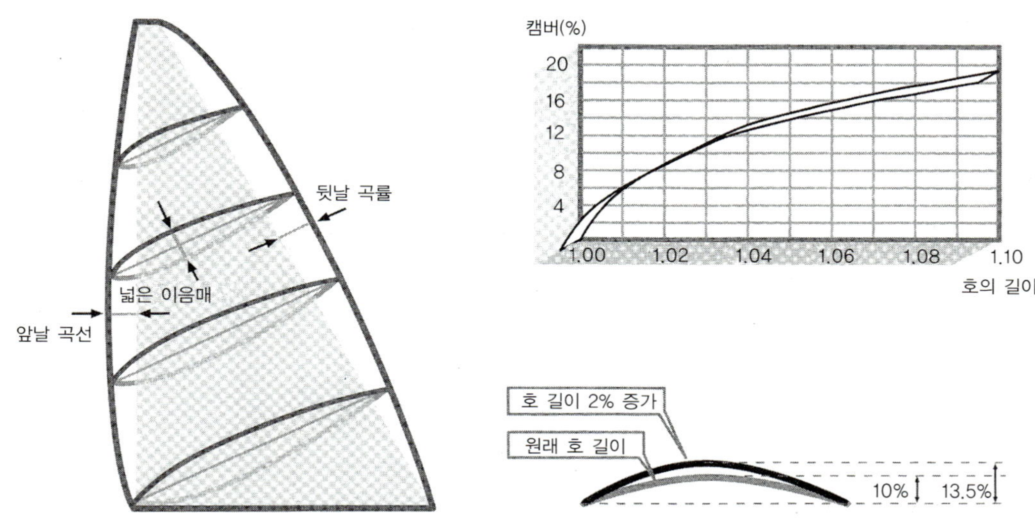

클로즈 커트에 의한 돛 설계. 넓은 이음매는 돛 곡선의 성격을 정해준다. 이음매가 많으면 기본적으로 돛이 깊고, 곡선의 드래프트가 앞쪽으로 쏠려있으면 실제 돛 형상도 역시 그러한 경향을 갖는다. 또 앞날 곡선이 캠버에 미치는 영향은 대단히 크다. 예를 들면, 캠버가 10%인 돛의 앞날 곡선을 증가시켜 코드 길이를 2% 증가시키면 캠버는 13.5%가 된다. 돛대의 휨량(지브의 경우에는 처짐량)을 변화시켜도 캠버량은 마찬가지로 변화하지만, 이 경우에는 드래프트가 전후로 이동하게 된다. 이같이 앞날 곡선과 돛대 휨량의 적절한 맞춤은 대단히 중요하다. 또 뒷날 곡률(leech roach, 지브일 때는 leech hollow)의 설정은 섬세하여, 곡률이 크면(hollow가 작으면) 드래프트는 앞으로 가고, 캠버는 낮아지기 쉽다.

스피니커는 원칙적으로 몰드 커트에 의해 설계된다. 상반부를 구의 일부로, 하반부를 원통의 일부로 생각하면, 조각의 전개는 그림과 같다. 극히 얇은 비대칭 스피니커는 클로즈 커트로 설계되기도 한다.

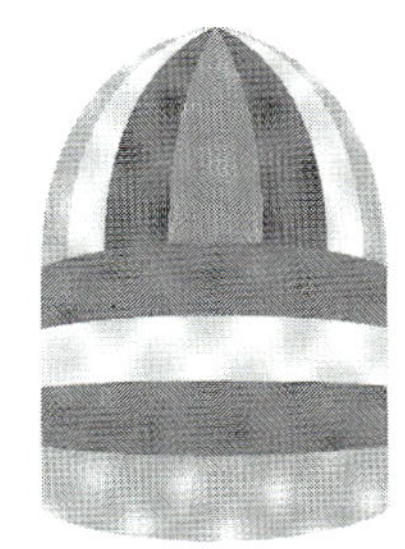

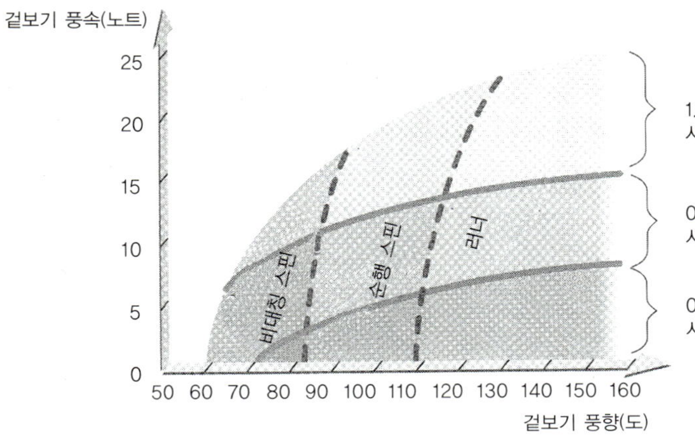

겉보기 풍향과 풍속의 관계를 이용하여 스피니커(스핀) 형상과 사용 범포를 계획한다. 이 도표를 이용하면 현장 상황에서 사용해야 할 최적 스핀을 일목요연하게 선택할 수 있다.

science of yacht

의장

Chapter·7 Fitting

요트는 바람의 힘을 추진력으로 삼고 있다. 바람의 힘을 추진력으로 변환하는 일이 돛의 역할이고, 돛을 주 기관과 추진기라고 한다면 돛대(mast)와 아래활대(boom)는 그 힘을 선체에 전달하는 엔진 좌대(bed)라고 할 수 있는 중요한 부품이다.

돛이 바람을 많이 받으려면 돛대가 높을수록 좋고, 배의 복원성을 좋게 하려면 가능한 한 가벼워야 한다. 따라서 돛대, 아래활대, 줄채비(rigging)는 장력을 받는 철선(wire), 장대(rod), 조정줄(sheet) 등과 압축·굽힘을 담당하는 돛대, 아래활대, 스피니커 봉(spinnaker pole) 등의 원형재(spar)를 조합한 구조로 되어있다. 돛대 및 돛의 지지가 주목적이어서 일단 조절이 끝나면 거의 다시 바꾸지 않아도 되는 줄채비를 '지지용 줄채비(standing rigging)'라고 하며, 풍향에 따라 돛을 효율 좋은 각도와 형상으로 전개하기 위해 항시 조절해야 하는 줄채비를 '항해용 줄채비(running rigging)'라고 한다.

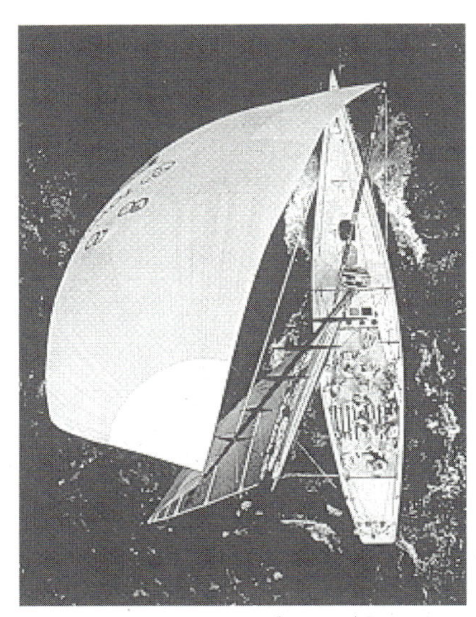

Photo By Kaoru Soehata / Photo Wave

지지용 줄채비는 보통 스테인리스제 철선이나 막대(rod, 내부가 차있는 환봉이지만 철선처럼 인발가공된 것으로서 100kg/mm² 이상의 강도를 갖는다)로 되어있다. 항해용 줄채비는 도르래(block), 윈치(권양기) 등을 사용하여 조절하기 때문에 밧줄이 필요하다. 밧줄의 재질은 테트론, 데이크론이 일반적으로 사용되었으나, 더욱 정확하게 조절하기 위해 케블라, 스펙트라 등 잘 늘어나지 않는 새로운 고성능 섬유가 사용되기 시작하였다.

원형재는 압축에 강하고 가벼워야 하기 때문에 알루미늄 합금이 사용된다. 돛대, 아래활대에는 돛을 장착하기 위한 홈(groove)이 있어야 하고, 압축과 굽힘에 견딜 수 있는 강도와 강성을 지녀야 하며, 풍압저항을 줄일 수 있는 단면 형상을 갖추어야 한다. 그래서 압출 형재이면서도 내식성과 강도를 겸비한 6061-T6 알루미늄 합금이 일반적으로 사용된다. 돛대에는 돛을 끌어올리기 위한 마룻줄(halyard)이나 스피니커 봉을 끌어올리기 위한 활대줄(lift) 등이 장착되어 있으며, 이것들은 돛대 하단부에서 윈치, 밧줄걸이(cleat) 등을 통해 조작된다.

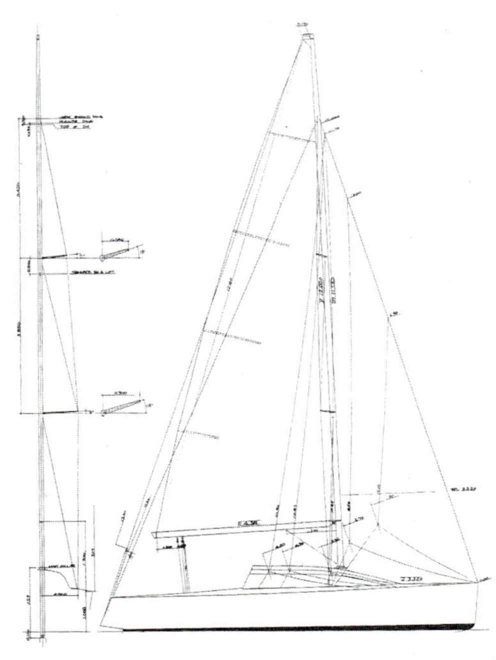

돛대, 아래활대, 줄채비

돛대줄과 당김줄

돛대를 지지하는 지지용 줄채비 중 돛대를 횡방향으로 지지하는 줄을 '돛대줄(shroud)'이라 한다. 돛대줄은 하단이 선체에 견고하게 고정된 사슬판(chain plate)에 죔쇠(turnbuckle, 길이 조절 나사)로 고정되어 있다. 돛대줄은 비스듬히 위로 돛대를 향하는 대각줄(diagonal)과 거의 수직으로 버팀재(spreader)의 끝단을 향하는 수직줄(vertical), 그리고 버팀재와 돛대에 의하여 트러스(truss) 구조를 이루고 있다. 앞당김줄에는 지브 돛의 앞날이 붙어있어 앞당김줄의 장력을 조절함으로써 지브 돛의 단면 형상을 조절한다. 앞당김줄의 장력은 보통 앞당김줄과 마주 보고 있는 뒷당김줄로 조절한다.

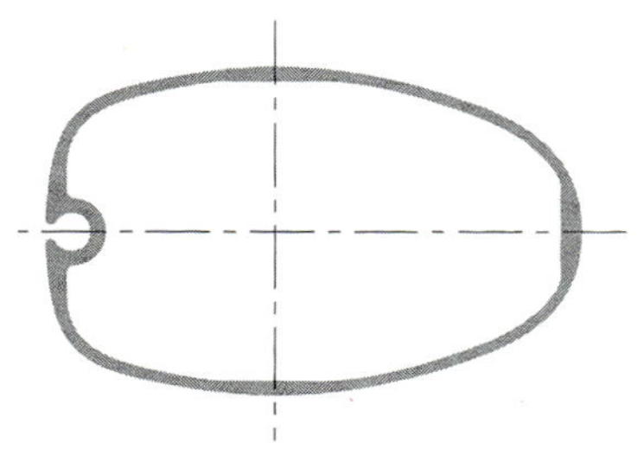

돛대의 단면 형상

돛대에는 주 돛을 장착하기 위한 홈이 있다. 주 돛에 유입되는 공기 유동을 원활하게 하기 위해서 둥근 모양이지만, 강도상으로는 사각형에 가까운 단면이 유리하다. 이 서로 상반된 요구를 만족시키기 위해 중심에서 가장 먼 위치의 재료 두께를 두껍게 해준다. 알루미늄 합금의 압출 형재를 사용한 돛대에서는 길이 방향으로 일정 단면으로 가다가 돛대 상단 부근에서 가늘어지는 경우가 많다.

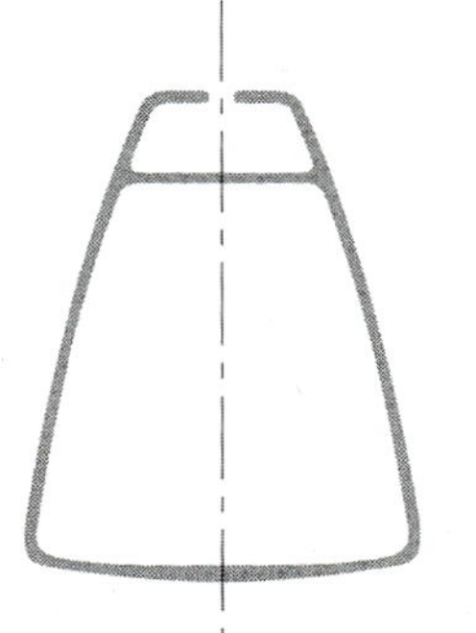

아래활대의 단면 형상

아래활대에도 돛대처럼 주 돛의 하단을 장착하기 위한 홈이 있다. 아래활대 주위에서는 바람이 거의 축 방향에 평행하게 흐르기 때문에 단면을 유선형으로 할 필요는 없고, 보통 사각형에 가까운 단면으로 한다. 그러나 주 돛의 효율을 조금이라도 향상시키기 위해 삼각형 단면을 택하는 경우도 있다.

지브 날개와 지브 감개

지브 돛은 '돛고리(hank)'라고 부르는 고정 금속구를 돛의 앞날에 일정 간격으로 부착하여 장착해왔으나, 최근에는 주 돛처럼 홈이 파인 플라스틱 또는 금속제 지브 날개(jib foil)를 앞당김줄에 설치하고 여기에 지브를 장착한다. 이 지브 날개의 하단에 날개를 강제적으로 회전시키는 장치를 붙여, 돛을 날개에 감아 돛 줄이기(reef)를 할 수 있게 하는 장치를 '지브 감개(jib furler)'라고 한다. 지브를 교환하지 않고 적당한 크기로 조절하거나 완전히 감아들여 수납할 수도 있으므로 적은 인원으로도 범주가 가능하게 된다.

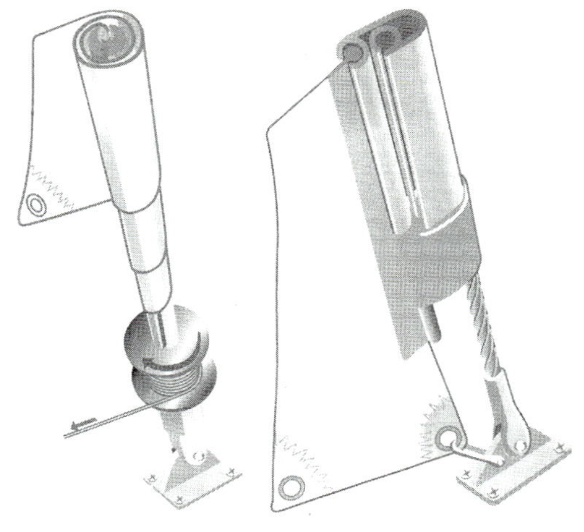

지브 감개　　　　　지브 날개

1.1 아래활대

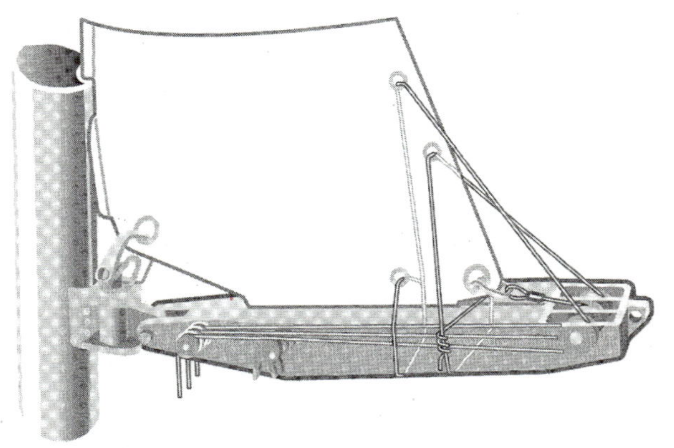

아래활대는 주 돛의 하변을 지지해주는 원형재이다. 주 돛은 아래활대 상변에 파여있는 홈을 통해 연결된 조임줄(bolt rope)로 아래활대에 장착된다. 아래활대는 뒷날 부근의 주 조정줄과 돛대로부터 가까운 곳에 돛대의 갑판 바로 위 위치를 향하여 붙어있는 아래활대 당김줄(vang)에 의하여 조절된다. 주 돛의 형상을 바람에 알맞게 조절하기 위해 주 돛의 하단 뒷모서리를 잡아당길 수 있는 클루 당김장치(clew out haul)나, 바람이 강할 때 돛을 줄이기 위한 장치가 돛 뒷날에 붙어있다. 돛 줄이기는 주 돛을 일정한 높이까지 내린 후 돛 줄임줄(reef rope)을 당겨 돛의 아랫부분을 조여서 정돈하는 순서로 진행된다. 아래활대는 주로 좌우로 회전하지만 상하 방향으로도 약간 회전해야 하므로, 돛대와의 연결부는 '구즈 넥(goose neck)'이라는 일종의 유니버설 조인트로 접속되어 있다.

1.2 스피니커 봉

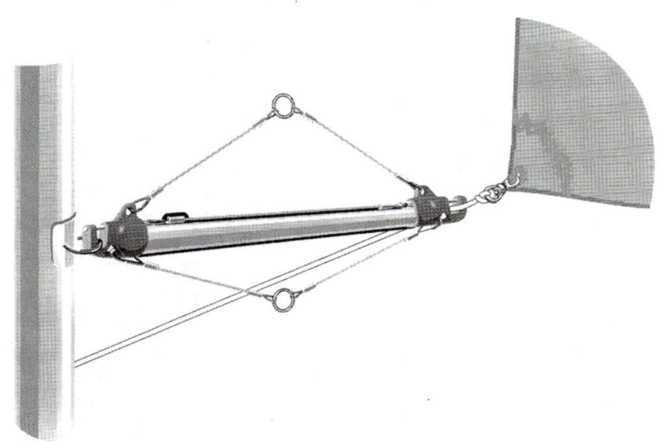

스피니커 봉은 알루미늄 또는 탄소섬유로 된 원형 단면의 파이프이며, 양단에 간단히 탈착할 수 있는 금속구가 달려있다. 전장 10m 정도까지의 요트에서는 돛돌리기를 할 때(스피니커에 바람을 받는 현을 바꾸어 줄 때) 돛대 쪽 끝단과 돛 쪽 끝단을 바꾸어주어야 하기 때문에 봉 양단에 동일한 금속구가 붙어있다. 대형 요트인 경우에는 돛대 측과 돛 측 각각에 전용 금속구가 붙어있다. 이때 돛대 측에는 금속제 고리가 장착되는데, 장착 높이를 조절하기 위해서 고리가 궤도를 따라 움직일 수 있도록 한 경우도 많다. 여기에는 스피니커 봉을 상하로 조절하기 위한 계류삭(bridle)이나 앞날의 금속구를 열기 위한 개폐줄(trip line)이 붙어있다.

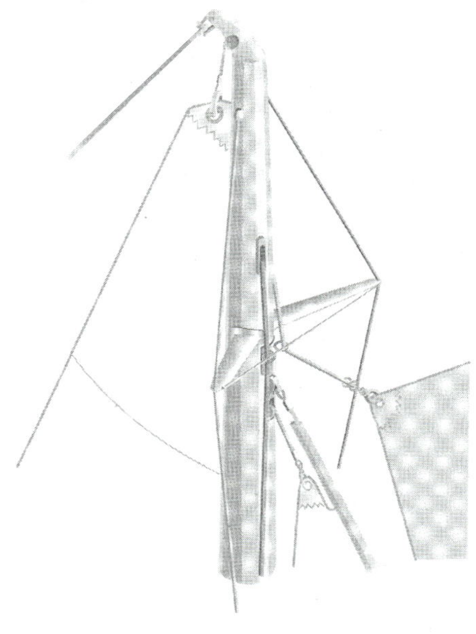

마룻줄, 활대줄

돛을 당겨 올리는 밧줄을 '마룻줄(halyard)'이라고 한다. 보통 지브 돛과 스피니커에는 두 줄, 주 돛에는 한 줄이 부착되어 있다. 또한 아래활대와 스피니커 봉을 위에서 지지하고 있는 밧줄을 '활대줄'이라고 한다.

이 밧줄들은 각각의 위치에서 홈 활차(sheave)를 통해 돛대 안으로 들어가 갑판상 1~3m 되는 곳에서 다시 돛대 밖으로 나온 뒤, 돛대 부근 갑판상에 부착된 도르래를 거쳐 윈치에 연결된다. 윈치는 여러 가지 용도로 사용되기 때문에 윈치 직전에는 고정구(stopper)가 설치되어 있다.

마룻줄은 가능한 한 가볍고 잘 늘어나지 않는 것이 좋다. 일반적으로 폴리에스테르 밧줄이 사용되지만, 이중구조로 안에는 잘 늘어나지 않는 케블라나 스펙트라를 사용한 것도 있다. 경기용 요트의 경우, 활차와 윈치에 닿는 부분 이외의 곳에서는 마룻줄의 외피를 없애고 심만으로 된 밧줄을 사용하고 있다.

자동걸쇠

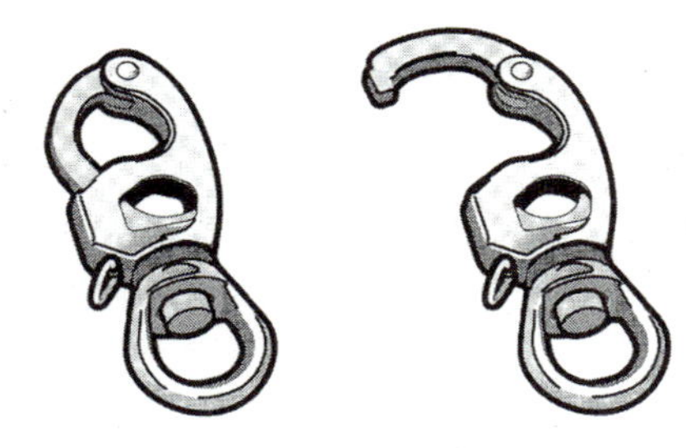

돛 탈착을 신속하고 정확하게 하기 위하여 마룻줄이나 조정줄의 끝에는 간단한 조작으로 탈착할 수 있는 자동걸쇠(snap shackle)가 붙어있는 경우가 많다. 이것을 개량하여 가볍고 조작이 간편하며, 또한 돛의 펄럭임으로 인해 활차에서 뜻하지 않게 벗겨지지 않도록 하기 위한 노력이 아직도 계속되고 있다. 현재는 그림과 같은 모양이 일반적으로 사용되고 있다. 보통 스테인리스제이지만 플라스틱, 알루미늄, 티타늄 등도 등장하고 있다.

형철가공과 머리치기

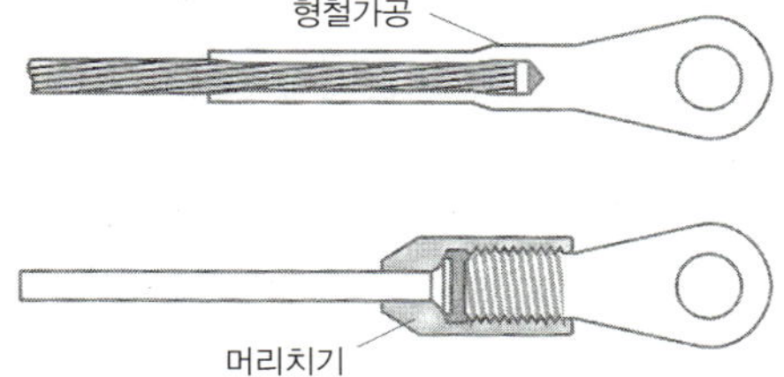

돛 고정줄의 양끝에는 철선인 경우에는 형철가공(swaging)으로, 또 막대(rod)의 경우에는 머리치기(heading)에 의해 고정된다. 형철가공은 파이프 모양의 단자(terminal)에 철선을 밀어 넣은 후 파이프를 압축하여 철선에 밀착 고정시키는 방법이며, 머리치기는 막대를 단자에 밀어 넣은 후 막대의 끝을 압축기로 압착하여 지름을 늘려 고정하는 방법이다.

2.1 돛의 조절

요트의 돛 조절은 원칙적으로 인력만으로 하는 것이다. 그러나 근래에 요트가 대형화됨에 따라 전동 또는 전동유압식 윈치를 사용하는 경우가 많아졌다. 그러나 요트 경기에서는 일체의 동력 및 축적된 에너지의 사용이 금지되어 있으므로 모든 돛 조작을 인력만으로 수행하여야 한다.

돛 조절은 조정줄, 마룻줄, 아래활대 당김줄 등을 사용하여 행한다. 인력만으로 조절하기 위해 태클(tackle, 도르래의 조합), 윈치(톱니바퀴의 조합), 유압 등의 배력장치가 용도에 따라 사용된다. 밧줄을 계속적으로 조절하려면 밧줄 끝을 항상 잡고 있어야 하지만, 대개는 조절이 끝난 후 밧줄을 고정시킨다. 밧줄 고정에는 밧줄걸이가 사용되는데, 조작을 신속하게 하기 위해 여러 가지 형태의 밧줄걸이가 고안되어 있다.

2.2 주 돛의 조절

주 돛은 풍상을 향할 경우에는 거의 선체 중심선까지 끌어들이고, 반대로 풍하로 향할 경우에는 중심선과 직각을 이룰 정도로 밀어내게 된다. 실제 경기에서 표지(mark)를 되돌아올 때에는 이러한 대폭적인 돛 조절을 신속히 수행하여야 한다. 요트가 풍상을 향할 경우 주 돛은 지브와 함께 최대의 양항비를 발휘하는 날개 형상이 되어야 하므로, 돛 형상을 조절하는 것이 받음각의 조절만큼 중요하게 된다. 돛 형상의 조절은 주 조정줄, 돛 당김줄(out haul), 커닝험(cunningham), 주 돛의 휨(당김줄을 조정하여 주 돛의 곡률을 알맞게 조절한다) 등에 의해 조절하고, 받음각은 주 조정줄 이송장치(main sheet traveller)의 위치로 조절한다. 풍하로 향할 경우 주 조정줄은 받음각을 조절하는 작용은 하지만, 아래활대가 튀어오르는 것을 방지하는 작용은 없다. 아래활대가 튀어오르는 것을 방지하고 돛 형상을 유지하기 위해 아래활대 당김줄이 사용된다. 40피트급 요트까지는 이러한 조절이 태클을 통해 이루어진다.

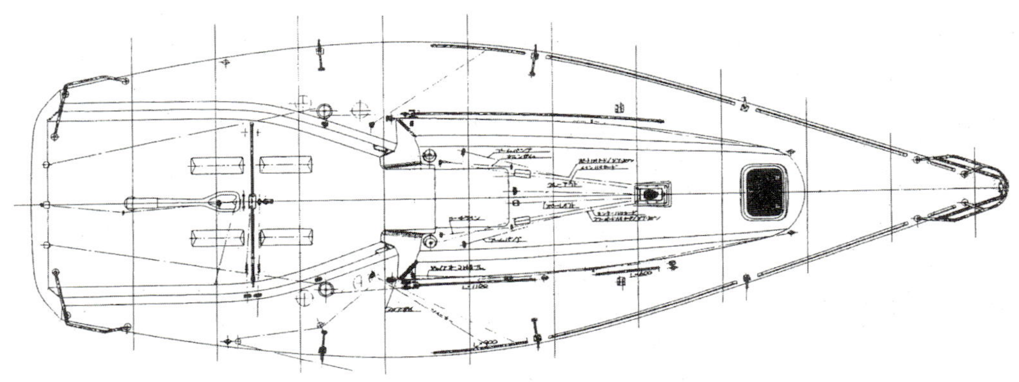

태클

태클은 움직도르래를 사용한 배력장치이다. 도르래 수의 증감에 따라 힘의 배율이 증감되지만, 같은 일을 하는 데 드는 줄의 길이도 배율에 비례하여 증감한다. 주 조정줄의 조작이 실제로 필요한 경우는 돛이 선체 중심으로 끌어당겨졌을 때일 뿐이므로, 줄의 한쪽 끝에 다른 태클을 연결시켜 두 종류의 태클을 조합해 사용하는 경우가 많다. 근래에는 볼 베어링을 사용한 도르래가 많아짐에 따라 배율로 인한 마찰 손실이 대폭 감소되어 태클의 조합을 자유롭게 할 수 있게 되었다.

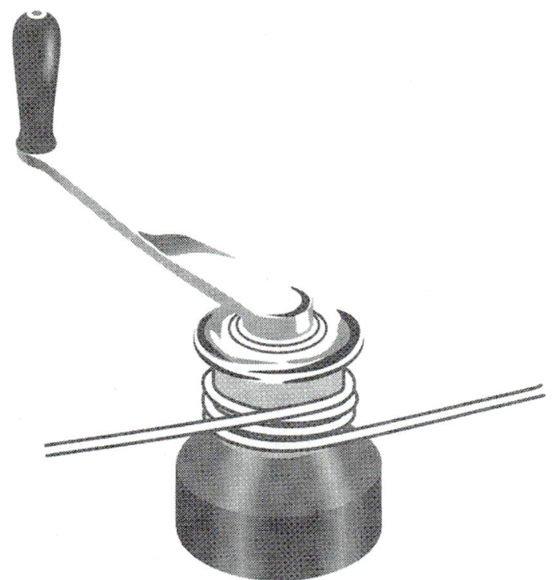

윈치(권양기)

윈치는 핸들을 인력으로 회전시켜 얻은 회전력을 톱니바퀴를 조합하여 배력하는 장치로, 요트의 각종 밧줄 작업에 널리 사용된다. 아주 작은 것은 톱니바퀴를 사용하지 않고 핸들의 회전 반경과 밧줄을 감는 드럼 반경의 비에 따른 지렛대 원리로 배력을 얻는다. 큰 것은 톱니바퀴의 조합을 변화시킴으로써 둘 내지 네 종류의 배율을 바꾸어가며 사용할 수 있으며, 최근에는 80배라는 높은 배율을 내는 것도 나오고 있다. 한편 윈치 드럼(winch drum)은 한쪽 방향으로만 회전하게 되어 있으므로, 밧줄을 풀어낼 때는 줄이 드럼 표면을 미끄러져 나가게 된다. 따라서 드럼의 표면은 밧줄을 잡아줄 정도의 마찰력이 있어야 함과 동시에, 밧줄이 풀려나갈 때 밧줄에 손상을 주지 않을 정도로 매끈한 표면 처리가 되어있어야 한다. 보통 2단 변속 윈치(2 speed winch)는 핸들 조작으로 배율을 선택하고, 3단 변속 이상인 경우에는 윈치에 설치된 스위치로 변속할 수 있게 되어있다.

2.3 지브 돛의 조절

지브 돛은 보통 풍상으로 향할 때 사용되고, 풍하로 향할 때는 스피니커로 교체된다. 또한 면적과 강도가 각기 다른 여러 지브 돛을 비치하여 바람의 세기에 따라 바꾸어가며 사용한다. 바람을 받는 방향을 변경하려면(tacking), 풍하 조정줄을 늦추고 풍상 조정줄을 조여 다시 조절해야 한다는 점이 주 돛과 다르다. 돛의 받음각 조절은 지브 조정줄을 당겼다 늦췄다 하면서 조절하고, 돛의 형상은 지브 조정줄 트랙상에 이동할 수 있도록 부착된 '지브 조정줄 리더(leader)'의 위치에 의해 조절된다. 택바꿈할 때 신속하게 조작하기 위해 조정줄에는 태클을 쓰지 않고 밧줄마다 윈치를 사용하여 조절한다. 주 돛도 마찬가지지만, 범포는 바람의 세기에 따라 늘어나거나 줄어들므로 최적 형상과 받음각을 유지하기 위해 항시 조절해줄 필요가 있다.

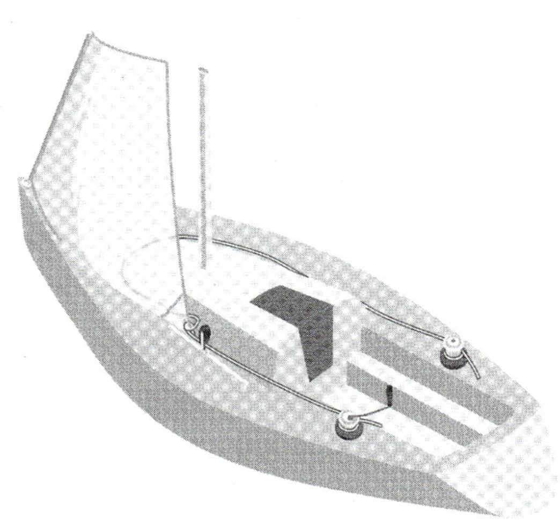

2.4 스피니커의 조절

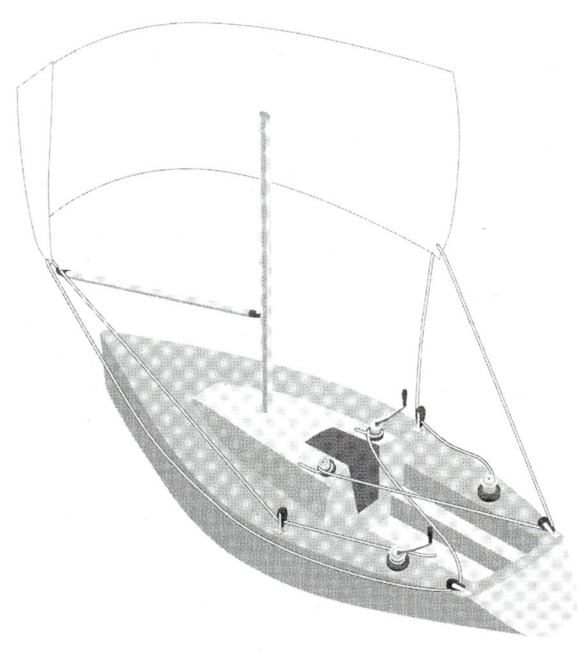

스피니커는 세 점으로 지지된다. 스피니커는 자신이 받는 바람의 힘으로 둥글게 전개되므로, 바람의 변화나 배의 동요 때문에 모양이 흐트러지지 않도록 항상 조절해주어야 한다. 또한 지브 돛이나 주 돛과는 달리 태클을 부착할 수 있는 스피니커 봉도 조절할 수 있으므로, 스피니커 봉을 조절하는 봉 활대줄(pole lift), 앞버팀줄(fore guy), 뒷버팀줄(after guy)과 함께 조화시키면서 조정줄을 조절한다. 스피니커 봉은 선체와의 각도를 바람 받는 면적이 최대가 되도록 조절하고, 봉 끝의 높이는 스피니커의 형상이 최적이 되도록 조절한다.

유압

유압장치는 자동차 잭(jack)과 같이 펌프 핸들을 조작하여 실린더에 기름을 보내 피스톤을 작동시키는 것이다. 이것은 큰 배력이 필요하면서도 조절량이 적은 경우에 유효한 것으로, 전 범장(mast head rig)의 뒷당김줄이나 대형 요트의 아래활대 당김줄 등에 사용된다. 펌프는 조타실에서 조작하기 쉬운 위치에 설치하고, 호스나 파이프를 이용해 실린더와 연결한다.

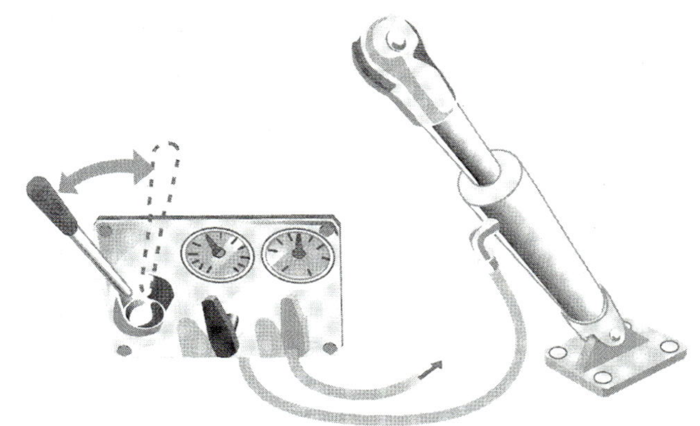

조정줄 고정구

조정줄 고정구(sheet stopper)는 손잡이 조작만으로 간단히 줄을 고정할 수 있는 장치이며, 다수의 마룻줄을 소수의 윈치로 조절하기 위해 사용한다. 윈치는 밧줄을 드럼에 4~5회 감아야만 고정되는 데 비해, 조정줄 고정구는 5~10cm 정도의 짧은 밧줄과의 마찰력만으로도 밧줄을 지지하므로 하중이 클 경우에는 밧줄이 손상되기 쉽다.

캠 밧줄걸이

캠 밧줄걸이(cam cleat)는 조정줄 고정구와 같은 원리지만, 손잡이가 없고 인력으로 조작하는 하중이 낮은 밧줄이나 태클의 말단 로프를 고정시키는 데 사용되는 고정구이다.

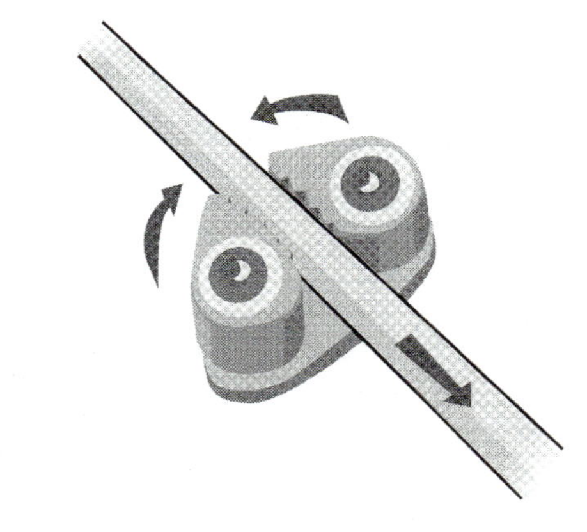

파이프 밧줄걸이, 대합 밧줄걸이

파이프 밧줄걸이(pipe cleat)는 파이프의 일부를 V자형으로 잘라내고 여기에 밧줄을 끼워 고정시키는 고정구로, 구조는 간단하나 줄과 접촉하는 면적이 극히 작아 밧줄이 손상되기 쉽다는 결점이 있다. 그래서 현재는 거의 사용하지 않는다. 이 원리를 그대로 이용하되 V형 홈을 복수 단으로 하여 접촉 면적을 증가시킨 것이 대합 밧줄걸이(clam cleat)이다. 이것은 구조가 간단하여 밧줄에 적당한 장력이 작용하고 있을 때는 편리하지만, 장력이 너무 강하면 로프를 빼기 어렵고 장력이 너무 약하면 뜻하지 않게 로프가 빠지는 결점이 있다.

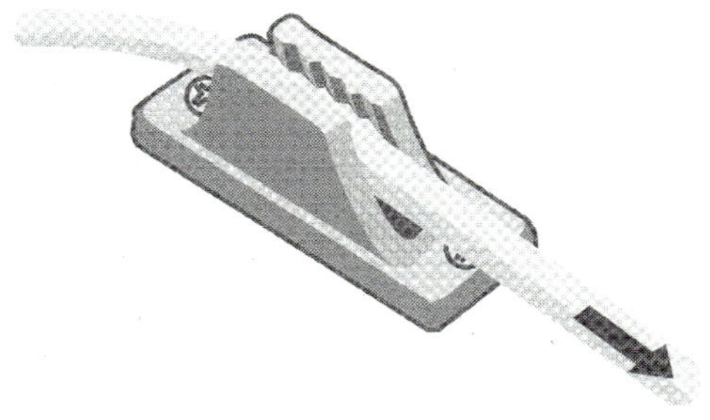

조타장치는 돛 조절장치와 마찬가지로 인력만으로 조작하여야 하며, 경기에서는 보통 동력이나 자동 조타장치의 사용이 금지되어 있다. 요트의 조타장치는 단순히 진로를 일정하게 유지할 뿐만 아니라, 좀 더 적극적으로 요트를 바람과 파도에 맞추어 조종하는 역할까지도 수행한다. 또한 타에 걸리는 하중을 감지하여 요트 상태를 파악할 수 있어야 하므로 타를 민감하게 조작할 수 있어야 한다. 조타는 40피트 정도

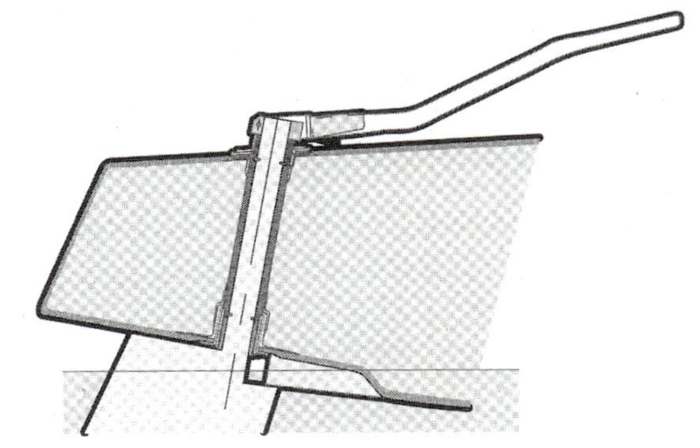

의 요트까지는 타자루(tiller)로 조작하는 것이 보통이나, 대형이나 순항 요트에서는 배력장치와 조합된 타륜(steering wheel)이 많이 사용된다. 자리를 많이 차지하지 않는다는 이점 때문이다.

타자루는 타 축의 상단에 전방을 향하여 부착된 막대로, 타각을 직접 조절한다. 타자루의 접촉부는 보통 상하 방향으로도 위치를 조절할 수 있어, 범주 상태에 따라 또는 입출항시의 조건에 따라 여러 가지 자세로 사용할 수 있다. 키 손잡이의 길이는 소형 요트에 사용되는 80cm 정도의 짧은 것부터 40피트 요트의

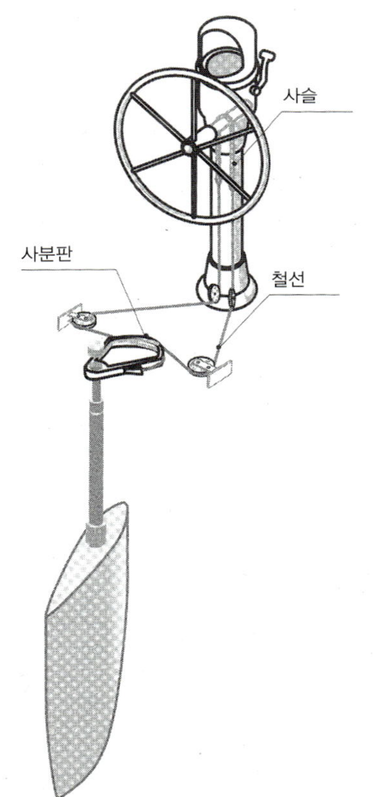

1.5m에 이르는 것까지 다양한 길이가 있다. 보통 각 현 방향으로 45° 까지 틀 수 있어야 하므로 그 범위 내에 좌석 등의 장애물이 없어야 한다. 그리고 타자루는 가고자 하는 방향과 반대로 조작해야 하므로 초심자는 적응 훈련이 필요하다.

타륜은 자전거의 뒷바퀴와 같이 축에 설치된 사슬 톱니바퀴(sprocket)와 사슬(chain), 그리고 사슬 양단과 사분판(quadrant)에 연결된 철선을 통하여 타를 조타하게 된다. 사분판은 90° 내지 120° 의 부분 원으로 이루어지며, 중심이 타 축에 고정되어 있다. 사분판에는 각각의 철선을 위한 두 줄의 홈이 파여있고, 철선 끝에는 고정하기 위한 금속구가 설치되어 있다. 경기용 요트에서는 가능한 한 민감한 조작 감각을 유지하기 위해 큰 타륜을 사용하여 회전 배율을 낮게 유지하지만, 순항 요트에서는 공간 절약을 위하여 타륜을 소형으로 함으로써 회전 배율을 크게 한다. 특히 대형 요트에서는 선체의 폭이 넓기 때문에, 선체가 경사했을 때에도 상대 요트의 동향이나 파도의 상태 등 주위 상황이 잘 보이는 위치에서 요트 조종이 가능하도록 좌우 양현에 각각 타륜을 배치한 경우도 많다.

타자루 연장부

주위의 상황이나 지브 돛의 앞날에 달린 표시계(telltail)가 잘 보이고 또한 조타수의 체중도 복원성(stability)에 기여하게 하려면, 요트가 풍상으로 향할 때에는 가능한 한 풍상에서 조타할 수 있어야 한다. 또 풍상으로 향할 경우 타자루는 선체 중앙선 부근에 위치하게 되어 별로 크게 조작할 필요가 없다. 그러므로 타자루 끝에 유니버설 조인트로 연결된 타자루 연장부(tiller extension)를 부착하면 편리하다. 조타수의 타자루 조작 위치는 바람의 강도에 따라 미묘하게 변화하므로, 최적 위치를 선택할 수 있게 하기 위해 연장부의 길이를 원터치로 조절할 수 있도록 한 것이 많다.

Photo By Kaoru Soehata / Photo Wave

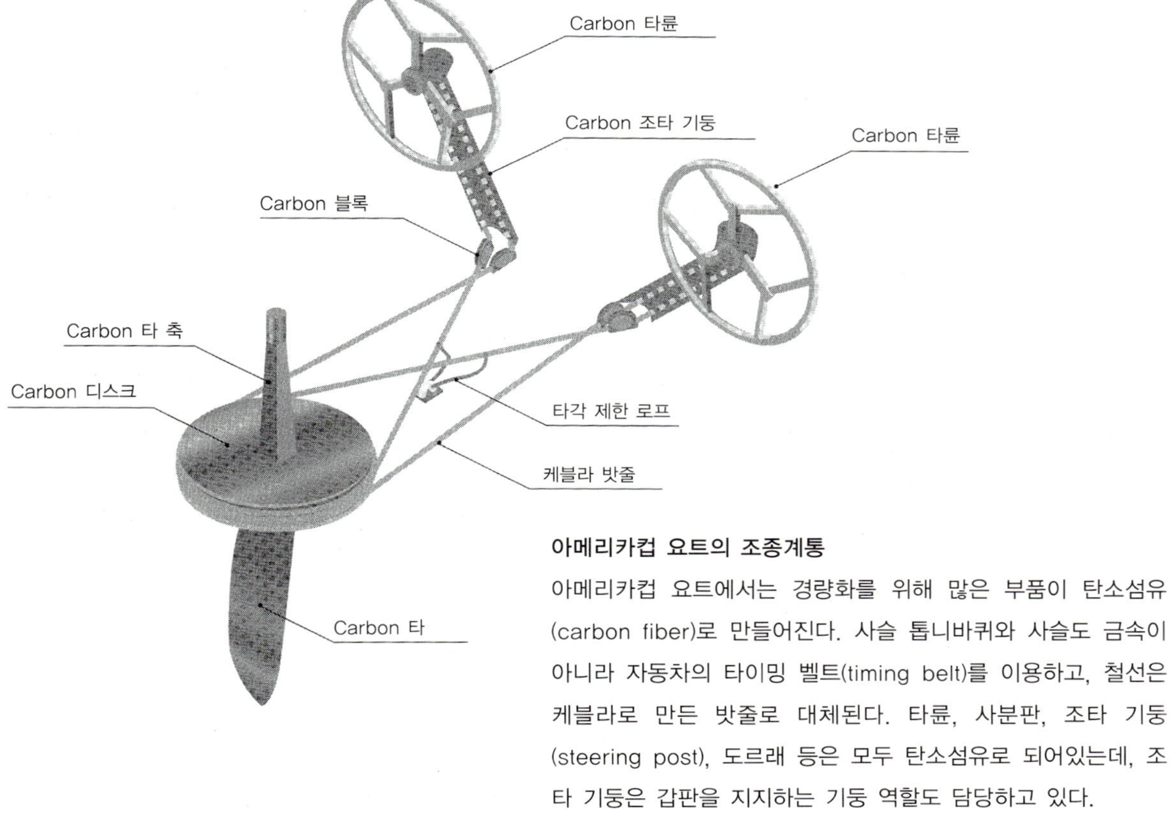

아메리카컵 요트의 조종계통

아메리카컵 요트에서는 경량화를 위해 많은 부품이 탄소섬유(carbon fiber)로 만들어진다. 사슬 톱니바퀴와 사슬도 금속이 아니라 자동차의 타이밍 벨트(timing belt)를 이용하고, 철선은 케블라로 만든 밧줄로 대체된다. 타륜, 사분판, 조타 기둥(steering post), 도르래 등은 모두 탄소섬유로 되어있는데, 조타 기둥은 갑판을 지지하는 기둥 역할도 담당하고 있다.

3.1 자동 조타장치

요트는 연료를 사용하지 않고 자연적인 바람을 이용해 원거리를 항해할 수 있는데, 적은 인원으로도 항해할 수 있게 하기 위하여 오래 전부터 자동 조타장치(auto pilot)가 연구돼왔다. 요트는 약간 풍상을 향하려는 성질(weather helm)이 있으므로 돛을 잘 조절하면 타를 고정하고도 일정한 방향으로 달릴 수 있지만, 순풍일 때는 이 방법으로 침로를 유지하기 어렵다.

근래에 들어 자동 조타장치가 발달하기까지는 풍력을 이용한 풍향날개(wind vane)가 자동 조종장치로 이용되었다. 이것은 요트가 바람을 받는 방향에 풍향날개를 고정시키고, 겉보기 바람이 변했을 때 그 풍향 차이를 감지하여 원래의 겉보기 바람에 알맞게 자동으로 요트의 침로를 변경하는 장치이다. 근래에는 전자기술의 발달에 따라 전자식 자동장치도 널리 보급되고 있다. 특히 대형 다동선(multihull)에 의한 단독 대양 횡단 경기 등에서는 전복 위험을 무릅쓰고 20노트 이상의 고속으로 범주하게 되는데, 이 경우 자동 조타장치의 성능은 대단히 중요한 요소가 된다. 최근의 자동 조타장치는 단순히 침로를 일정하게 유지하는 것뿐만 아니라 택바꾸기(tacking), 돛돌리기(gybing)를 정확하게 하고, GPS 등의 위치 측정 장치와 조합하여 미리 설정된 항로에 따라 항진하게 하는 것, 또는 풍향날개와 조합하여 풍향계와 같이 겉보기 바람과의 방향을 일정하게 유지해주는 것 등도 있다. 자동 조타장치는 전원이 필요하기 때문에 엔진을 정기적으로 구동하든가 태양전지, 풍력 발전 등에 의해 충전할 필요가 있다. 한편 풍향날개는 풍향을 기준으로 하고 있으므로 풍향이 바뀌면 침로를 벗어난다는 결점이 있다. 그러므로 침로를 크게 벗어났을 때 이를 감지하여 경종을 울려주는 장치도 개발되어 있다.

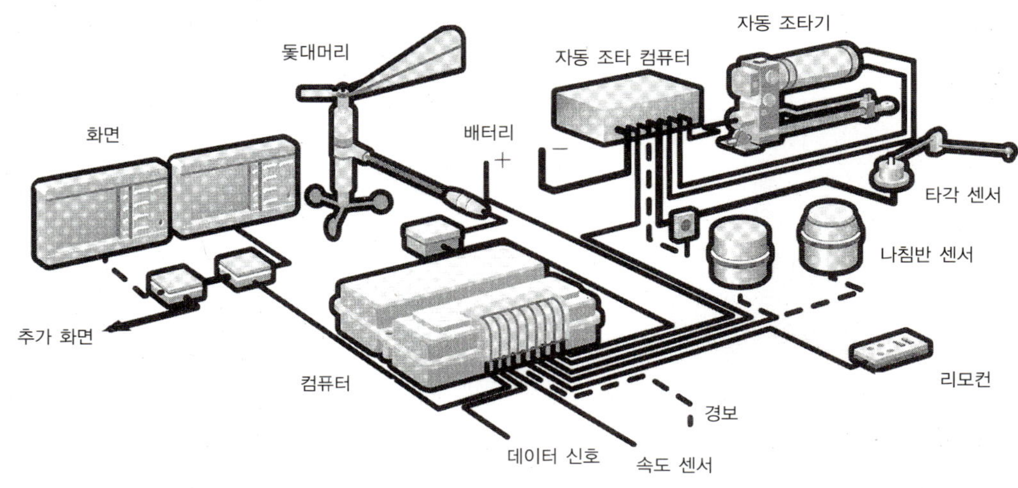

자동 조타장치와 항해계기를 조합한 구성도

풍향날개

풍향날개는 겉보기 풍향의 변화를 감지하여 타자루를 조작하는 장치인데, 바람의 힘만으로는 충분한 조타력을 얻을 수 없으므로 여러 가지 방법이 고안되고 있다. 조타력을 높이는 배력장치로는 배가 항진할 때 나타나는 배와 물과의 상대속도를 이용하여 유체력을 발생시키는 계기로 풍력을 사용하는 방법이 있다. 이 방식 중에서 가장 간단한 것은 타의 뒷날 일부를 분리하여 경첩(hinge)으로 연결된 가동식 조절탭(trim tab)으로 만들어, 이 부분만을 풍력으로 조작하는 방식이다. 타 축은 타 모멘트가 균형을 이루는 위치에 부착되어 있으므로, 조절탭에 의해 타의 뒷부분에서 발생된 작은 회전 모멘트만으로도 타를 조종할 수 있다. 타각이 변하면 배에 큰 선수돌림 모멘트가 발생하여 진로를 수정할 수 있다. 이것은 비행기의 수직, 수평 자세의 수정에 사용되는 조절탭의 원리와 동일하다.

진자 서보(pendulum servo) 방식은 물의 유체력을 이용한다는 점에서는 조절탭 방식과 같지만, 조타력을 직접 타판(rudder plate)에 전달하지 않고 밧줄을 통하여 타자루에 전달한다.

풍향날개에도 수직축의 풍향 계측 방식만이 아니라 수평축 방식을 사용하여 바람의 변화를 더욱 민감하게 잡아내게 한 것도 있다. 이 방식에서는 풍향날개나 서보날개(servo vane) 모두 가로세로비가 대단히 높기 때문에 그 자체만으로도 효율이 우수한 날개라고 할 수 있다. 이 수평축 방식의 기계 구조는 다음과 같다.

우선 겉보기 바람의 변화는 풍향날개에 받음각을 발생시키므로, 이때 발생하는 양력에 의해 풍향날개가 한쪽으로 밀리게 된다. 이때 이 변위는 연결줄과 톱니바퀴를 통해 서보날개에 전달되어 물에 대한 받음각을 변화시키므로, 서보날개는 받음각과 요트의 속력에 상응하는 양력을 얻게 된다. 또한 서보날개는 전후 방향의 수평축을 중심으로 회전하도록 되어있으므로, 수압의 중심위치에서 이 회전축까지의 거리와 물에 의한 양력에 의해 조타 모멘트가 발생한다.

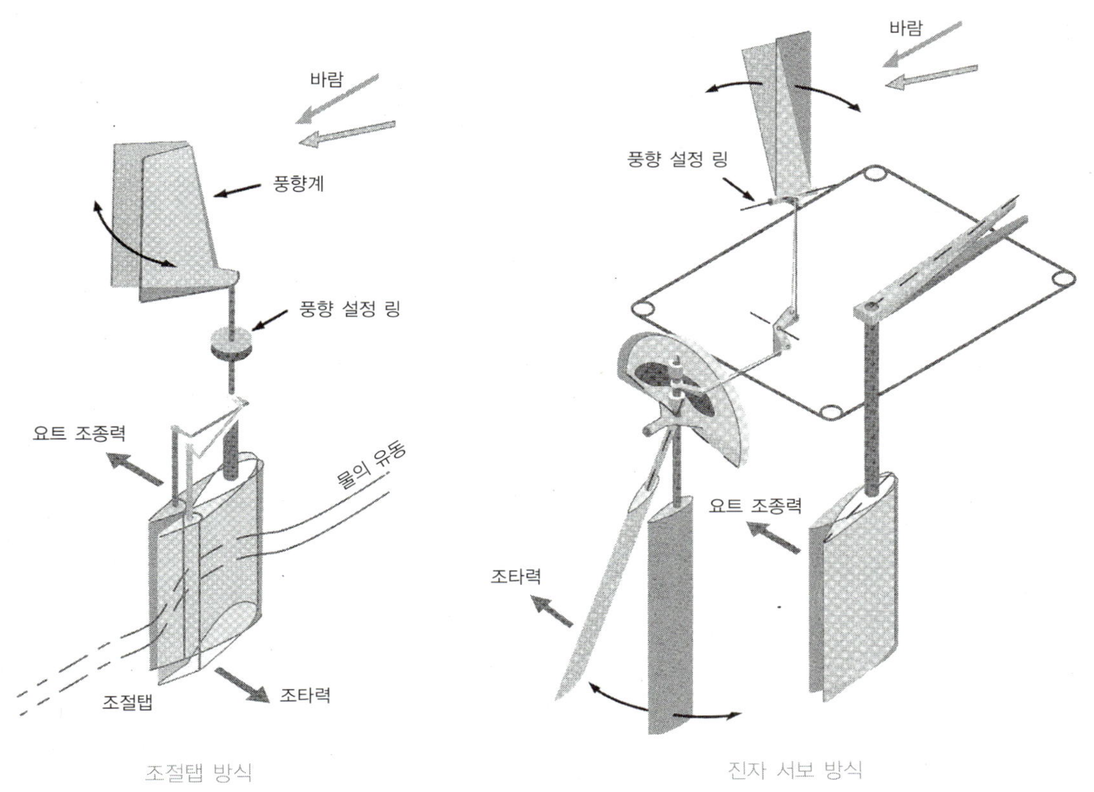

조절탭 방식　　　　　　　진자 서보 방식

4.1 나침반

항해장치 중 가장 중요한 것은 나침반(compass)이다. 나침반은 항해의 기본일 뿐 아니라 범주시 바람의 미세한 변화를 감지하기 위해서도 중요하다. 따라서 배를 조종할 때 항상 점검해야 하는 계기이므로, 배를 조종하는 위치에서 잘 보이고 또한 돛을 조절하는 선원에 의해 차단되지 않는 위치에 설치된다. 요트는 큰 각도로 횡경사한 상태로 범주하게 되므로 요트용 나침반에는 360° 수평 유지 장치(gimbals)가 설치되어 있어 나침반의 반면(compass rose)이 항상 수평을 유지하도록 되어있다. 최근엔 이 기능을 이용한 경사계와 야간 항해를 위한 조명장치가 함께 내장된 것도 많다. 나침반에는 철 밸러스트(iron ballast)나 보조 엔진(auxiliary engine) 등에 의하여 오차(자차)가 생긴다. 일반 선박에서는 나침반 주위에 보조 철구 또는 자석을 배치하여 자차를 수정하지만, 요트의 경우에는 좌우로 횡경사하여 범주하므로 보정이 잘 안 되는 경우가 많다.

최근에는 다른 계기와 연동시키기 위해 자력선을 전기 신호로 변환하여 계기에 표시한 나침반(flux gate compass)도 많이 사용되고 있는데, 이 경우 계기를 가능한 한 자차가 나지 않는 위치에 배치할 수 있다. 방위 신호는 참바람의 방향 계산, 바람의 미세 변화의 기록 등에 사용되며, 또 나침반은 지상에 있는 목표물의 방위를 계측하여 자기 위치를 찾아내는 지문항법에도 사용된다.

4.2 속도계(speed), 거리계(log)

배의 속도는 보통 대수(對水) 속도를 나타내며, 선저의 유속을 수차의 회전수로 계측한다. 수차의 회전은 전기 파동(pulse)으로 변환되어 전기 회로에 의해 선속 및 거리로 환산된다. 수차는 선저에서 10mm 정도밖에 돌출되어 있지 않기 때문에 선저와의 마찰로 유속이 느려진 선저 경계층 내에 들어있을 수 있으며, 또 선형으로 인한 유동 방향 및 속도의 변화도 있을 수 있으므로 실제로 알고 있는 표주(mile post) 사이를 주행하여 오차를 수정하여야 한다. 수차를 사용하지 않고 자력선이나 음파를 수중에 발사하여 속도를 계측하는 방식도 있다.

나침반

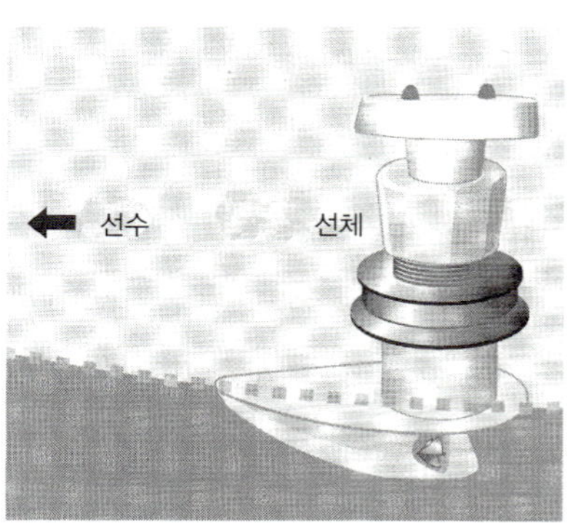

속도 센서

풍향계, 풍속계

풍속, 풍향은 일반 선박에서는 참고자료 정도에 불과하지만 요트에서는 대단히 중요한 정보이다. 주 돛 머리(mast head)에 풍속을 감지하는 풍차와 풍향을 감지하는 풍향계가 조합된 계기가 달려있다. 일반적으로 이 계기들은 정확도가 요구되는 풍상범주 때 돛의 영향을 받지 않게 하기 위해, 주 돛 앞쪽으로 돌출된 보(arm) 끝부분에 부착되어 있다. 계기로부터 얻은 정보는 전기 신호로 변환되어 주 돛 내에 배선된 신호선을 통해 전달된다.

경사계

경사된 상태에서 계측한 풍향, 풍속은 실제와 다르다. 예를 들면, 90° 경사되면 바람은 항상 바로 정면 또는 후면에서 불어오는 것같이 감지된다. 이런 이유 때문에 경사 각도를 전기 신호로 변환해주는 경사계가 사용되지만, 사람이 관측할 때에는 진자(pendulum)식이나 구(ball)식 경사계, 또는 나침반에 조합된 경사계를 사용한다.

GPS

GPS는 여러 개의 위성으로부터 동시에 전파를 수신하여 항상 매우 높은 정확도(수십 미터 이내)로 자기 위치를 초당 1회 정도로 출력한다. 이 정보는 항적으로 기록계에 표시하는 것도 가능하여 한눈에 자기 위치를 알 수 있을 뿐 아니라, 시간에 따른 변화율을 계산하여 대지(對地) 속도, 조류 등도 일목요연하게 알아낼 수 있다.

항법 컴퓨터

최근 많은 요트용 계기 시스템은 마이크로컴퓨터를 탑재하고 있으며, 중앙연산장치 주변에 앞서 설명한 각종 계기를 배치한 것도 많다. 또 표시장치도 계기에 직접 연결되지 않고, 컴퓨터에서 가공 처리된 각종 자료를 스위치 조작만으로 선택적으로 표시(multi function display)하게 되어있는 경우가 많다. 일종의 랜(LAN)이라고 할 수 있는 이 항법 컴퓨터는 RS292의 일종인 NMEA 신호를 출력하여 컴퓨터에 접속하는 것도 가능하다.

레이더

레이더(radar)는 소비전력이 크므로 대형 요트에서만 사용된다. 회전하는 안테나가 돛 등과 엉키지 않도록 돔 내에 격납된 형태로 사용하며, 밧줄이 접근할 가능성이 적은 선미에 레이더 돛대를 별도로 세우는 경우도 많다. 또한 범주 중에 안테나를 수평으로 유지하기 위해 수평 유지 기구(gimbals mechanism)를 채택하고 있다.

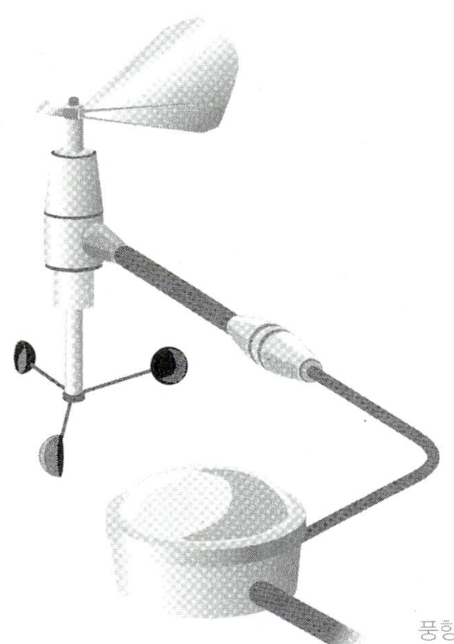

풍향 · 풍속계(mast head unit)

풍향계(지시기)

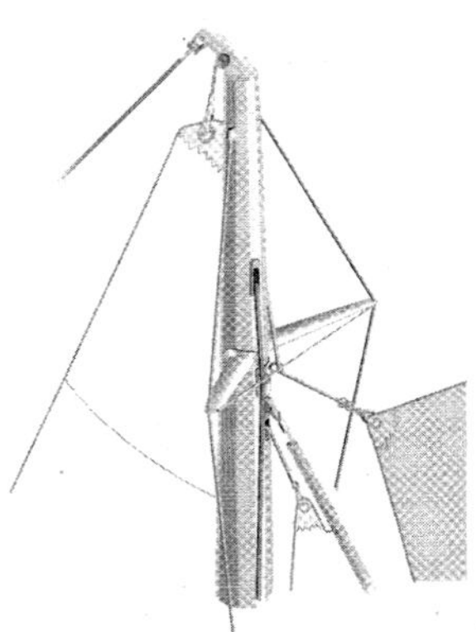

science of yacht

재료와 구조

Chapter·8 Structure

1. 선체

2. 부가물

3. 돛대, 줄채비, 아래활대

1.1 선체 구조에 사용되는 재료

선체 구조재로는 목재, 금속, 플라스틱 등이 각각의 특징을 살려서 사용되고 있다.

목재는 가장 오래 전부터 사용돼온 재료이다. 목재의 사용법은 고착 방법과 표면 보호 방법의 진보에 따라 진화해왔으며, 현재에도 우수한 공업재료 중의 하나로 꼽히고 있다. 목재는 미시적으로 보면 그 자체가 수지에 의해 연결된 강도 높은 섬유와 공동(cavity)으로 이루어진 샌드위치 구조라고 말할 수 있으며, 비중에 대한 강도와 강성이 높은 편이고 가공이 용이하다는 점도 하나의 특징이다. 또한 합판과 같은 적층재는 목재의 결점 중 하나인 방향에 따른 강도의 불균일성을 갖지 않는다. 일본산 목재로는 노송나무(편백), 느티나무 등이 있으며, 외국산으로는 티크(Teak), 삼목(Cedar), 나왕(Lawan) 등이 대표적인 것이다.

금속은 현재 가장 일반적인 공업재료이며, 규격에 따라 균질한 재료를 확보할 수 있다. 금속은 모든 방향으로 일정한 강도를 갖는다. 또한 금속은 용접으로 일체화된 구조물을 만들 수 있으므로 대형 구조물 제작이 용이하며, 연성이 풍부하여 좌초·충돌 등의 사고에서도 침수를 면할 가능성이 높아 안전성 면에서도 유리하다. 반면 비중이 높아서 중량이 커지는 것이 결점이고, 특히 소형선에서는 박판 가공이 어렵고 강성이 부족해지는 탓으로, 배의 치수에 비례하여 사용되는 금속판의 두께를 얇게 할 수 없다는 것이 또 하나의 단점이다.

플라스틱은 그 자체만으로는 강도와 강성이 공업재료로서 부족한 경우가 많아 일반적으로 섬유를 첨부한 복합재로 사용된다. 잘 알려진 FRP는 '섬유 강화 플라스틱(Fiber Reinforced Plastic)'의 약칭이다. 플라스틱은 액상 재료로 공급되며, 몰드 내에서 섬유와 결합되어 적층, 경화 및 성형되므로 대량 생산에 적합한 재료로 알려져 있다. 이것은 또한 필요한 강도 및 강성에 따라 섬유의 배합이나 두께를 조정할 수 있다. 수지로는 폴리에스테르나 에폭시, 그리고 섬유로는 유리섬유, 케블라, 탄소섬유 등이 사용된다.

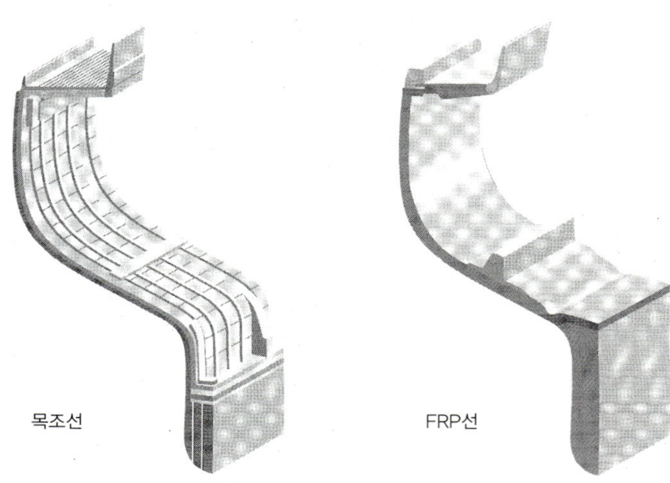

강도와 강성

재료의 '강도(strength)'란, 어떤 재료에 하중이 걸렸을 경우 그 재료가 파단될 때의 응력(파단 강도) 또는 영구 변형을 일으킬 때의 응력(내력)을 말한다. 응력(stress)은 재료의 단위단면적에 걸리는 힘($\sigma=P/A$)으로, N/mm^2, kg/mm^2 등으로 표시된다. 한편 '강성(stiffness)'은 재료가 하중을 받아도 쉽게 변형되지 않으려는 성질을 말하며, 재료에 걸리는 응력과 변형률의 비($E=\sigma/\varepsilon$)로 나타낸다. 단위는 응력과 같이 kN/mm^2, ton/mm^2 등으로 표시된다. 강성이 높은 재료는 변형되기 어려워 변형에 의해 흡수되는 에너지가 강도에 비해 적으므로, 충격을 받는 곳의 부재로 사용할 때에는 주의해야 한다. 그러나 요트에 작용하는 하중은 대부분이 어떤 형태로든 유체가 개입되어 나타나는 것이기 때문에 요트에 미치는 충격은 그리 크지 않을 것으로 생각된다.

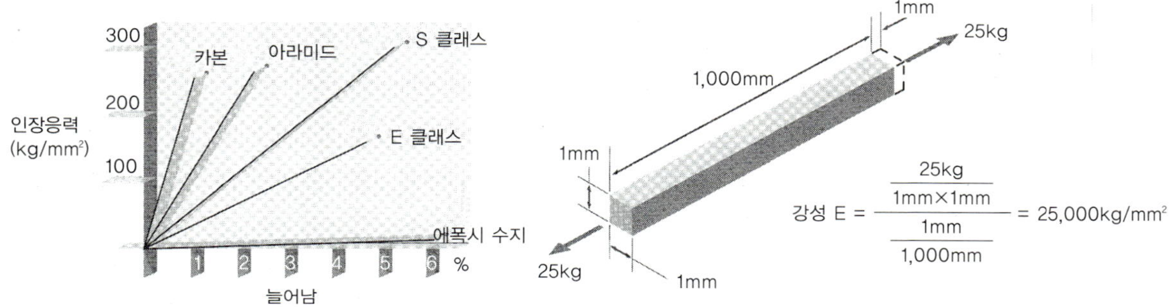

비강도와 비강성

보통—특히 탈 것을—설계를 할 때, 요구되는 기능을 만족시키면서도 어떻게 하면 더 가볍게 만들 수 있을 것인가가 주요 목표가 되는 경우가 많다. 다시 말해 가벼운 재료는 강도가 낮지만 단면적을 늘리면 필요한 성능을 발휘할 수 있고, 또 강도가 높은 재료보다 가볍게 제작할 수 있는 경우가 있다. 이러한 관계를 알기 쉽도록 강도와 강성을 비중으로 나눈 값을 각각 '비강도(specific strength)'와 '비강성(specific stiffness)'이라 하여 일반적으로 널리 쓰이고 있다. 티타늄 합금(Ti-6Al-4V Alloy)은 높은 비강도를 갖고 있어서 고성능 부품 소재로 사용되고 있으나, 비강성은 강철보다 낮다. 따라서 같은 중량으로 만든 부품일지라도 티타늄 합금보다 강철이 더 변형되기 어렵다. 비강도가 높은 티타늄 합금으로 된 부품이 요트의 줄채비로 잘 사용되지 않는 것도 바로 이 때문이다.

샌드위치 구조

재료가 인장이나 압축하중을 받을 때에는 단면의 모든 부분이 균등한 응력을 받는다. 그러나 재료가 굽어지는 경우에는 부재의 상하 양 표면에는 큰 응력이 작용하지만 중심부에는 응력이 별로 작용하지 않는다. 이러한 현상을 이용하여 재료의 두께 중심부에 약하고 가벼운 재료를 배치한 것이 '샌드위치 구조'이다. 샌드위치 구조에서는 굽혀지는 바깥쪽 면은 인장되고 안쪽 면은 압축되므로, 두께의 중심부에서는 안팎 면이 서로 미끄러지며 어긋나려 하는 힘이 중립면에 평행하게 나타나게 된다. 이 힘을 '전단력(shearing force)'이라 한다. 그러므로 샌드위치 구조에서는 중심부에 사용되는 소재, 즉 심재(core)를 외피에 견고하게 접착하여 미끄럼 변형을 일으키지 않도록 하는 것이 중요하다. 이러한 샌드위치 구조의 특징은, 특히 강도는 높지만 탄성률(elastic coefficient)이 낮은 FRP의 강성을 보강해주는 데 유효하다.

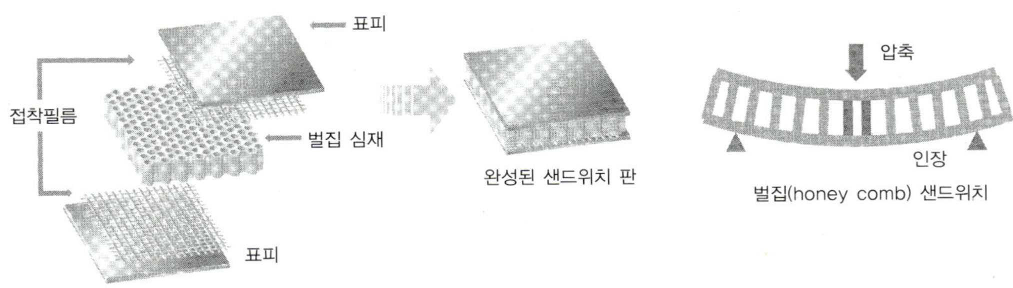

1.2 선체에 작용하는 힘

선체에는 여러 가지 힘이 작용하고 있다. 외력으로는 수압, 풍압, 자중(중력)이 작용하고 있어 서로 평형을 이루고 있지만, 그 힘들이 조합되어 더 큰 내력이 되어 선체 각 부분에 작용하기도 한다. 특히 동적 요인에 의해 단시간이긴 하지만 큰 힘이 부분적으로 나타나는 경우도 있다. 선체 구조는 이 모든 하중을 고려하여 결정할 필요가 있으므로 경험 공학적 요소가 다분히 작용하게 된다.

선체가 수면에 떠있을 때 선체와 적재물의 무게는 수압에 의한 부력과 평형을 이룬다. 이때 부력은 수면 아래의 선체 단면적에 비례하는 연속적인 분포를 하고 있지만, 선체 중량은 돛대, 밸러스트, 기관 등의 중량물이 집중 하중으로 작용하고 있어 하중곡선이 불연속적이므로, 선체 구조 강도는 이러한 점을 고려하여 결정할 필요가 있다.

수면이 수평이 아니고 배의 길이와 같은 파장의 파형을 이루는 경우, 부력분포는 파형을 따라 바뀌게 된다. 파정이 선체 중앙에 있을 때 파형에 의한 길이 방향 굽힘을 '호깅(hogging)'이라 하고, 파저가 선체 중앙에 있을 때 파형에 의한 길이 방향 굽힘을 '새깅(sagging)'이라 한다. 요트에서는 밸러스트와 돛대의 하중이 모두 선체 중앙을 아래로 누르는 힘으로 작용하므로, 호깅보다는 새깅에 더 주의해야 한다.

수압에는 정수압뿐 아니라 선체가 파도와 충돌할 때 일어나는 슬래밍(punching) 하중도 있으므로 선체 전반부의 강도를 결정할 때에는 이것을 고려해야 한다.

요트 특유의 하중 형태에는 돛에 의한 횡경사 모멘트와 밸러스트에 의한 복원 모멘트의 평형이 있다. 돛대와 돛대줄(shroud)이 경사 모멘트를 선체에 전달하면 선체는 일정 각도까지 경사하여 부심의 횡방향 이동에 따라 복원 모멘트를 발생시킨다. 복원 모멘트 발생에는 선체 하부에 붙인 밸러스트 용골도 큰 역할을 한다. 밸러스트 용골은 선체가 경사되면 경사 모멘트와 반대 방향의 모멘트를 발생시킨다. 또한 밸러스트 용골은 선저의 좁은 면적에 볼트로 고정되어 있으므로, 선저에 국부적으로 큰 모멘트가 걸리게 함을 유의하여야 한다.

Photo By Kaoru Soehata / Photo Wave

수두

수압은 수심에 비례하여 높아진다. 선체 외부에 작용하는 수압은 물의 높이(깊이)로 표시하는데, 이를 '수두(head, water head)'라고 부른다. 선체가 잔잔한 수면에 떠있을 때는 선저까지의 깊이가 바로 수두가 되지만, 실제 설계에서는 배가 일생 동안 만나게 되는 파도의 충격 등에 의한 예측 하중을 수두로 표시하여 이것을 설계수두로 사용한다. 배가 바로 떠있을 때 수면 위로 나와 있는 선측부와 갑판부에 대해서도 파랑으로 인한 충격압, 경사시의 수압, 갑판상을 이동하는 승선원의 체중 등을 추정하여 해당 부분에 필요한 강도를 수두로 표시한다. 그러나 이 수두는 부분적인 외판과 갑판부에 필요한 강도를 표시하는 수단이며, 선체 전체의 종 굽힘 모멘트, 돛대 하중, 밸러스트 하중, 엔진 하중, 의장품 하중 등은 각각 그에 상응한 설계가 필요하다.

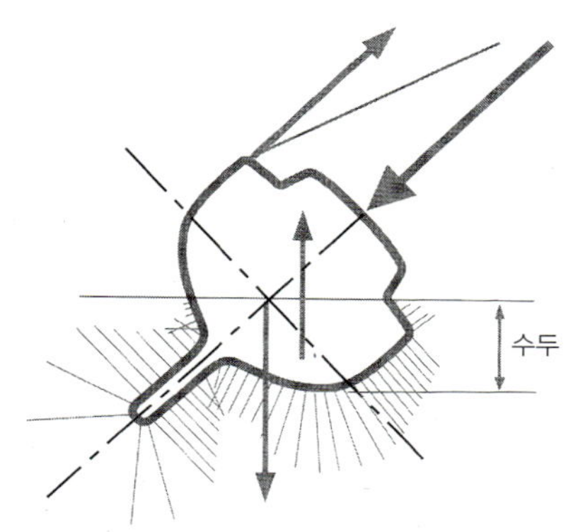

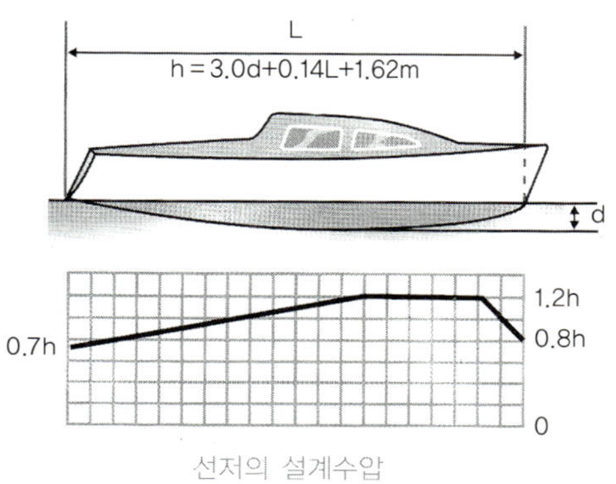

선저의 설계수압

충격하중

선체가 파도와 충돌할 때 선저에는 국부적으로 큰 압력이 발생한다. 모터보트에서는 이 충격하중이 바로 설계하중이라 해도 무리가 없지만, 요트의 경우 큰 파도 중에서는 파도를 타고 넘어 파저로 낙하하는 경우도 많으므로 충격파를 고려하지 않을 수 없다. 충격파는 비교적 좁은 범위에서 단시간에 작용하는 것이므로, 샌드위치 구조로 늑골 간격을 넓게 한 구조보다 FRP나 금속 등의 단판 구조로 늑골 간격을 좁게 한 구조가 더 유리하다.

좌초하중

요트는 밸러스트 용골이 선저에서 크게 돌출되어 있으므로 좌초되기 쉽다. 그러나 밸러스트 용골은 선체에 견고하게 붙여지기 때문에 좌초가 큰 사고로 연결되는 경우는 그리 많지 않다. 좌초가 바로 프로펠러와 타의 파손을 일으켜 배의 항해 불능, 침수 등의 대형 사고로 직결되는 모터보트에 비하면, 요트에서는 좌초를 비교적 가볍게 취급하는 경우가 많다. 그러나 근래 들어 요트 성능 향상을 위해 밸러스트 용골과 선체의 접합면의 면적을 점점 줄이는 경향이 있어서 좌초에 의한 배의 손상이 점점 늘어나는 추세에 있다. 이러한 이유로 미국선급협회(ABS)에서는 근래에 요트 규칙에 좌초시의 하중에 대한 항목을 추가하였다.

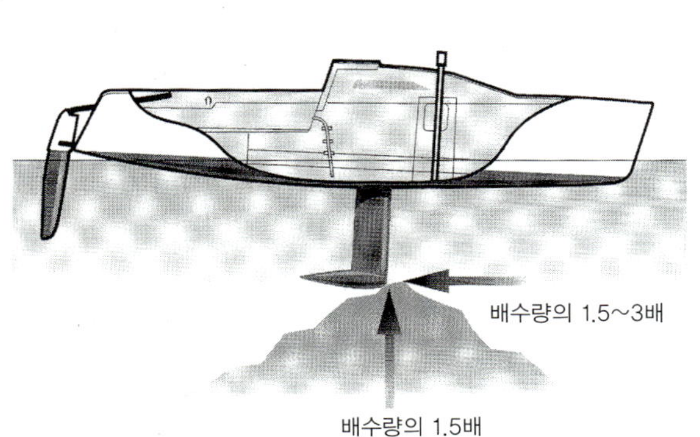

1.3 선체 구조

선체 구조는 크게 나누어 선저 외판, 선측 외판, 갑판 및 내부 구조로 구성된다. 요트는 횡경사 상태로 달리는 경우가 많기 때문에 선저와 선측의 구분이 명확치 않지만, 일반적으로 말하는 큰 수압을 받는 선저부의 강도를 선측부보다 더 높게 설계해야 한다. 선저와 선측 외판은 수압에 견딜 수 있는 강도를 갖고 있어야 할 뿐 아니라, 수압으로 인한 선체 표면의 변형에 저항하는 강성도 요구된다.

통상 외판이 받는 수압은 늑골(frame)과 종통재(stringer)에 전달되고, 그 종통재는 특설 늑골(web frame)이나 격벽(bulkhead)으로 지지된다. 늑골도 '거더(girder)'라는, 선체 중심선에 평행한 큰 종통재로 지지되는 경우가 많다. 격벽은 선내 공간을 분할하는 역할을 하므로 사람의 키(침대 길이)를 고려하여 통상 2m 정도의 간격으로 배치한다. 한편 선체를 샌드위치 구조로 하고 선체 외판에 큰 굽힘 강도 및 굽힘 강성이 걸리게 하여, 늑골과 종통재를 없애고 격벽만으로 선체를 구성하는 구조 방식도 있다. 선체가 받는 하중은 골격 구조를 통하여 단계적으로 전달되는데, 최종적으로는 어디로 전달되는 것일까라는 의문이 생길 수 있다. 수압과 평형을 이루는 힘은 사실 자중(중력)이므로, 이 하중을 많은 부재에 단계적으로 전달하여 광범위하게 분산시키면 응력을 크게 줄일 수 있다. 다시 말하면, 밸러스트, 돛대, 기관, 타 등 국부적으로 집중 하중을 발생시키는 장비 부위에는 강한 골격 구조를 배치할 필요가 있고, 이러한 집중 하중을 받지 않는 나룻배같이 작은 배에는 아예 골격 구조를 설치하지 않을 수도 있다.

갑판은 선체에 비해 평면에 가까우므로 특히 더 큰 강성이 요구된다. FRP 요트에서는 대부분 샌드위치 구조를 택하고 있으나, 샌드위치 구조는 집중 하중에 약하기 때문에 윈치 등 큰 하중이 걸리는 부분은 단판으로 하거나 심재로 강도가 높은 재료를 사용하여야 한다.

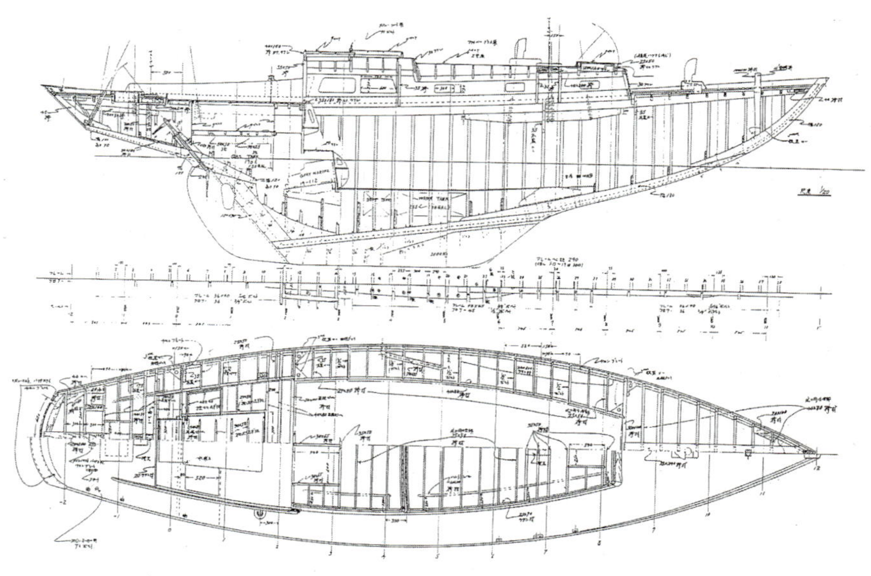

종강도

선체 중앙부에 파저가 왔을 때에는 선수와 선미부의 부력분포가 증가하게 되므로, 선체의 중앙부를 처지게 하려는 힘이 증가하게 된다. 이 경우를 '새깅'이라 하고, 그 반대인 경우를 '호깅'이라 한다.

요트는 복원력을 얻기 위해 길이에 비해 폭이 넓고, 선실을 갖추어야 하므로 건현(freeboard)이 높다. 그러므로 요트는 구조상 종강도(종 굽힘 강도)가 문제시되는 경우는 드물다. 그러나 종 굽힘 강성이 부족해지면 앞당김줄의 장력도 부족해져 돛의 효율이 감소한다. 요트의 성능을 극도로 높이기 위해 선체를 세장하게 하고 갑판을 낮게 설계하는 경우, 종강성이 부족해지는 경우도 있다. 특히 선체 외부를 샌드위치 구조로 경량화한 경우, 외판(panel)의 강도 및 강성은 충분해도 선체 전체의 굽힘 강도 관점에서 보면 심재의 효과는 없으므로 종강도 문제가 발생하는 경우가 많다.

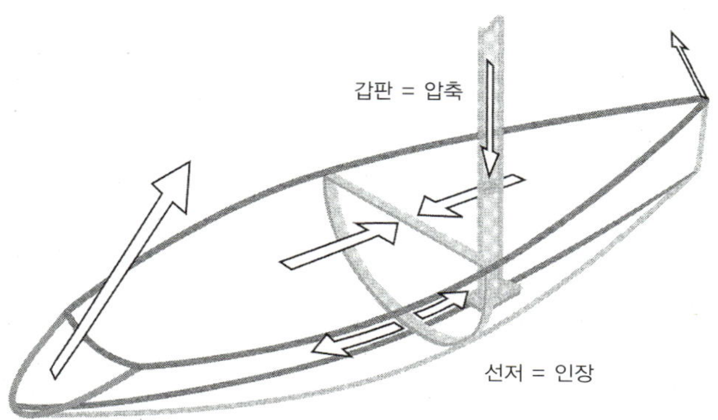

아메리카컵에 참가하는 요트와 같이 선체가 세장하고, 무거운 밸러스트와 높은 돛을 장비한 요트에서는 종 굽힘 강도와 강성을 확보하는 것이 성능과 안전 면에서 매우 중요한 일이다. 선체나 갑판 모두 탄소섬유를 사용하고 있지만, 두꺼운 벌집형 심재(honeycomb core)와 얇은 표피(선저 외피는 1.9mm, 선저 내피는 1.1mm)로 되어있다. 필요한 횡강도를 확보하면서도 선체의 종강성을 가능한 한 높이기 위해, 유한요소법(FEM)을 이용한 수치 해석을 통해 탄소섬유의 배치 방향을 결정한다.

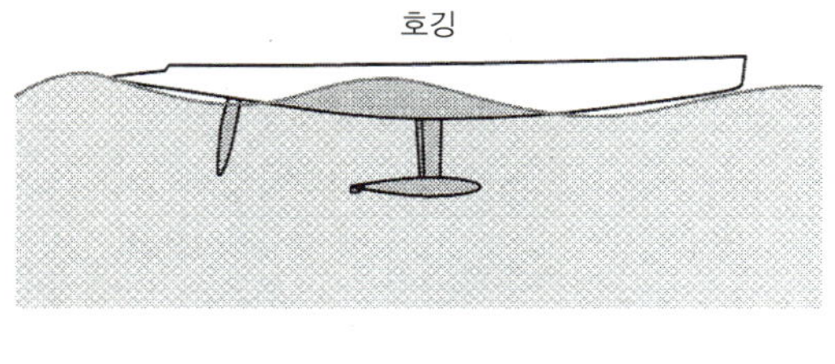

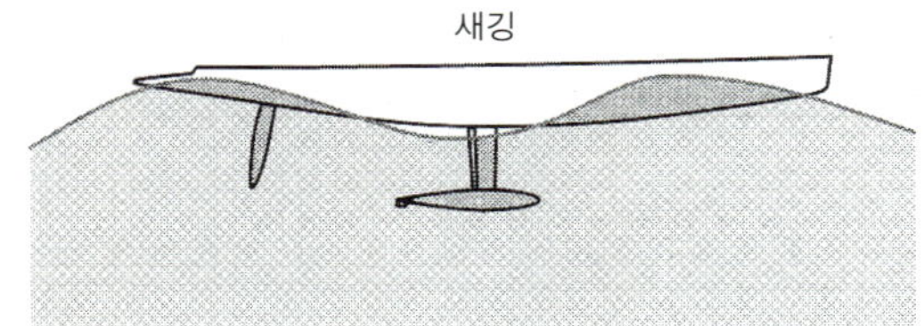

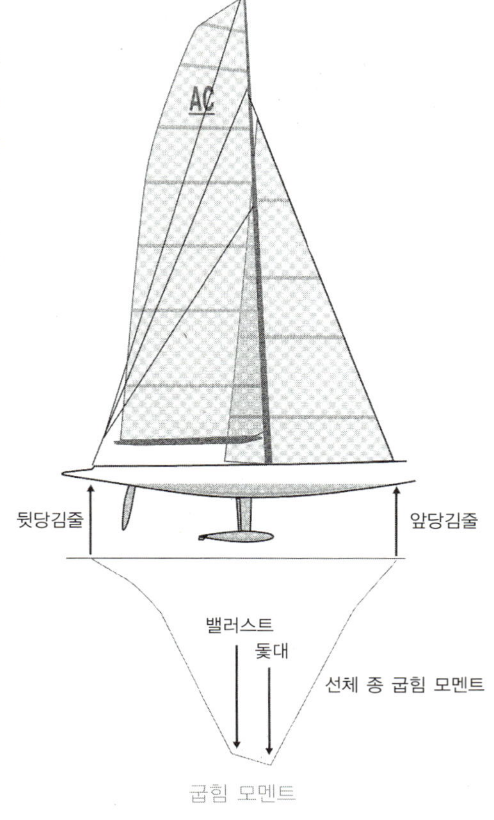

1.4 용골의 지지 구조

용골은 선체 중량의 40%에 달하는 무게를 갖고 있으면서도 날개로서의 성능도 요구되므로, 중량에 비해 폭이 극도로 좁게 된다. 결과적으로 용골은 선체에 국부적으로 큰 집중 하중을 작용시키게 된다. 용골이 붙은 선저 부분에는 세 개 이상의 늑판(floor, 강력한 늑골 또는 키가 낮은 격벽 모양의 부재)이 배치되며, 각 늑판의 끝부분은 거더(girder, 종통재)로 지지되어 있다. 늑판은 FRP만으로(hard section) FRP 선체와 일체로 적층하거나, 알루미늄 등으로 제작한 늑판을 선체에 FRP로 밀착 결합하고 용골과 고정 볼트로 고착한다. FRP로 제작하는 경우에는 볼트의 와셔로 큰 스테인리스 판을 사용하여, 선저에 걸리는 전단력을 감소시킨다. 볼트는 경사시의 모멘트에 대비하여 폭이 넓은 용골 중앙부에 배치하는 것이 유리하지만, 좌초시의 전후 모멘트나 선체 동요 및 전후 불균형에 의한 용골 중심에서의 모멘트 등에 대처하기 위해 용골 부착부 앞뒤 단에도 배치할 필요가 있다.

용골이 발생시키는 복원 모멘트는 돛의 횡력에 의한 경사 모멘트와 평형을 이루므로, 구조적으로도 이들 모멘트를 가능한 한 직접 연계하는 편이 유리하다. 따라서 용골을 지지하는 구조의 일부를 돛대 기판(mast step)이나 돛대줄 사슬판(shroud chain plate)을 고정시키는 늑골로 쓰는 경우가 많다. 또한 경기용 요트에서는 선내 공간을 희생시켜 용골을 갑판 높이까지 연장시킴으로써 선체 전체에 직접 모멘트를 전달하는 구조를 사용하기도 한다. 이런 경우에 선내 부분의 용골 무게를 어떻게 줄여줄 것인가가 중요한 문제가 되지만, 선저에는 용골에 의한 모멘트가 전혀 걸리지 않으므로 늑판 등의 횡방향 골조를 생략할 수 있다.

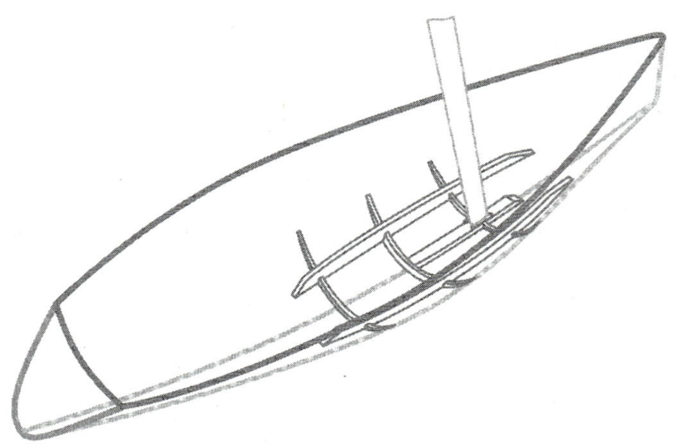

용골을 지지하는 늑판 및 종통재

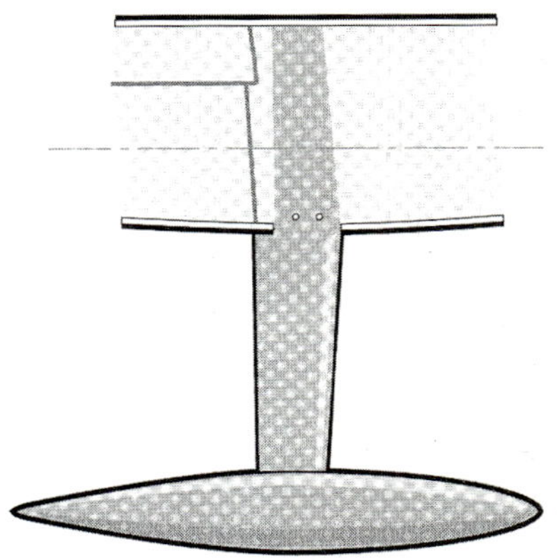

갑판에 붙은 스트럿의 예

의장품의 고정

의장품은 갑판에 볼트와 너트로 고정되므로 고정 부분에 큰 집중 하중이 발생한다. 갑판은 경량화와 강성 확보를 위해 샌드위치 구조로 하는 경우가 많고, 따라서 집중 하중에 견디기 위한 대책이 필요하다. 윈치, 주 조정줄 트래블러(main sheet traveler), 제노아 트랙 등의 주위는 FRP 표피를 두껍게 하여 강도를 증가시킨다. 고정 부분에 범용 심재를 썼을 때에는 볼트 조임이나 의장품에 의한 압축하중으로 심재가 파괴될 수 있으므로, 강도가 더 높은 발포재(foam재)나 합판으로 바꾸거나, 또는 두께를 극도로 증가시킨 단판 구조로 해야 한다. 만일 갑판에 모멘트가 발생할 경우에는 갑판 자체를 강화시키고 변형을 방지하기 위해 갑판 빔(deck beam)을 추가하거나 선체와 갑판을 연결하는 격벽을 배치한다.

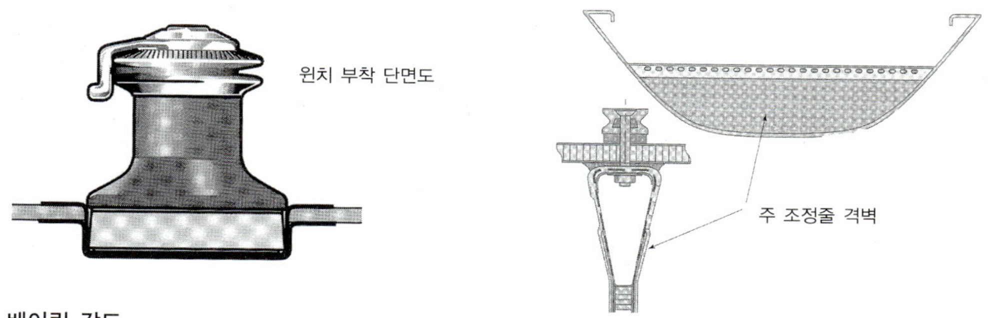

베어링 강도

갑판 면에 밧줄걸이, 윈치 등에 의해 갑판과 평행한 힘이 작용할 때, 이 힘은 볼트 결합부에서 전단력 형태로 볼트에 전달되고, 볼트 측면과 갑판 단면 간의 면압 형태로 갑판에 전달된다. 이 면압에 대항하는 강도를 '베어링 강도(bearing strength)'라 부른다. 베어링 강도는 일견 압축강도와 같은 하중 형태로 보이지만, 부재들이 볼트, 와셔 및 너트로 조여져 변형이 억제되고 있기 때문에 보통 때보다 훨씬 큰 압축강도를 견딜 수 있다.

FRP의 경우(kg/mm^2)

구성	인장강도	압축강도	베어링 강도
로빙(roving)	28	11	26
매트(mat)	10	15	29

금속은 보통 인장강도의 1.7배 내지 2배에 달하는 베어링 강도를 갖는다. 강도가 높은 재료를 사용한 의장품을 강도가 높은 볼트로 고정했을 때(6AL-4 티탄 등) FRP의 베어링 강도가 볼트 강도에 미치지 못하는 경우가 있다. 이 경우 FRP 두께를 키우면 베어링 면적은 증가하지만 볼트가 넘어지는 경향이 있으므로 효과적이지 못하다. 이때는 슬리브(sleeve, 통관)를 사용하여 FRP에 대한 겉보기 볼트 지름을 크게 해주는 방법이 있다.

$F = d \times t \times$ 베어링 강도

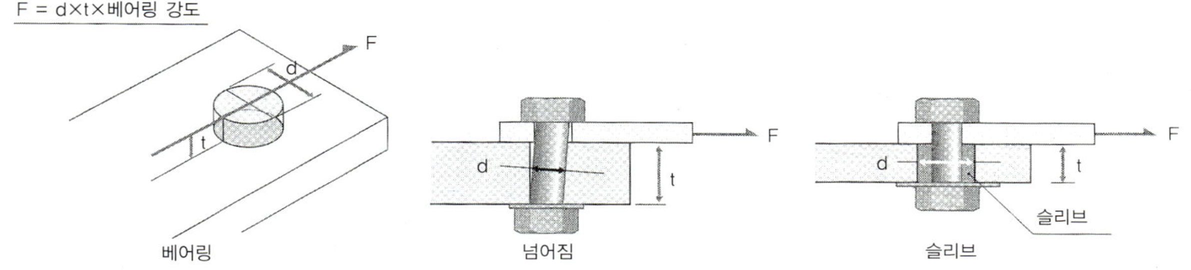

2.1 용골(핀 용골)

밸러스트 용골(ballast keel)은 선체의 옆밀림을 방지하는 날개로서의 역할과, 복원 모멘트(stability)를 발생시키기 위해 배 전체의 중심을 낮추는 역할을 한다. 성능만을 고려한다면 흘수는 깊을수록 좋지만, 보통 항구의 수심이나 핸디캡 규칙 등의 제한 때문에 배의 치수에 따라 거의 비슷한 깊이의 흘수를 갖는 경우가 많고, 30피트급에서는 대략 1.7m 정도가 된다. 이러한 용골은 날개로서의 효율을 높이기 위하여 폭은 좁고 길이는 길어진, 가로세로비가 큰 평면형으로 되어있어서 '핀 용골(fin keel)'이라고도 불린다. 용골 하단에 벌브(bulb, 방추 형상의 중량물)를 달고 있는 경우도 있다. 또한 용골의 단면은 날개 형상으로 만들어 저항을 감소시킨다. 핀 용골의 재질은 납 또는 주철이 일반적이고, 벌브에는 납을 사용하는 경우가 많다. 납은 비중이 큰 금속 중에서는 가장 값이 싸서 웨이트(weight)용으로 적합하다. 물론 비중만으로 따지자면 금, 백금, 우라늄 등이 더 좋다. 실제로 우라늄을 사용한 예도 있지만, 현재는 거의 모든 핸디캡 규칙에서 납보다 비중이 높은 재료의 사용을 금하고 있다. 순수한 납만으로는 강도가 부족하기 때문에 일반적으로 안티몬(antimony)을 조금 혼합하여 사용한다.

주철은 값이 싸고, 정밀도 높은 날개 형상 주조에 사용할 수 있다. 그러나 주철은 납보다 부서지기 쉽기 때문에 아주 얇은 날개를 사용할 때에는 주강 또는 단강이 사용되고, 최대한 얇게 하기 위해서는 고장력강을 단조하여 사용하기도 한다. 선체에 부착할 때에는 선저에 볼트로 조인다든가, 선체에 박아 넣는다든가, 또는 선체를 밸러스트 용골 형상까지 포함한 일체형으로 건조하여 선내에서 납을 채워 넣는 경우도 있다. 밸러스트 용골은 횡력과 안전 모멘트를 필요한 만큼 발생시키는 것이므로, 그 밖의 용적은 최대한 줄여 저항을 감소시키는 것이 이 시스템 설계에서의 관건이다. 밸러스트 용골의 구조설계에서는 핀 용골 및 고정부에 가장 큰 모멘트를 발생시키는 경사각 90°로 선저에 조립될 때를 기준으로 설계한다.

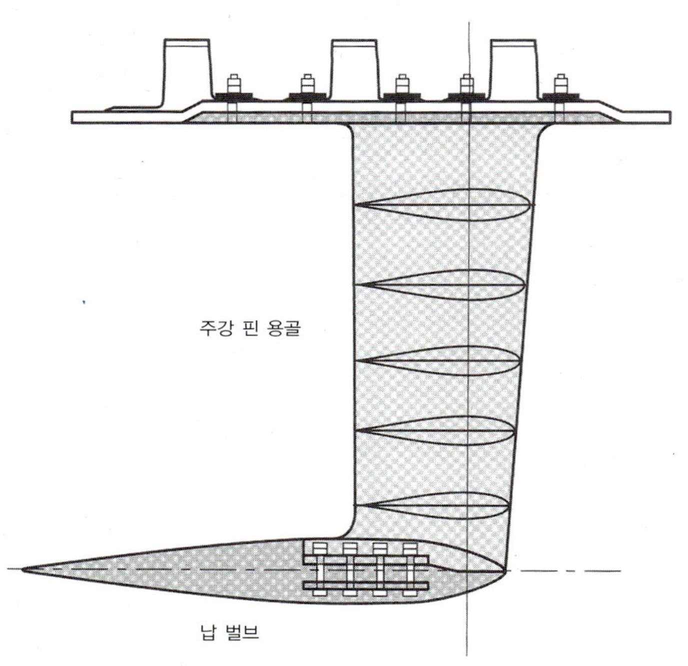

비중이 큰 금속과 납–안티몬 합금의 강도와 비중은 다음과 같다.

금	19.30
우라늄	18.70
납	11.34
동	7.85
스테인리스	7.80
주동(鑄銅)	7.25
안티몬	6.69
알루미늄	2.70

안티몬의 함유율에 따른 납의 강도와 비중의 변화

안티몬 %	인장강도	비중
0	1.3	11.34
2	3.1	11.18
4	4.2	11.03
6	4.8	10.89
8	5.1	10.74
10	5.2	10.60

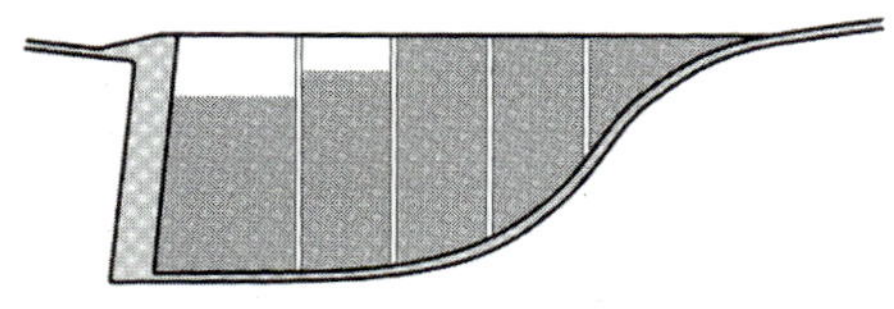

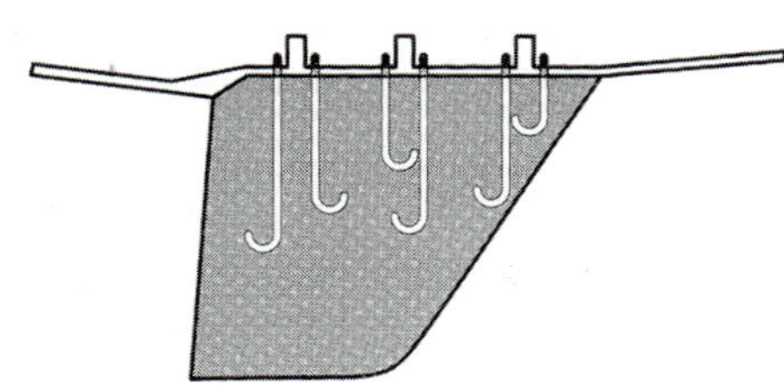

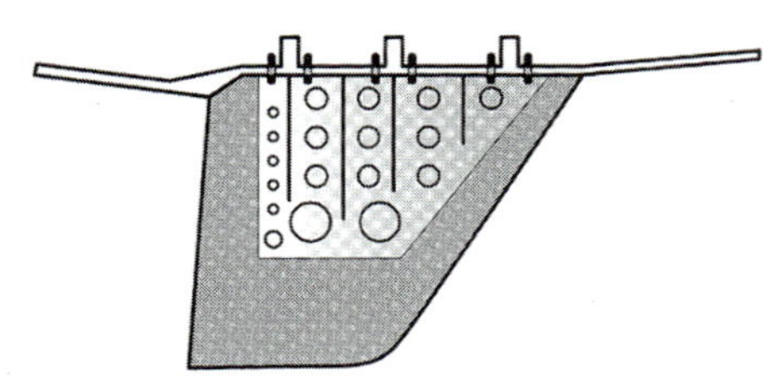

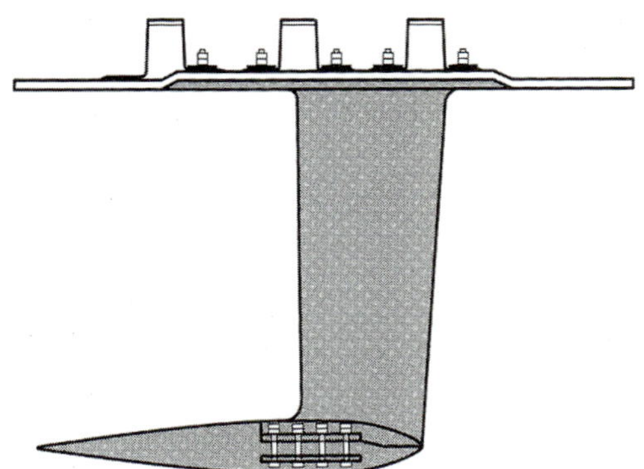

벌브 고착법의 예

납을 선내에서 유입하는 경우

선체 재료로는 FRP, 강철, 알루미늄 등이 사용되고, 선체는 핀 용골과 일체형으로 건조된다. 이 경우 납은 선체 구조로 포장된 셈이 되고, 선체 재료와 납의 비중 차이 때문에 부가물의 용적이 증가한다는 결점은 있지만, 선내에서 납을 추가로 가감할 수 있어서 트림 조정이 편리하다. 부착부의 구조는 선체 구조와 동일하게 취급된다.

납만을 볼트로 선저에 고착하는 경우

이 경우에는 볼트에 작용하는 인장응력과 납에 작용하는 압축하중 형태로 모멘트가 선체에 전달된다. 가장 일반적인 구조이지만 납을 압축강도 한계 이상으로 얇게 할 수는 없다. 선저에 모멘트와 전단력이 발생하므로 선저에 골조 구조를 추가 보강하여야 한다.

스테인리스강 골조를 삽입한 경우

하중의 대부분을 스테인리스 골조 구조가 지지하는 구조로서, 선저에 부착하는 부분에 밸러스트 용골의 폭보다 큰 플렌지를 설치할 수 있으므로 선저에 걸리는 하중은 경감된다.

상부를 주강으로, 하부를 납으로 한 경우

선저 고정부에 플렌지가 달린 상부 날개는 주강으로 하고, 하부 벌브는 납으로 한 것이다. 큰 모멘트가 걸리는 상부에 강도가 큰 주강을 사용함으로써 날개 단면 치수를 작게 할 수 있다. 하부는 모멘트가 작으므로 납에 넣는 안티몬의 비율을 낮추어 비중을 정한다.

2.2 날개

날개(wing)는 보통 밸러스트의 가장 아래쪽에 붙이므로 비중은 되도록 무거운 것이 유리하다. 따라서 가능한 한 납을 사용하여 밸러스트와 일체로 제조하며, 날개 단면의 성능이 더욱 중요한 경우에는 세장한 것이 좋으므로 필요에 따라서는 속에 골격을 심어서 주조한다. 밸러스트 또는 벌브에 심어주는 골격도 볼트–너트로 결합하는 기법이 사용된다.

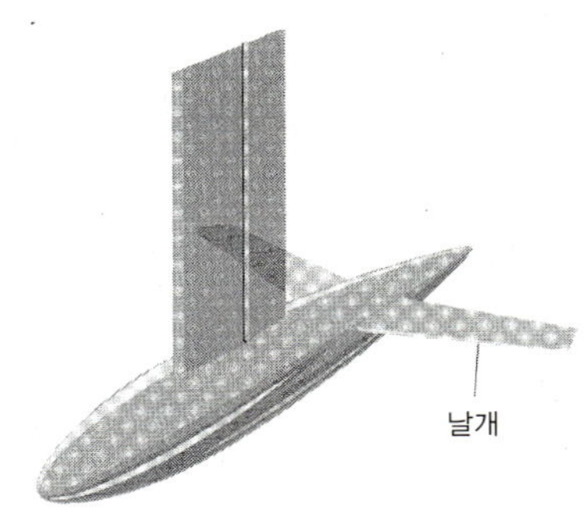

2.3 타

요트의 타는 단순히 요트를 조종하는 수단이 아니라, 돛 힘과 물로 인한 힘의 불균형에서 생기는 배의 선수돌림 모멘트(yaw moment)를 제어하는 역할도 담당한다. 요트의 속력이 느릴 때에도 충분한 효과를 발휘할 수 있도록 보통 선박이나 모터보트에 비해 타의 면적을 크게 한다. 요트는 바람의 상태가 좋을 때나 파도를 탈(surfing) 때에는 상당히 고속을 낼 수 있으므로, 타는 그러한 경우도 고려하여 설계된다.

　타를 크게 보면 '독립 타'와 '스케그 타(skeg rudder)'로 분류된다. 스케그 타란, 타의 앞부분이 선체에서 돌출한 스케그로 지지되는 것을 말한다. 독립 타는 그 모양에 따라 '현수식 타(spade rudder)'라고도 부른다. 타는 타 축의 중심을 회전축으로 회전하여 물의 입사 각도를 바꿈으로써 배를 조종하게 되므로, 타 축은 적어도 이 회전 토크(torque)를 타에 전달할 수 있는 비틀림 강도(twisting strength)를 가져야 한다. 특히 현수식 타일 때에는 이 토크 외에도 타에 발생하는 힘에 의한 굽힘 모멘트에도 견딜 수 있어야 한다. 스케그 타에서는 스케그의 굽힘 강성 및 강도, 타 축의 굽힘 강성 및 강도의 평형에 따라 한쪽이 대부분의 하중을 담당하거나 양쪽이 하중을 나누어 담당하게 된다.

　현수식 타의 타 축은 보통 스테인리스나 알루미늄 합금의 파이프 또는 환봉으로 만들며, 타판에 발생하는 힘을 타 축에 전달하는 판골재 등이 타 축에 용접되어 있다. 타판은 정확한 날개 형상으로 된 것이 이상적이며, 날개 모양의 거푸집 속에서 FRP를 적층하여 성형한 좌우 외피를 타 축에 접착시킨다. 타 축이 선저를 관통하는 부분에는 지렛대의 원리로 큰 하중이 발생하므로, 이에 대비하여 베어링과 물막이 패킹이 부착된다. 타 축 상단에도 베어링이 필요하지만, 이곳은 선저 관통부에 비해 하중이 낮으므로 플라스틱을 삽입하기만 하는 경우가 많다. 여기에 타자루가 부착된다.

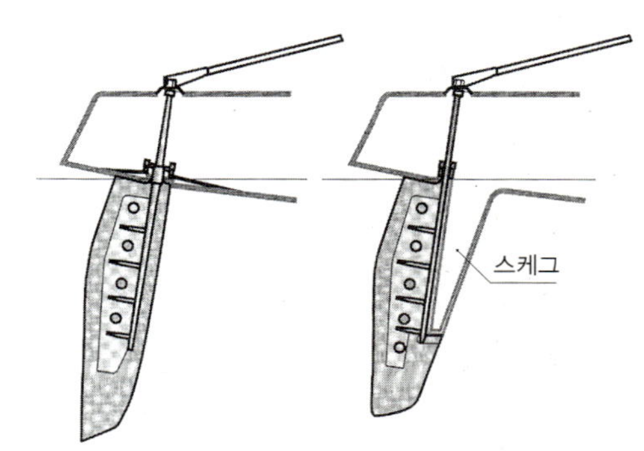

타에 걸리는 하중

타에 작용하는 하중은 타 면적에 비례하고 선속의 제곱에 비례한다. 날개 표면의 단위면적당 발생하는 최대 힘의 계수는 실속 직전에 발생하며, 약 1.5 정도이다. 요트의 타가 받아야 하는 최대 하중은 이렇게 예측한 최대치를 사용하여 계산할 수 있다. 바람을 추력으로 하는 요트에서는 엔진으로 추진하는 경우처럼 최대 속력을 설정할 수 없다. 요트에는 밸러스트가 있어야 하고 추력을 얻기 위한 복원력이 필요하기 때문에, 종래에는 길이에 비해 비교적 폭이 넓고 무거운 선형이었다. 이런 선형에는 선형 한계속도(hull speed)라고 하는, 수선간 길이에 따라 정해지는 속도 한계가 있으므로, 이를 설계 기준으로 삼아왔다. 그러나 최근 요트의 건조 기술과 범주 기술이 진보함에 따라 더 가벼우면서도 선형 한계속도 이상의 속도를 낼 수 있는 배가 출현하고 있다. 이런 선형에 대응하기 위해 관계 협회에서는 배수량–길이비(displacement–length ratio, DPS/L^3)에 따라 최대 하중을 수정하는 규칙을 제시하고 있다.

미국선급협회(ABS)의 요트 규칙에서는 $P=100.4 \times 1.5 \times LWL \times A \times N$으로 하고 있다. 여기서 P는 타에 작용하는 힘(kg), LWL은 수선 길이(m), A는 타의 면적(m^2), N은 배수량–길이비에 따라 변화하는 계수(보통 N=1.0)이다.

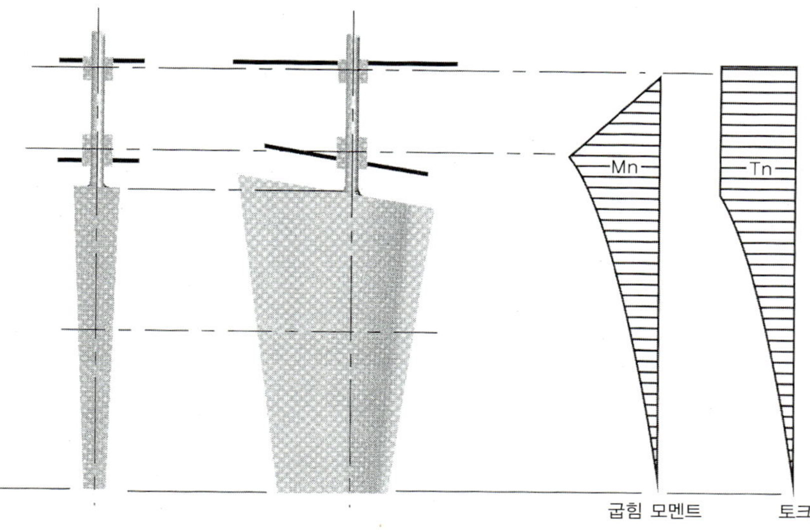

타각 제한장치

타 축은 조타력을 줄이기 위해 타에 작용하는 총 수압의 중심점(타면의 앞날로부터 약 25% 지점)보다 약간 앞쪽에 배치한다. 보통 요트가 전진하고 있을 때는 선회할 때에도 타각을 45° 이상으로 꺾는 경우는 없다. 역으로 후진할 경우나

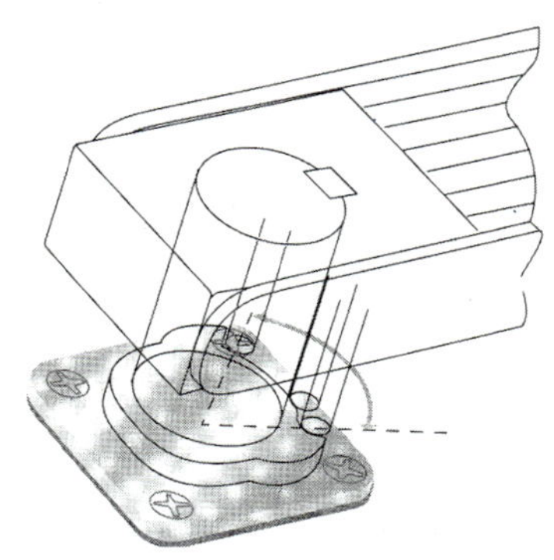

황천(荒天) 중에서 파도에 의해 뒤로 밀렸을 경우에는 타에 유입되는 물의 유동은 타의 뒤끝 쪽에서 시작되므로, 수압 중심점이 뒷날 쪽으로 크게 이동하여 타 축에 큰 회전 토크를 발생시킨다. 이럴 경우 적절한 제한장치를 마련해두지 않으면 타판에 의해 선체가 손상되든지, 타자루에 의해 선원이 다치는 경우가 생긴다. 이러한 사태를 피하기 위해 타각을 45° 정도로 제한하는 고정구(stopper)를, 타 축 상단을 지지하는 부품 위에 설치하거나, 혹은 사분원판(quadrant)에 설치한다. 후진시에는 요트의 속력은 크지 않지만 토크가 크기 때문에, 제한장치가 가동되는 경우에는 충격하중이 되므로 타가 파손되기 쉽다.

3.1 돛대 하중

돛대에 걸리는 힘은 직접적으로는 풍압에 의하여 결정되지만 대부분이 줄채비(rigging), 마룻줄(halyard), 그리고 돛과 돛대와의 접촉점을 통해 전달된다. 돛대줄(shroud)에 의한 하중은 돛 면적이 아니라 그 배의 복원력, 그리고 돛대줄 사슬판(shroud chain plate)과 돛대 사이의 거리에 의해 결정된다. 경기용 요트에서는 바람을 거슬러 항주하는 성능을 좋게 하기 위해 돛대줄을 선체 중심에 가능한 한 접근시키려고 하므로 하중이 커진다. 순항 요트는 바람을 바로 거슬러 달리는 경우가 그리 흔치 않으므로 하중을 줄여주어 안전율이 더 큰 값이 되도록, 돛대줄 사슬판을 선체에 직접 고정시키기도 한다.

앞당김줄과 뒷당김줄도 돛대에 하향 하중으로 작용하고 있다. 앞당김줄의 장력은 바람을 거슬러 항주하는 성능상 중요하며, 경기용 요트에서는 대단히 강한 장력이 걸리게 되어 돛대줄에 의한 돛대 하중과 비등한 하중이 된다. 그러나 순항용 요트에서는 큰 장력이 걸리는 경우가 많지 않다.

마룻줄은 돛대에 달려있는 도르래의 바퀴(sheeve)를 휘돌아 나오기 때문에 마룻줄에 걸리는 장력의 두 배에 가까운 하중이 돛대에 걸리게 된다. 이것을 줄여주기 위해 마룻줄을 돛대 상단에서 잡아주는 잠금장치도 있으나 제대로 기능을 발휘하지 않으면 위험이 따른다. 돛의 상단에 움직도르래를 달아 마룻줄을 올리고 내리는 활차(tackle)로 사용하면, 돛대 하중이 경감되어 마룻줄의 장력도 줄일 수 있다. 돛대에는 주 돛의 앞날이 홈이나 슬라이더를 통하여 부착되므로 돛의 장력은 돛대에 수평 방향의 하중을 주지만, 주 돛의 앞날에 걸리는 하중은 작기 때문에 대부분의 힘은 헤드보드(head board)에 집중된다. 주 돛을 줄였을 때에는 헤드보드 위치에 큰 수평력이 작용한다. 또 풍하로 향할 때는 스핀 봉과 아래활대에 큰 수평 방향 힘이 걸린다.

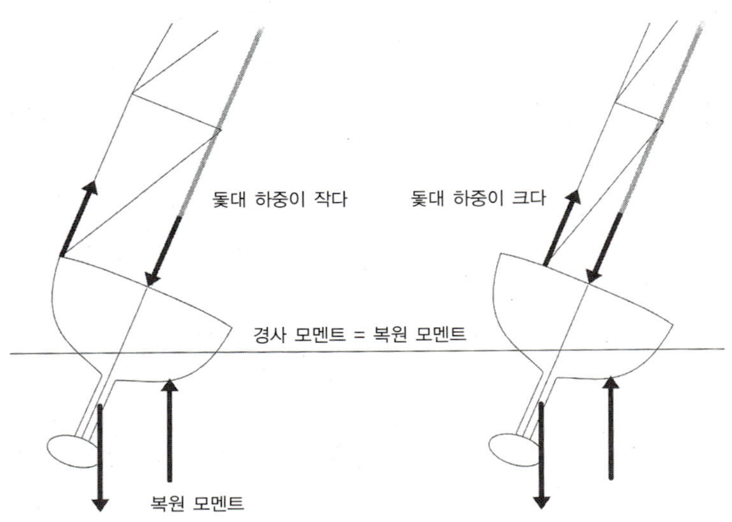

Photo By Kaoru Soehata / Photo Wave

버팀재의 효과

아래 그림은 요트를 경사시키는 돛 힘이 돛대 상단 한 점에 집중되어 있을 때(스피니커가 옆바람을 받도록 펼친 상태와 유사하다)를 표시한다. 동일한 횡풍에서의 돛대 압축하중이 버팀재(spreader)의 효과로 돛대 상부에서 줄어들고 있음을 알 수 있다. 또 버팀재에 의해 돛대를 지지하고 있으므로 돛대를 대폭적으로 작고 가볍게 할 수 있게 된다. 이 관계를 최대한으로 이용하기 위해 경기용 요트는 복수의 버팀재(3조에서 5조)를 설치한다. 이와 같은 트러스 구조는 경량화에는 대단히 유효하지만, 한편으로는 부품의 개수가 많아져 그중 어느 하나가 잘못되면 그 영향이 바로 전 시스템에 파급되므로 신뢰성 유지에 많은 노력이 필요하다. 또 줄채비에 의한 풍압저항도 증가한다.

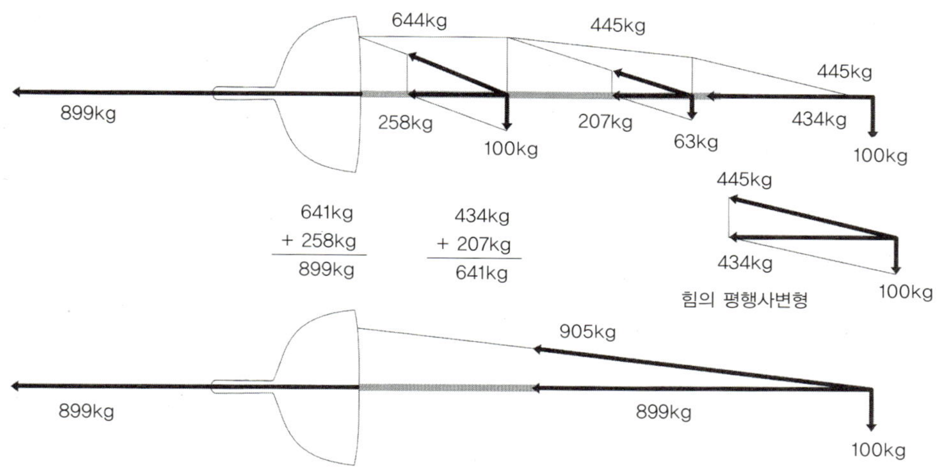

오일러의 좌굴공식

기둥이 압축을 받을 때, 기둥이 짧은 경우에는 압축에 의해 파괴될 때의 하중이 그 기둥이 견딜 수 있는 최대 하중이 되고, '최대 하중 = 단면적×압축강도'로 표시된다. 그러나 기둥이 충분히 가늘고 긴 경우에는 하중이 압축강도에 도달하기 전에 기둥이 휘어지면서 파손된다. 기둥이 조금이라도 변형되면 그 변형이 기둥에 굽힘 모멘트를 주게 되고, 기둥의 강성이 이 굽힘 모멘트를 견디지 못해 변형이 더욱 커지기 때문이다. 이러한 변형을 '좌굴(buckling)'이라 하고, 이때의 하중을 '좌굴하중'이라 한다. 좌굴하중은 다음과 같이 오일러(Euler) 공식으로 구할 수 있다.

좌굴하중 = 끝부분의 지지 방법에 의한 계수$\times\pi^2\times E\times I/L^2$ (오일러의 좌굴공식)

여기서 E는 재료의 탄성률, I 는 단면의 2차 모멘트, E×I는 단면의 강성을 표시한다. L 은 기둥 지지점 간의 거리이고, L이 2배가 되면 좌굴하중은 1/4이 된다. 끝부분의 지지 방법에 따라 계수는 오른편 그림에 표시한 것과 같고, 돛대를 갑판이 아니라 용골로 지지하면 좌굴하중이 높아진다는 것을 알 수 있다.

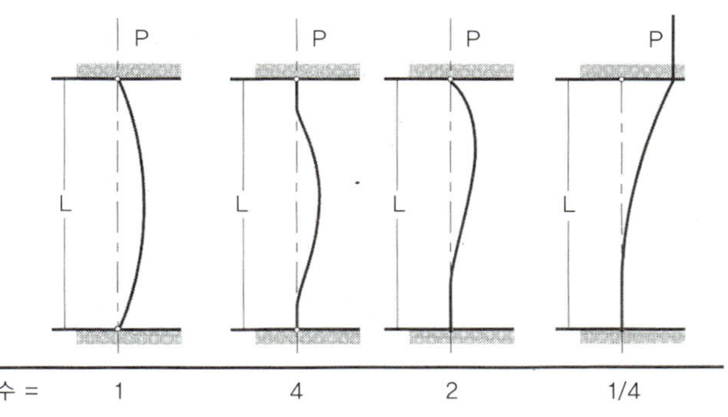

3.2 줄채비

철선 로프(wire rope)의 경우, 복원성으로 계산한 줄채비(rigging)에 걸리는 예상 최대 하중보다 보통 두 배 이상의 강도를 갖는 지름의 것을 사용한다. 그 이유는 장기적 신뢰성도 문제가 되지만, 로프가 늘어나면 돛대의 조율(tuning, 모든 상황에서 돛대가 가능한 한 직선에 가까운 상태를 유지할 수 있도록 줄채비 장력의 균형을 잡아주는 일)이 어려워지기 때문이며, 이는 버팀재 수가 늘어날수록 더욱 중요해진다.

돛대를 가볍게 하기 위해 재료 두께를 얇게 하였으므로, 큰 줄채비 하중을 돛대에 전달하기 위해서는 하중을 넓은 면적에 분산시킬 필요가 있다. 이를 위해 보강판을 대는 방법이 일반적으로 사용돼왔으나, 근래에는 코키유(coquille, internal tang의 하나), 마이크로 탕(micro tang), 버팀재 관통 막대(spreader through bar) 등의 새로운 방법이 사용되고 있다.

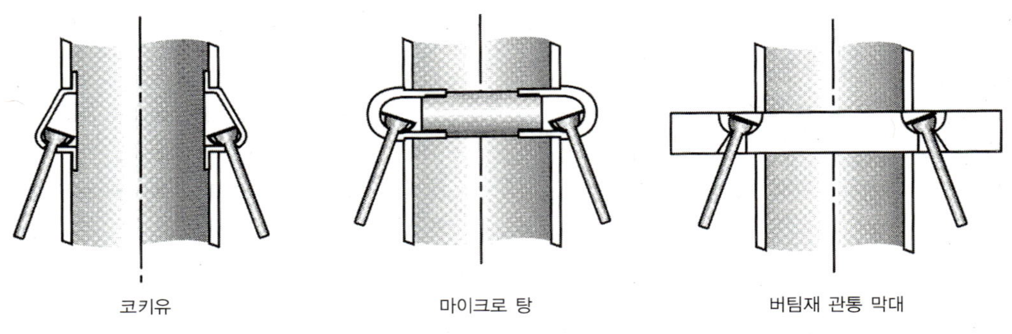

코키유　　　　마이크로 탕　　　　버팀재 관통 막대

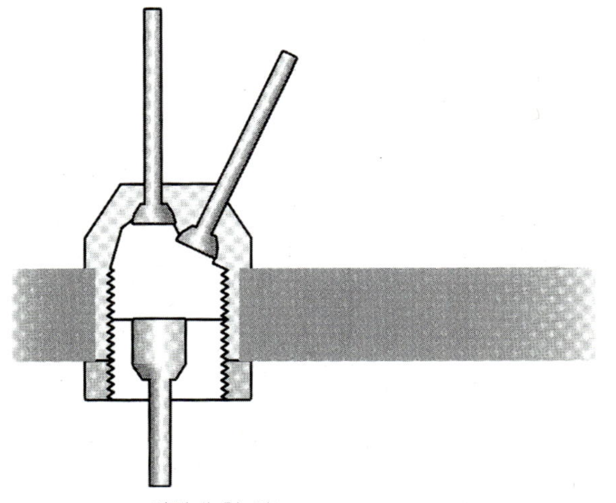

버팀재 칩 컵(spreader chip cup)

복합 버팀재(multi spreader)의 경우, 버팀재 끝에서 세 줄의 줄채비가 교차한다. 철선 로프의 경우 모든 줄채비를 갑판까지 끌어가야 할 때가 많다. 그러나 강도나 풍압저항상 모두 불리하므로 막대형 줄채비(rod rigging)의 경우에는 버팀재의 끝에 특수부품(spreader chip cup)을 사용한다.

지지용 줄채비의 재질과 구성

다음의 표는 줄채비에 사용되는 재료의 성능을 표시한다(호칭지름 6mm일 때).

타입	인장파단하중	하중 1톤일 때 1m당 늘어남	1m당 중량
스테인리스 1×19	2,880kg	2.5mm	176g
스테인리스 다이폼	3,550kg	1.9mm	194g
스테인리스 로드	3,900kg	1.8mm	220g
코발트 로드	4,770kg	1.5mm	238g
케블라 케이블	3,000kg	4.0mm	65g

케블라 케이블은 케블라 섬유를 한 방향으로 당겨서 꼬아 만든 케이블이다. 표면에 부드러운 플라스틱 보호막이 있어서 외형은 호칭지름보다 2~3mm 크다. 위 표에서 스테인리스끼리 비교하면 구성의 차이에 따른 차이를 알 수 있고, 스테인리스와 코발트 막대(rod)를 비교해보면 재질의 차이를 알 수 있다.

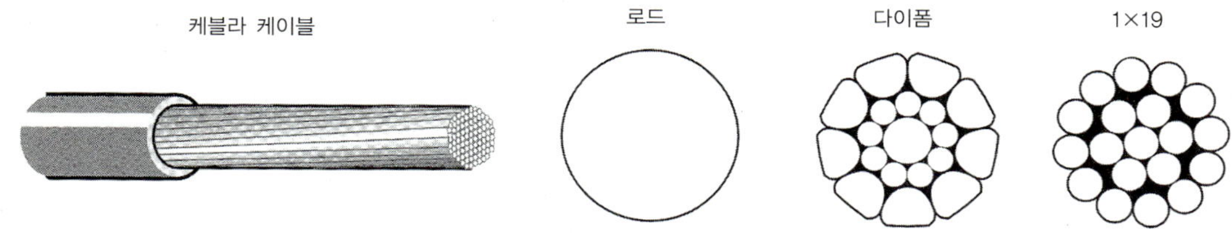

돛대 잭

돛대줄의 하중은 경사각도(복원력)가 커질수록 증가한다. 이 하중의 증가로 돛대줄이 늘어나게 되는데, 돛대줄이 늘어나면 돛대를 선체 중심에서 바람 방향으로 밀리게 하여 돛의 효율을 저하시킨다. 돛대줄이 늘어나는 것을 방지하기 위해서는 잘 늘어나지 않는 재료를 사용하거나 돛대줄의 지름을 늘리는 방법이 있으나, 지름을 늘리면 무게중심이 높아지고 풍압저항이 증가한다. 늘어남을 방지하는 또 하나의 방법은 돛대줄에 미리 높은 장력을 주어 풍하 측 돛대줄의 강성을 이용하는 방법이다. 그러나 돛대줄에 장력을 주기 위해 조임나사(turn buckle)를 무리하게 조이면 조일 때 발생하는 마찰열로 나사가 파손되는 경우가 있으므로 돛대 잭(mast jack)을 사용한다. 돛대 잭을 사용할 때 조임나사의 조정은 스페이서를 빼어내 돛대를 낮춘 상태에서 행하고, 그 후 스페이서를 다시 끼워 돛대가 올라간 상태에서 가장 적정한 장력이 되도록 조절한다.

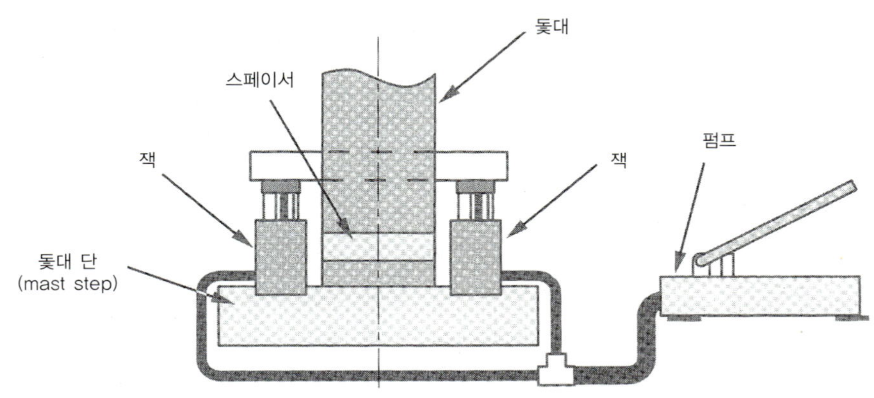

3.3 아래활대

아래활대(boom)는 요트의 원형재(spar, 범주 및 범항의 총칭) 중에서는 예외적으로 주로 굽힘 모멘트를 받는 부재이다. 그 이유는 타자루의 간섭 때문에 주 조정줄을 하중이 가장 많이 걸리는 클루(clew) 가까이에 배치하기 어렵다는 것, 주 돛을 줄여주면 하중점이 클루에서 리프 포인트(reef point)로 이동한다는 것, 그리고 순풍에서 주 조정줄을 늦추었을 때 돛이 뒤틀리지 않도록 아래활대 당김줄(boom vang)을 강하게 잡아 당겨야 하기 때문이다.

아래활대는 맞바람에서는 바람이 거의 평행하게 흐르므로 단면 형상에 의한 저항 증가는 적다. 그리고 뒷바람일 때는 바람이 직각에 가깝게 유입되므로 추진을 돕는 역할을 한다. 이와 같은 이유로 굽힘 강도도 높일 겸 가능한 한 상하 방향 치수를 크게 한다(보통 경기 규칙으로 제한되어 있다). 그러나 돛대가 뒤로 기울어 아래활대의 후단이 너무 내려가 갑판 작업에 지장을 줄 때에는 후방에 경사(taper)를 준다. 아래활대의 폭 방향(수평 방향)으로는 특별히 큰 힘이 작용하지 않지만, 어느 정도의 강도를 갖고 있지 않으면 종방향 굽힘 모멘트의 영향으로 비틀림이 생길 수 있다. 주 돛의 풍상과 풍하의 공기압 차로 인해 아래활대 밑을 거쳐 풍상에서 풍하로 향하는 공기 유동이 발생하지만, 이것은 주 돛의 추력을 감소시키므로 가능한 한 발생되지 않도록 해야 한다. 이러한 목적으로 아래활대의 단면으로는 사각형, 사다리꼴, T형 등 원형이 아닌 형상을 택하는 경우가 많다. 보통 돛대와 같이 알루미늄 합금(A6061-T6)의 압출재가 사용돼왔으나, 근래에는 더 가볍게 하기 위해 필요한 부분에만 박판을 조합한 보강판을 붙인 아래활대가 경기용 요트에서 일반적으로 사용되고 있다. 돛대의 경우와 마찬가지로 탄소섬유는 아래활대 경량화에 유효하다.

쌍동형 요트는 속력이 빠르고, 풍하로 향할 때는 겉보기 바람이 앞에서 불어오기 때문에 주 돛을 크게 내뻗을 필요가 없다. 그러므로 아래활대를 생략하고 주 돛도 지브(jib)와 같이 조정줄만으로 조작하기도 한다.

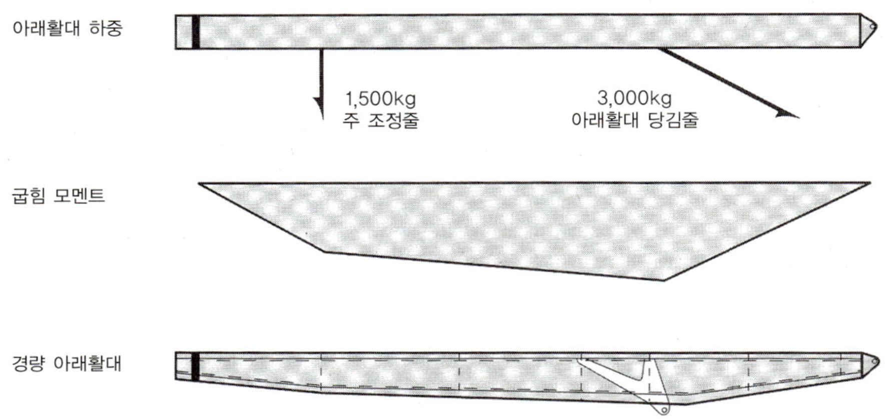

아래활대 당김줄

아래활대 당김줄은 주 돛의 장력에 의지하지 않고 주 돛 뒷날의 장력을 조절하는 장치로서, 조절 거리는 매우 짧지만 힘이 걸리는 위치가 회전중심인 구즈넥(goose neck)에 가깝기 때문에 큰 힘이 필요하다. 그러므로 대형 요트에서는 유압이 사용되고, 소형 요트에서는 움직도르래(tackle)가 사용된다. 아래활대 당김줄은 아래활대에서 비스듬한 방향으로 돛대를 큰 힘으로 잡아당기므로 돛대에 큰 굽힘 하중을 준다. 따라서 회전중심이 되는 구즈넥 부근의 돛대를 보강할 필요가 생기게 된다. 이를 피하기 위해 갑판상에 돛대를 중심으로 원호 모양의 트랙을 배치하여, 아래활대 당김줄이 아래활대를 아래로 수직하게 당기게 하는 경우도 있다.

미풍시에는 아래활대 중량에 의해 주 돛 뒷날에 필요 이상의 장력이 걸리게 되므로 아래활대를 들어 올려줄 필요가 생긴다. 이를 위해 아래활대 당김줄에 공기압이나 스프링으로 아래활대를 밀어 올리게 장치한 경우도 많다.

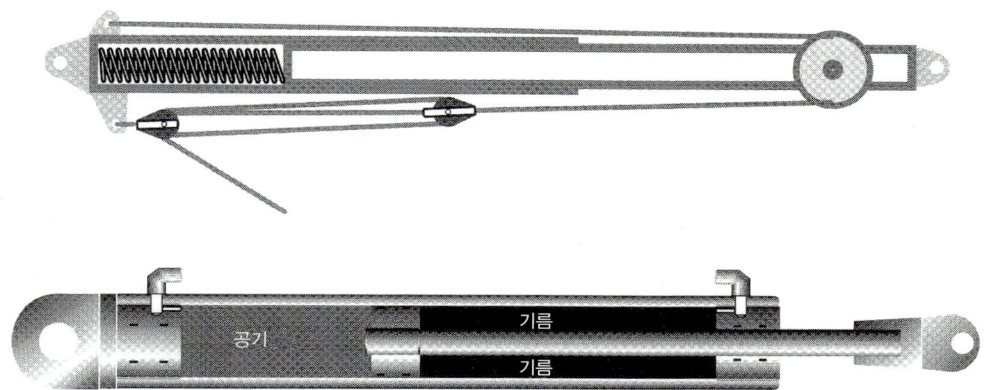

원형 당김줄(circular vang)

아래활대 버팀줄에 의한 돛대 굽힘 하중을 피하기 위해 아래활대 당김줄을 아래로 수직하게 당기는 경우도 있다. 이 경우 돛대를 중심으로 반원 모양으로 트랙을 배치한다.

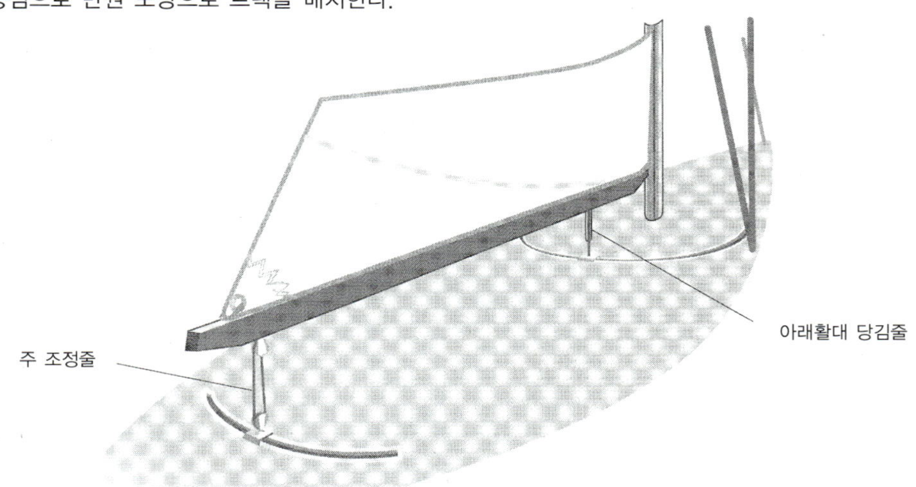

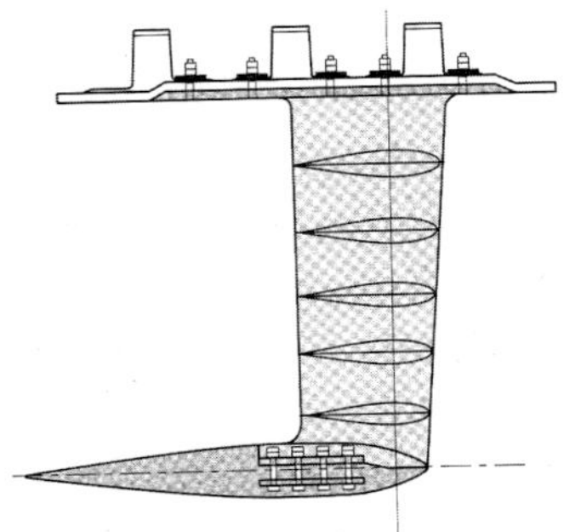

science of yacht

부록 I

아메리카컵을 통한 기술 개발

1. IACC 규칙

아메리카컵 요트 경기(America's Cup Yacht Race)는 정해진 코스에서 행하는 시합 경기(match race)이다. 참가팀은 경기 해역이 결정되면 각자 규칙에 따라 요트를 개발하고 설계한 후, 건조된 요트를 경기 해역으로 운반하여 경기에 임한다. 아메리카컵 요트 경기 규칙은 시대에 따라 달라져, 제2차 세계대전 후 오랫동안 12m급이 사용되었다. 그러나 제28회(1992년) 대회부터 새 IACC 규칙이 사용되고 있는데, 세부 사항까지 다룬 이 규칙 중에서 기술 개발에 관련된 두 가지 중요한 점에 초점을 맞추어 설명한다.

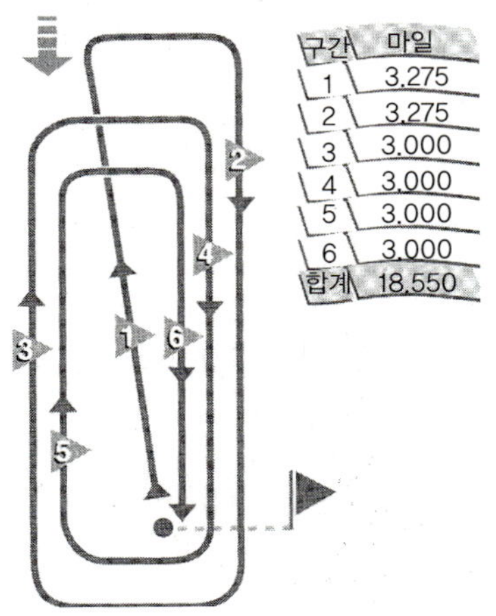

경기 코스. 풍상범주와 풍하범주를 교대로 반복하여 세 번 수행한다.

첫째, 선체 요목이 다음 식을 만족해야 한다.

$$\frac{L+1.25\times\sqrt{S}-9.8\times\sqrt[3]{DSP}}{0.679} < 24$$

여기서 L은 계측 길이(m), S는 돛 면적(m²), DSP는 배수량(ton)이다. 같은 배수량에서 선체를 길게 하면 돛 면적을 작게 해야 하는데, 길이가 22m를 넘으면 이 변화는 급격해진다. 선체를 길게 하면 프루드 수(Froude Number)가 낮아지므로 조파저항이 줄어들어 요트는 고속형 선체가 된다. 그러나 그러려면 일반 선박의 엔진 배기량에 대응되는 요트의 돛 면적을 줄이지 않으면 안 된다.

요트 전체 설계를 결정하는 최대 요소는 이 규칙과 경기 해면의 풍속이다. 풍속은 엔진에 공급되는 연료에 해당하며, 풍속의 제곱과 돛 면적을 곱한 값이 요트 추진력의 지표이다. 일반적으로 가장 빠른 요트라는 것은 있을 수 없고, 주어진 경기 해면의 기상·해상과의 관계에 따라 가장 빠른 요트가 설계된다. 제29회(1995년) 경기에 참가한 요트는 대부분 전장 25m 미만, 배수량 25톤 정도, 돛대 높이 35m, 용골 깊이 4m인 것들이었다. 이러한 요트들은 돛대가 극단적으로 높고, 선체가 가늘고 길며 흘수가 얕고, 총 배수량의 70%나 되는 무거운 납 벌브를 용골에 매달고 다니는 선형이었다.

또 하나의 중요한 경기 규칙은 1회의 경기를 위해 경기용 요트를 두 척밖에 건조할 수 없다는 것이다. 경기용 요트의 성능 추정이 어려운 것은, 첫째로 요트는 바람에 의해 추진력을 얻는다는 것과, 둘째로 선장(skipper)의 조종술에 따라 성능이 크게 달라지기 때문이다. 더

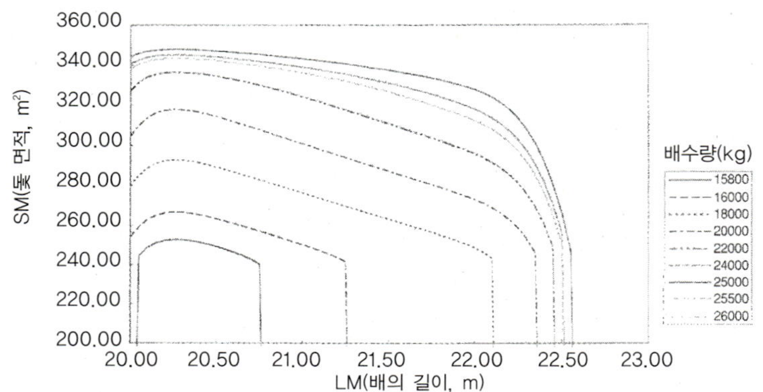

주요 요목에 관한 규칙. 식에 의해 주어진 돛 면적과 배의 길이, 배수량 관계 등 규칙에 의하여 길이는 22.5m를 초과할 수 없다. 돛 면적 320m², 배 길이 22.2m, 배수량 25톤이 1995년도 경기용 요트의 대표적인 요목이었다.

욱이 규칙의 제약 아래서는 큰 속도차가 날 수 없으며, 그 작은 차이를 경합시험(two boat test)으로 판정해야 한다는 것이다. 즉, 설계하고자 하는 요트의 성능을 미리 추정한다는 것은 대단히 어려운 일임에도 불구하고 두 척밖에 건조가 허용되지 않기 때문에, 고도의 성능 추정이 가능한 수준 높은 기술이 필요하게 된다.

2. 조직적 기술 개발

주어진 규칙과 조건에서 가장 빠른 요트를 개발하기 위해서는 대규모의 개발이 필요하다. 제26회(1983년)의 경기에서 오스트레일리아 Ⅱ호가 참신한 날개용골을 채택하여 승리한 이래, 과학적 기술 개발의 중요성이 강하게 인식되었다. 그 후로도 대회를 거듭할수록 조직적인 기술 개발의 필요성이 높아져, 아메리카컵 요트 경기에서의 기술 개발 경쟁이 점점 심화되고 있다.

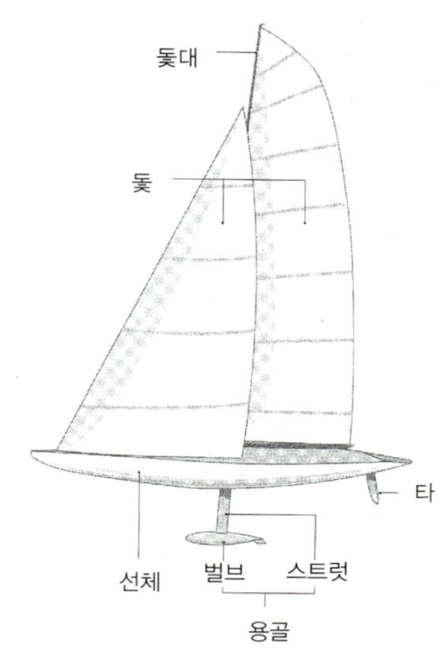

돛과 용골은 양력을 발생시키는 날개이므로 양항비(lift/drag ratio)가 최대가 되도록 설계하고, 선체는 최소의 저항으로 모든 중량을 수면에서 떠받치는 동시에 돛과 용골의 작용을 최적의 균형으로 결합하여야 하며, 이들 각각의 요소가 가장 효율 높게, 그리고 가장 가벼운 구조로 만들어져야 한다.

각 요소의 최적화가 반드시 전체 시스템의 최적화를 의미하는 것은 아니다. 즉, 전체 시스템을 설계하는 통합설계가 중요하다. ① 규칙 중에서 설계 포인트(요트 길이, 돛, 배수량 관계, 즉 주요 요목)의 선정, ②

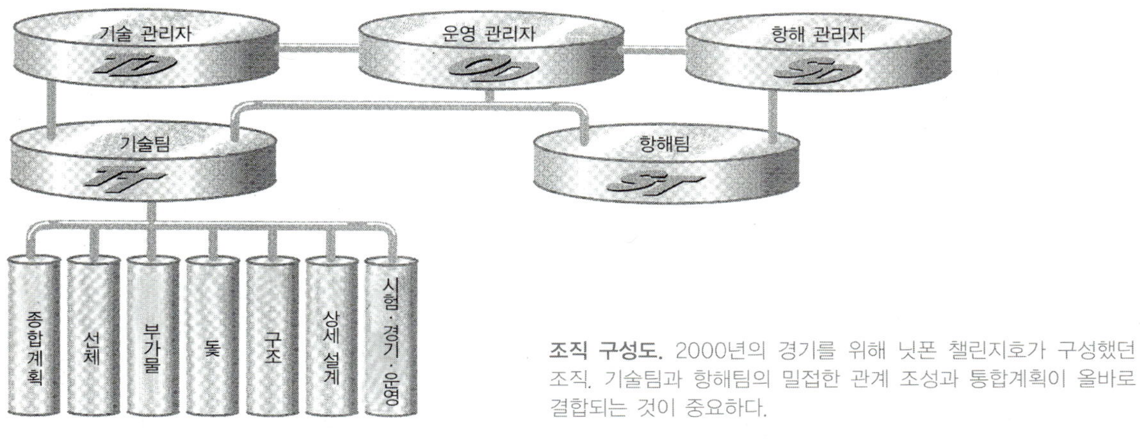

조직 구성도. 2000년의 경기를 위해 닛폰 챌린지호가 구성했던 조직. 기술팀과 항해팀의 밀접한 관계 조성과 통합계획이 올바로 결합되는 것이 중요하다.

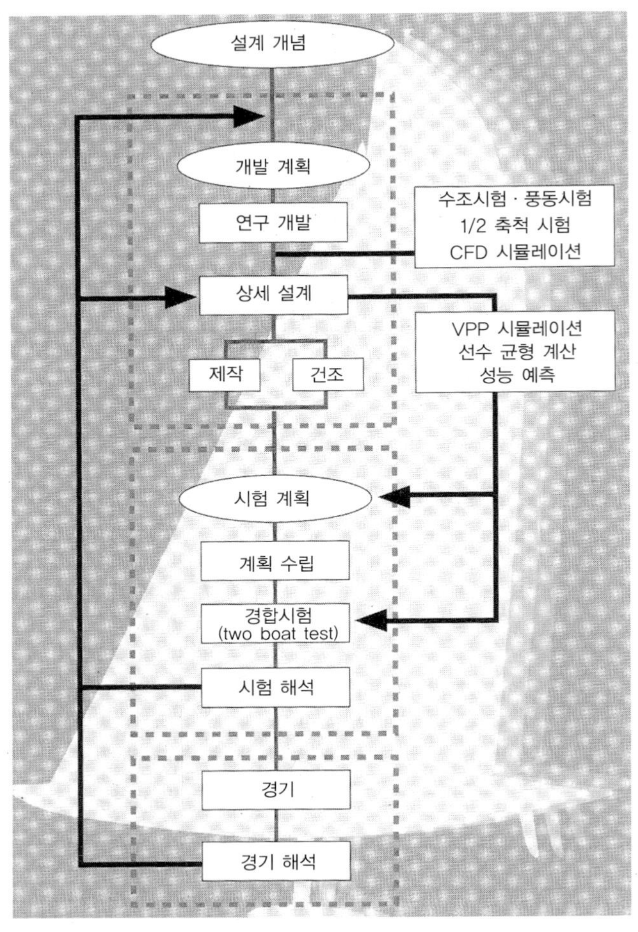

개발의 흐름도. 연구 개발 부분에는 대단히 오랜 시간이 걸린다. 이 단계에서 경기 모의시험까지 행하여 새로운 요트의 성격을 확정해야 한다. 시험 결과의 해석에 따라 새로운 배(2번선)를 설계하거나, 선체 이외의 부분을 새로 설계할 수 있다. 선체의 개조도 허용되지만 규칙에서 허용된 범위로 국한된다.

연구 개발 중요성의 높고 낮음의 구분, ③ 전체 성능을 높은 정확도로 추정하는 기법, ④ 경기 모의시험(simulation)에 의한 승패 추정, ⑤ 항해팀의 능력에 상응하는 조율(tuning). 이러한 일들을 통합적으로 수행하지 않으면 안 된다.

기술팀과 항해팀 외에도 건조, 공작, 보수 유지, 총무 등의 지원팀이 필요하지만, 가장 직접적으로 경기 결과를 지배하는 것은 기술팀과 항해팀 두 팀이다. 2000년의 제30회 경기를 위한 닛폰 챌린지(Nippon Challenge)호의 구성에서는 기술, 운영, 항해를 담당하는 세 사람의 관리자가 이 두 팀을 함께 관할하는 시스템을 채용하고 있다. 기술과 항해의 두 관리자는 각각의 팀을 관리하고, 운영 관리자는 두 팀의 활동을 유기적으로 결합시키기 위해 두 팀의 활동을 관리한다. 설계에서도 개발에서도 의사결정이 중요하며 어려운 의사결정을 해야 하는 국면이 연속적으로 발생하지만, 최종적인 의사결정은 이 세 사람의 결정에 의하여 이루어진다.

경합시험. 1994년 가을, 샌디에이고 앞바다에서 J30과 J26이 경합시험하고 있는 모습.

경기용 요트의 설계는 주어진 규칙과 예측된 기상·해상 조건에서 양항비가 최대가 되는 돛·용골·타, 그리고 부력과 항력의 비가 최대가 되는 선체를 최소의 중량으로 설계하여 이들의 최적 조화를 이루어내야 한다.

양항비, 부력-항력비를 최대가 되게 하는 것은 유체역학적인 문제이다. 유체역학적 문제를 해결하여 선체의 최적 형상을 구하기 위한 도구로는 모형 실험, 이론 해석과 전산유체역학(CFD)의 세 가지 방법이 있다. 이 중에서 이론 해석은 가장 간편하여 이용하기 쉽지만, 단순화를 위한 가정이 너무 커서 예측 결과의 신뢰성이 높지 않다. 따라서 이론 해석은 초기 검토에나 이용되고 대부분 실험과 CFD에 의존한다.

수조실험은 선체 또는 부가물을 붙인 선체 모형을 수면에 띄워 수행하는 실험이다. 요트의 항주 상태를 모사하는 방법에는 선체 모형을 긴 수조에 띄우고 예인하는 방식과, 선체 모형을 고정시키고 물을 회류시키는 방식이 있다. 후자는 수면이 경사지거나 유동이 교란되어 정밀도가 낮으므로, 미세한 성능차를 찾아내야 하는 경기용 요트의 실험에는 적합하지 않다.

예인 수조에서 사용하는 선형의 축척은 1/10~1/2까지이고, 모형 크기에 따라 사용하는 수조의 규모도 달라진다. 미국이나 러시아에는 길이 1km에 가까운 초대형 수조도 있고, 한국이나 일본에도 길이 400m인 수조들이 있으며, 실험 결과의 정확도를 유지하기 위해서 수질과 모형을 예인하는 전차 레일의 관리가 중요하다.

수조실험에서는 프루드 상사법칙에 따라 속도를 조절하여, 실제와 같은 모양의 파도를 발생시켜 조파저항계수를 구한다. 레이놀즈 수는 실제 상태와 일치시킬 수는 없으므로 점성저항은 추정할 수만 있을 뿐이다.

풍동실험은 고정된 모형에 송풍기로 바람을 보내는 실험이다. 풍동은 바람을 불어내는 방식과 순환시키는 방식이 있는데 후자가 일반적이다. 수면이 없어 선체 실험에는 잘 사용하지 않고, 돛이나 용골의 실험, 또 그들이 선체에 붙은 상태에서의 상호간섭 실험 등에 사용한다. 대형 풍동에는 한 변이 10m에 가까운 사각형 단면인 것이나 지름이 8m인 원형 단면인 것도 있다. 실험에는 가능한 한 대형 모형을 사용하여야 정확도가 높은 자료를 얻을 수 있다.

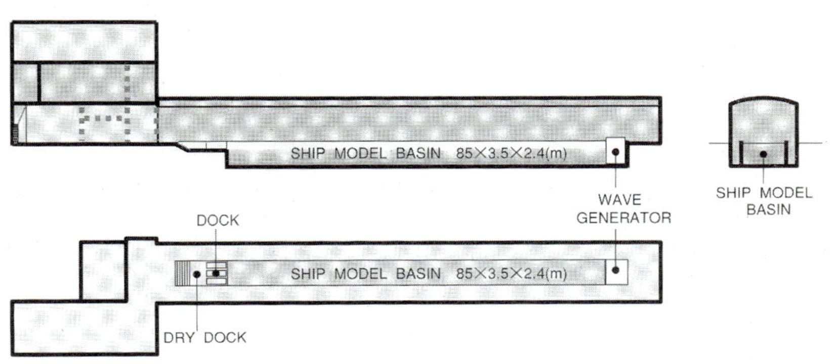

예인 수조. 길이가 100m에서 최대 1km에 가까운 대규모의 것이기 때문에 넓은 부지가 필요하고, 유지 비용도 많이 드는 시설이다. 세장한 수조의 양 측벽 상면에 레일을 설치하고, 그 위를 모형선 예인 전차가 주행한다.

예인 실험 중인 모형선. 선체를 6 분력계로 지지하고, 풍상범주 상태에서의 모멘트를 계측하는 실험을 하고 있다. 선체 표면의 압력분포를 직접 계측하거나, 선체가 만든 파도의 높이 계측, 파랑 중에서의 운동 계측 등 여러 가지 실험을 할 수 있다.

아메리카컵(AC) 요트의 모형선. 축척 1/7의 모형선에 용골과 타를 붙인 것이다. 선체는 정밀하게 제작되었으며, 표면의 오차는 ± 0.2mm 이내이다.

이중 용골(tandem keel)의 풍동 실험. 용골 단독 실험은 풍동에서 할 때가 많다. 힘이나 모멘트를 계측하거나, 용골 표면의 유선을 관찰하기도 한다. 사진은 축척 1/5인 용골이 시속 200km인 바람 중에 놓여있을 때의 모습이다.

4. 전산유체역학(CFD)의 이용

아메리카컵(AC) 요트의 성능 중 가장 중요한 부분은 유체역학적 성능에 의해 결정된다. 수조나 풍동을 이용한 실험은 우수한 성능을 발휘하는 우수한 형상을 개발하기 위한 가장 확실한 수단이지만, 시간과 비용이 너무 많이 든다. 또 요트 성능의 중요한 요인이 되는 유동 현상 메커니즘에 대한 이해가 어렵다는 큰 결점이 있다. 이 두 결점을 해소하는 유력한 수단이 전산유체역학(CFD; computational fluid dynamics)이다. CFD는 크게 점성의 존재를 무시한 패널법(panel method)과, 점성을 고려하여 모든 유동 현상을 지배하는 내비어−스톡스(Navier-Stokes) 방정식을 푸는 방

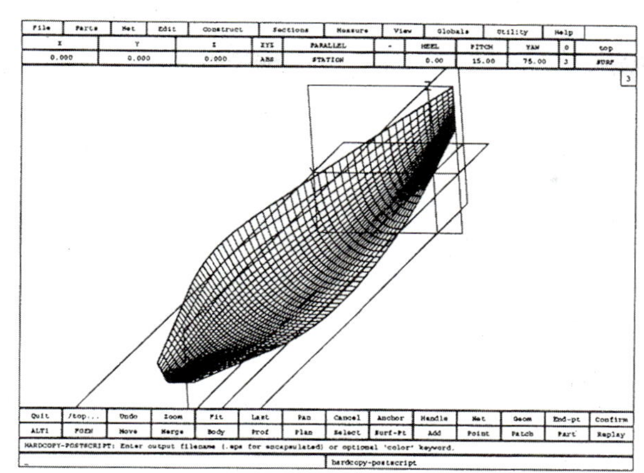

CFD에 의한 선체 형상 표현. CFD에 의한 선형 설계는 CFD 해석으로 여러 가지 선형의 성능을 비교해보고 최종적으로 최적 선형을 결정하는 설계 방식이다. 여기에 쓰이는 선도(lines)는 CAD 시스템에 의해 작성된다.

법인 유한체적법 및 유한차분법 등으로 분류되는데, 요트 설계에서는 전자 쪽이 유력하게 사용되고 있다.

CFD는 유체의 모든 운동을 컴퓨터상에서 재현하는 기술이다. 어떤 물체 주위의 유동 현상이 설명되면, 유동에 의해서 물체 표면의 각 점에 작용하는 압력이 구해지고, 그것을 적분하면 물체에 작용하는 유체의 힘과 모멘트가 얻어진다. 즉, 유동 현상을 알면 그것으로부터 압력분포, 힘, 모멘트 모두를 동시에 구할 수 있다.

AC 요트의 경우 선체는 수면에 떠서 파도를 발생시키므로 파도를 정확하게 묘사할 수 있는 방법이 필요하고, 그 밖에도 옆밀림이나 횡경사에 관계되는 복잡한 운동을 해석할 수 있는 계산 기술이 필요하다.

돛은 얇은 날개와 같은 것이지만, 이것은 수시로 변형된다는 점을 고려하지 않으면 안 된다. CFD 계산은 성능의 좋고 나쁨을 정량적으로 파악할 수 있을 뿐 아니라, 그 원인이 되는 유동의 역학적 구조도 설명해주기 때문에 경기용 요트 개발의 유력한 도구가 된다. CFD에 의해 새로 설계된 배들을 수조나 풍동에서 모형 실험으로 성능을 확인하는 경우가 많다.

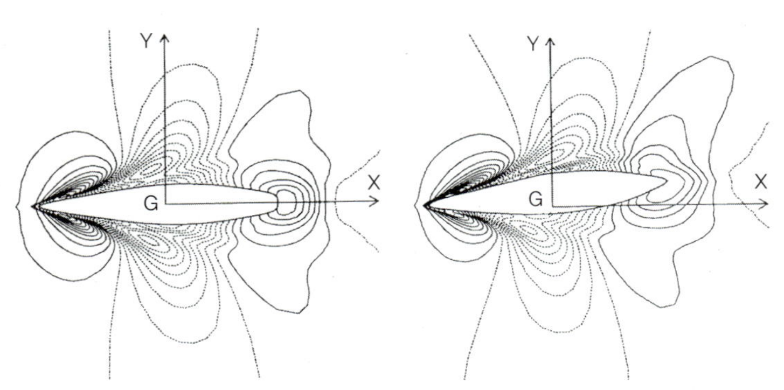

CFD에 의한 직립 상태와, 옆밀림각과 횡경사각이 있는 역풍범주시의 파형 비교. 실선은 파정부, 파선은 파저부를 표시한다. 그림은 AC 요트가 9노트로 범주할 때의 파형이다. 프루드 수 0.35 전후이므로, 선체 중앙부의 넓은 범위에 걸쳐 파저가 발생한다. 풍상범주시의 파형은 물론 좌우 비대칭이다.

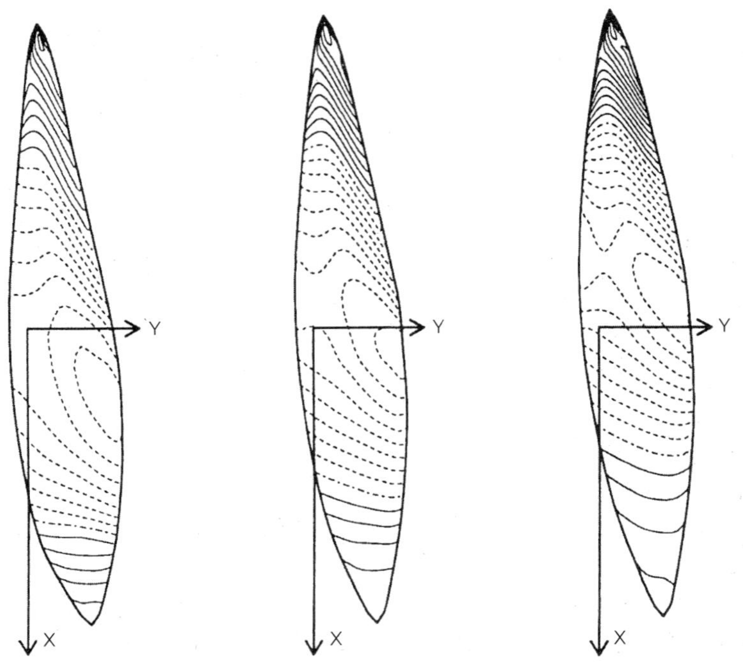

부심 위치를 바꾼 세 척의 선체 표면 압력의 비교. 이것은 부심 위치를 전후로 변화시켰을 때 선체 표면의 압력분포는 어떻게 변화하는가를 CFD로 계산한 결과이다. 실선은 정수압보다 높은 압력, 파선은 정수압보다 낮은 압력을 표시한다. 이것은 대표적인 풍상범주 상태의 것이므로 좌우 비대칭이다. 마찰력 성분을 제외한 힘과 모멘트는 이 압력분포를 적분하면 구해진다.

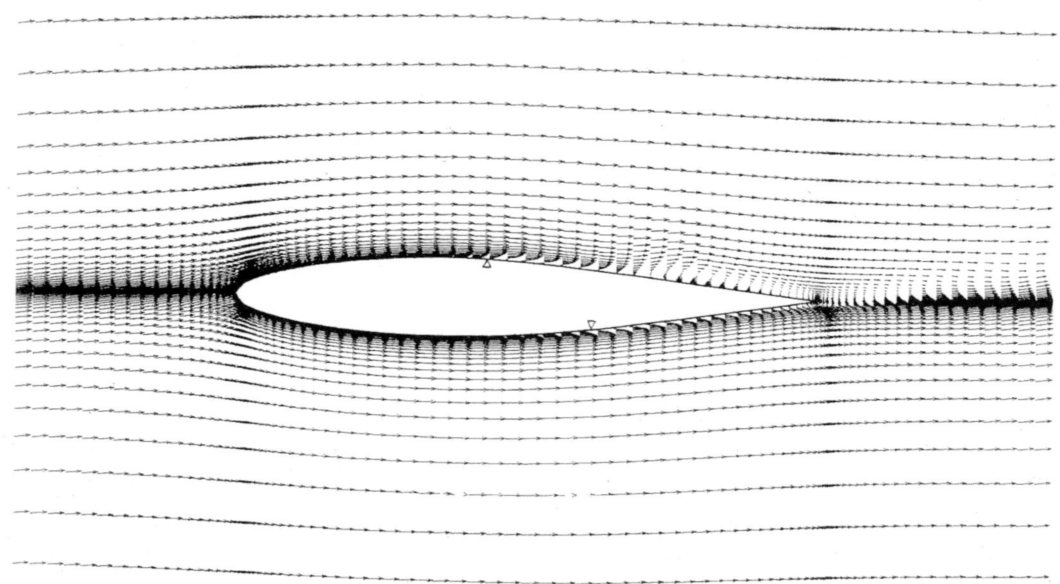

스트럿 단면 주위의 유동. 스트럿 날개 단면 형상 주위의 유동이다. 선체의 옆밀림과 횡경사에 의해 스트럿에 받음각이 생겨, 양 측면에 서로 다른 유동이 발생하여 양력을 발생시킨다. 이때 유동이 박리되어 큰 항력이 발생하지 않을 것으로 보이는 날개 모양을 CFD로 구한다.

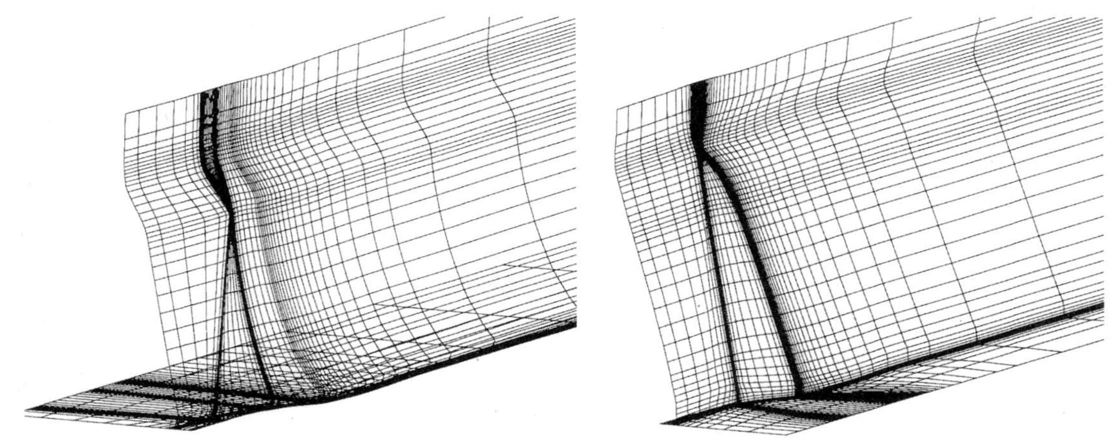

돛 주위의 유동 계산을 위한 격자계. 일반적으로 CFD 계산은 유체의 계산 영역을 격자들로 덮는 일부터 시작된다. 실제로는 계산 효율을 높이기 위해 중요도에 따라 격자 크기를 적절히 변화시키는 등 격자 수를 줄이는 방법이 채용되고 있다. 그림의 예에서는 돛 한 장당 6만 개의 격자점(선의 교점 수 또는 직사각형 모양의 격자)이 사용되었다. 이 두 격자군을 접합하여 지브와 주 돛을 조합한 계산을 수행한다.

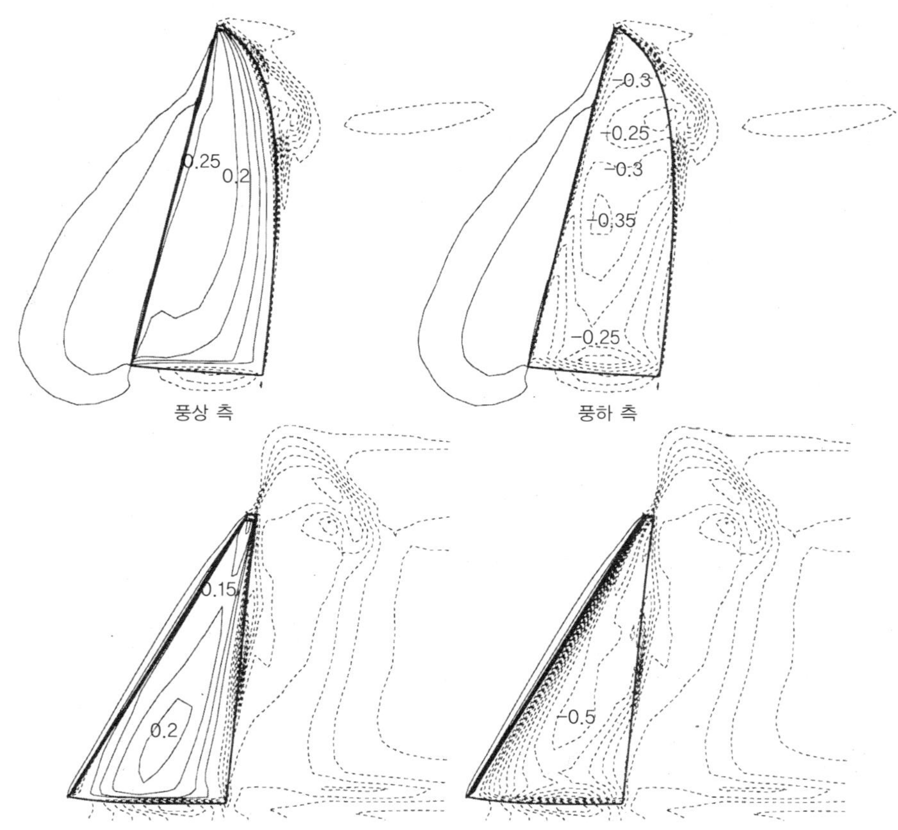

돛 표면의 압력분포. 이것은 AC 요트의 전형적인 풍상범주 상태의 돛 표면 압력분포도이다. 지브와 주 돛이 동시에 취급되어서 서로 간의 상호간섭 영향도 나타나 있다.

5. 전산유체역학에 의한 설계

CFD는 말하자면 유체 운동을 계산기 안에서 모의시험(simulation)하는 기술이다. 이 기술을 더 확장하여 배의 운동이나 타·조절탭의 조작, 돛의 조절까지 함께 다룰 수 있게 된다면, 유체 운동뿐 아니라 그 결과로 발생하는 힘과 모멘트로부터 역으로 배의 운동을 구해 타, 조절탭, 돛 조절의 제어에 활용할 수도 있다.

이것은 일종의 가상현실(virtual reality) 기술이다. 이 기술은 설계한 요트를 계산기 안에서 모의로 범주시켜 요트의 모든 성능을 검증할 수 있게 하자는 것이다. 시험수조에서 선체에 용골과 타를 달고 시험하는 것은 보통이지만 돛을 달고 시험하기는 어렵다. 이것은 바람을 만들어야 한다는 어려움뿐 아니라 배를 정상적으로 범주시키는 것 자체가 곤란하기 때문이다. 그러나 수치 모의시험에 의한 범주는 실험에서 할 수 있는 영역을 훨씬 초월하여 실제 요트의 범주 상태를 구현할 수 있다. 돛과 선체와 부가물의 미묘한 조화로 성능을 끌어내는 경기용 요트로서는 이와 같은 기술이 갖는 중요도가 매우 높다. AC 요트는 참가팀당 건조 척수가 두 척으로 제한되어 있지만, 컴퓨터상에서는 얼마든지 많은 AC 요트를 테스트할 수 있다. 세계를 앞질러 도쿄대학에서 개발된 PPS(Performance Prediction Simulation)는 이와 같은 기술의 첫 작품이다.

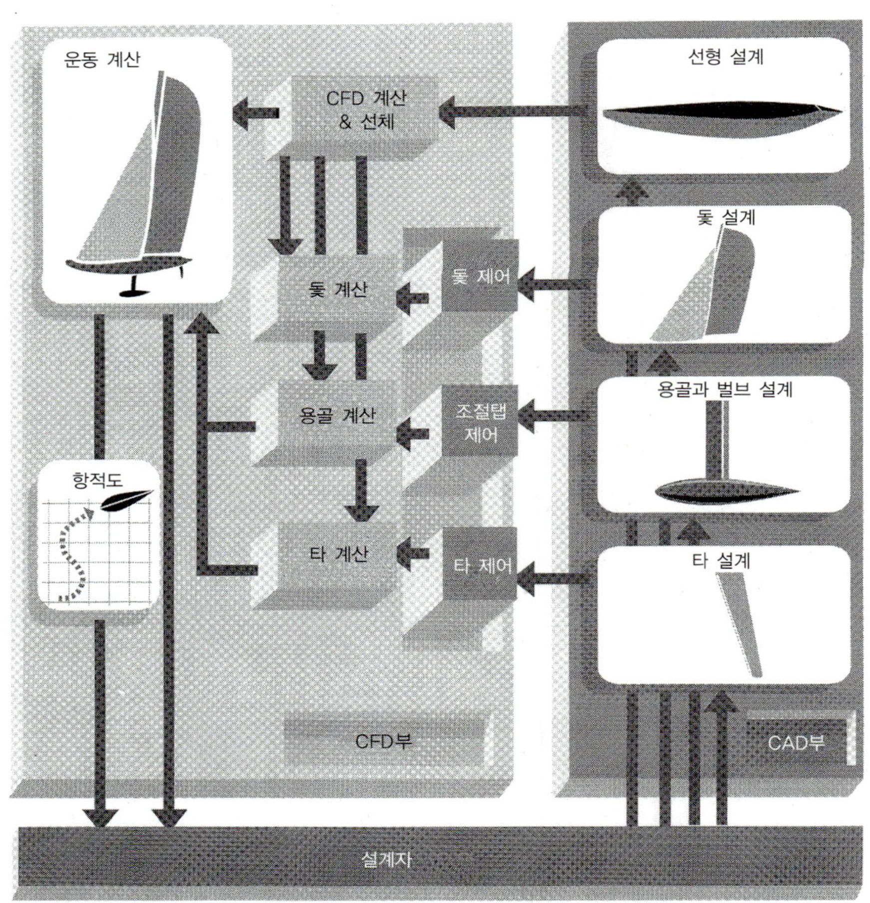

PPS의 모의 실행도. 형상이 설계된 후 PPS 시뮬레이션이 수행된다. CFD에 의해 선체의 힘과 모멘트가 구해지고, CFD 또는 다른 방법으로 돛과 용골과 타의 힘 및 모멘트가 구해지면 운동방정식이 풀린다. 돛과 용골(조절탭)과 선체가 안정되도록 제어된다. 운동방정식을 풀 때 허용하는 자유도의 수에 따라 여러 가지 모의시험을 할 수 있다.

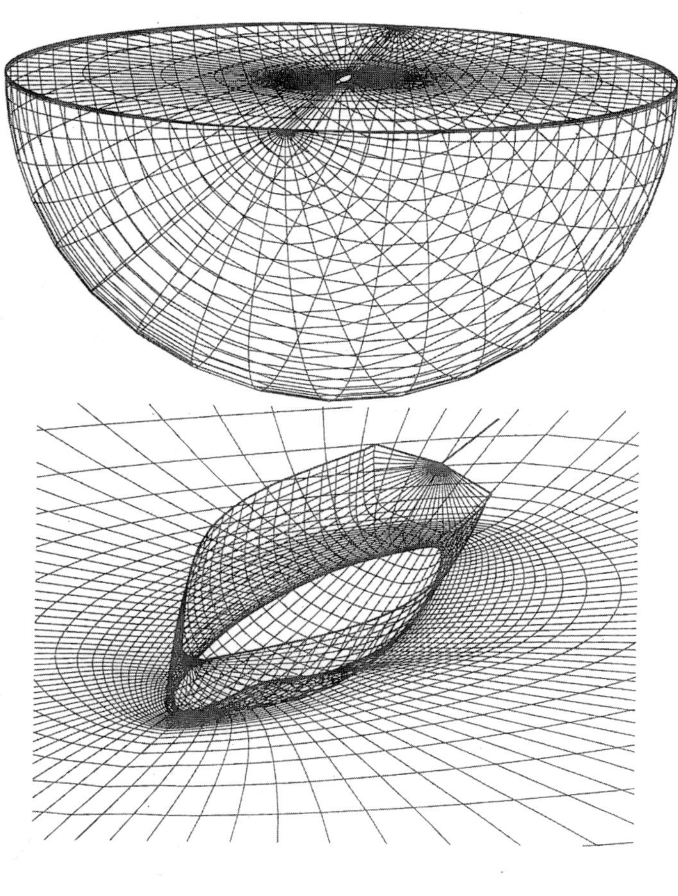

AC 요트를 위한 격자. 반구 모양 계산 영역의 중심에 AC 요트가 놓여있어 6 자유도의 운동이 가능하게 된다.

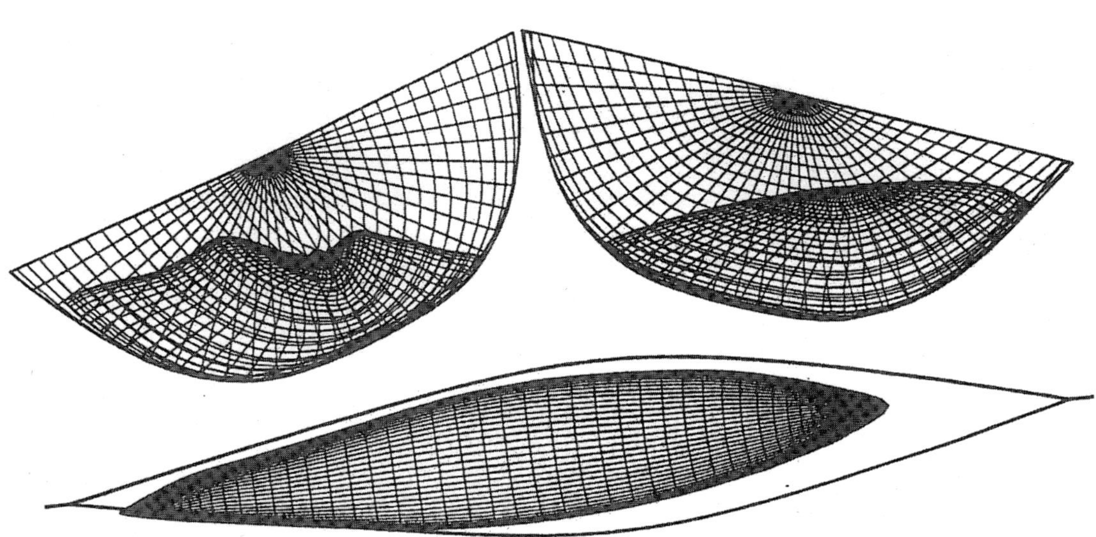

역풍범주 상태의 격자와 파형. PPS 모의시험은 시간을 쫓아가는 모의시험이므로 결과를 동영상으로 처리할 수도 있지만 여기서는 정상 상태만을 보인다. 프루드 수가 높으므로, 선체 표면에서 물과 접하고 있는 부분은 파도에 의하여 많이 변화한다.

science of yacht

부록 II

범주 기술

1. 선수 균형의 제어

요트의 조종은 타 조작, 돛 조작, 그리고 선원의 체중 이동, 이 세 가지 요소가 복합되어 이루어진다(대형 요트에서는 체중 이동이 효과가 없다). 일반적으로 요트의 침로는 타만으로 조종하는 것으로 알려져 있을지도 모르지만, 더욱 원활하게 조작하기 위하여 돛, 선체 및 부가물에 작용하는 세 가지 힘의 균형(yaw balance, 선수 균형)을 의도적으로 무너뜨리는 조종이 필요할 때도 있다. 예를 들어 횡경사가 심한 강풍의 역풍범주 상태에서 풍하 쪽으로 침로를 바꾸려(bear away) 할 때, 타를 돌려도 침로는 좀처럼 변하지 않고 그렇다고 타각을 너무 키우면 오히려 타가 실속하는 상황이 벌어질 수 있다. 따라서 이 경우에는 우선 주 돛을 크게 펴고 조정줄을 늦추어 지브 돛을 줄임으로써 횡경

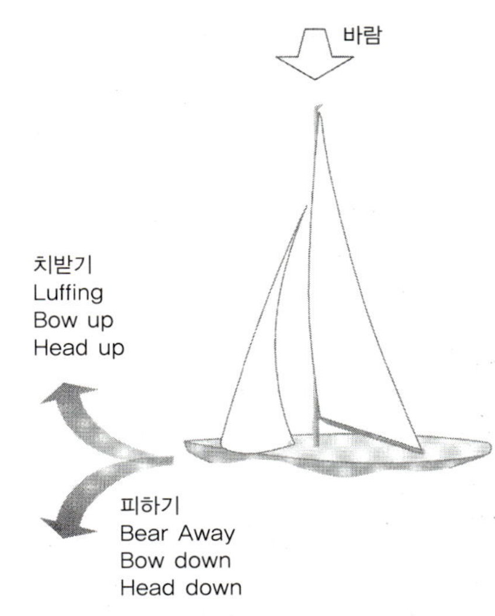

바람에 대한 방향 전환의 명칭

사각을 작게 하고, 또 돛의 힘을 선수 쪽에 걸리도록 하여 침로 변경을 쉽게 해주는 것이 중요하다.

역풍범주의 경우 타만을 사용하여 침로를 유지하지 말고 돛 조절도 병용하면 타의 각도(유동에 대한 받음각)도 안정되어 더욱 효율적인 범주를 할 수 있다. 딩기(dinghy) 같은 경우에는 횡경사 각도의 조절도 적극적으로 해주어야 한다.

이와 같은 선수 균형을 구사하는 범주를 하기 위해서는 우선 요트가 어느 방향으로 향하려 하는가를 빨리 감지할 수 있어야 한다. 그것을 알아내는 가장 좋은 방법은 타자루에서 손을 떼거나 또는 팔의 힘을 빼고 타를 자유로운 상태로 놓아보는 것이다. 배가 항로를 벗어나려고 하면 타를 작동시키고, 본 항로로 돌아오면 다시 손을 뗀다. 이와 같은 훈련을 되풀이하면, 파도 하나하나에 대하여 요트가 어떻게 반응하는지, 또 주 조정줄을 조이면 어떻게 되는지 등을 감각적으로 이해할 수 있다. 딩기에 숙련된 사람들은 타를 떼어내고(타 없이) 범주 연습을 하기도 한다.

2. 돛 조절

돛은 겉보기 바람에 맞추어 조절(sail trim)하는 것이 원칙이다. 역풍범주의 경우에는 지브 돛의 앞날 부근에 부착된 표시계(telltale) 혹은 '깃(tuft)'이라고 부르는 풍향계가 조절의 좋은 길잡이가 된다. 예를 들어, 풍상 측 표시계가 유연하게 나부끼지 않고 헝클어지면 그것은 유동이 박리하고 있다는 증거인데, 겉보기 바람이 앞으로 너무 많이 돌고 있다는 것을 표시한다. 또 주 돛의 뒷날에 붙은 표시계를 '뒷날 리본(leech

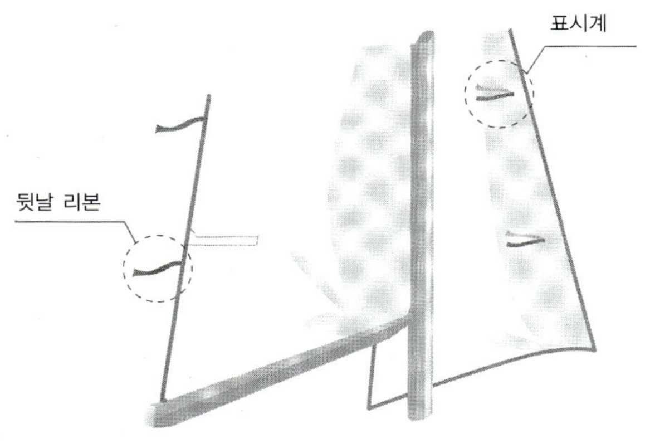

지브 돛의 앞날 부근에 부착된 풍향계를 표시계 또는 '깃'이라 하고, 주 돛의 뒷날에 붙인 것을 '뒷날 리본'이라 한다.

ribbon)'이라 하는데, 이것은 주 돛 비틀림(twist, 뒷날의 열린 상태)의 좋은 기준이 된다.

요트의 성능곡선을 보면 알 수 있듯이 역풍범주에서도 최대 VMG가 되는 각도에서만 범주할 수 있는 것은 아니다. 침로를 풍하로 바꾸어(bear away) 약간 낮게(풍향과의 각도가 크게) 달리는 것을 '늦추기(footing)', 침로를 풍상으로 바꾸어(luffing) 약간 높이 달리는 것을 '조이기(pinching)'라고 한다. 실제로 늦추기를 할 때에는 돛 조절은 그대로 두고 풍하 측 표시계가 교란되는 극한까지 미세하게 침로가 풍하로 바뀌도록 한다(최종적으로는 요트의 속도가 증가하고 겉보기 풍향은 어느 정도 앞으로 돌아온다). 이같이 같은 돛 조절(돛 형상)에서도 유동의 허용 범위가 있어서 침로를 약간 변화시켜 달릴 수도 있다.

겉보기 바람은 언제나 변화하는 것이므로 돛 표면에 흐르는 바람의 상태를 항상 일정하게 유지한다는 것은 현실적으로 불가능하다. 돛의 어느 부분에서는 바람이 불고 있고 또 다른 부분에서는 박리하고 있는 것이 보통이며, 또 그 장소도 항상 변화하고 있다. 이와 같이 돛 조절은 잡지의 사진에서 볼 수 있듯이 어떤 한 순간의 것이 아니라, 결국 얼마나 오랫동안 유효한 바람이 불게 했는지 또는 바람을 교란시켰는지의 총계(적분)인 것이다. 딩기의 예를 또 들면, 조정줄을 절대로 밧줄걸이에 걸지 말고 항상 손에 쥐고 섬세하게 당겼다 놓았다 해야 하는 것이다.

3. 목적지에 빨리 도달하는 코스

바람은 반드시 일정하게 부는 것이 아니기 때문에 목적지까지의 범주 시간은 어떤 침로를 택하는가에 따라 크게 차이가 난다. 예를 들어 역풍범주에서 바람이 흔들리는 경우를 생각해보자. 바람이 흔들리는 경우 목적지와 되도록 예각을 유지하면서(잘 올라가게) 범주할 수 있는

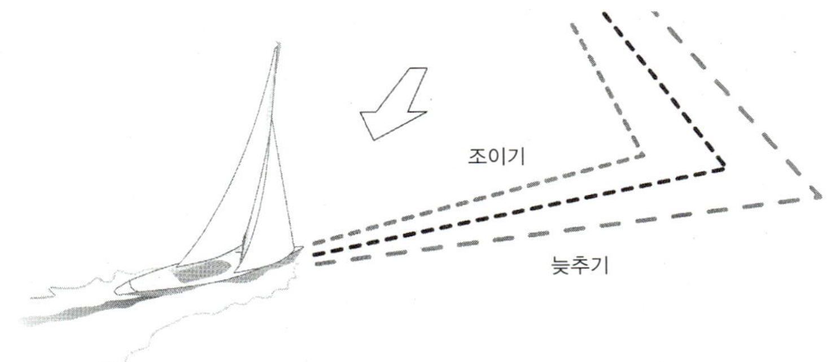

늦추기(footing)는 요트의 속력을 올리고 싶을 때나 감속이 필요한 파랑 중에서 범주할 때 사용하는 조종 기술이고, 조이기(pinching)는 잔잔한 해면에서 일시적으로 거슬러 올라가려 할 때 유용한 조종 기술이다.

택을 선택하여야 범주 시간(거리)을 단축할 수 있다. 그러나 만약 바람의 흔들림을 잘 잡지 못하면 항적은 지그재그 모양이 되고 항주 거리는 길어진다. 잘 올라갈 수 있는 택으로 택바꾸기하는 것을 '택 흔들기(shift tack)'라고 한다. 여기서 주목할 점은 풍향이 흔들리는 방향으로 요트를 달리면 유리하다는 것이다. 예를 들어, 경쟁 상대가 있을 경우 바람이 우측으로 흔들릴 것이라 예상되면 미리 좌현택을 취하여 되도록 우측 해면으로 나와 있으면 유리하다. 이 경우 바람이 흔들리기 시작한 시점에서의 높이차는 '상대 요트와의 거리 × sin(바람이 흔들린 각도)'가 된다.

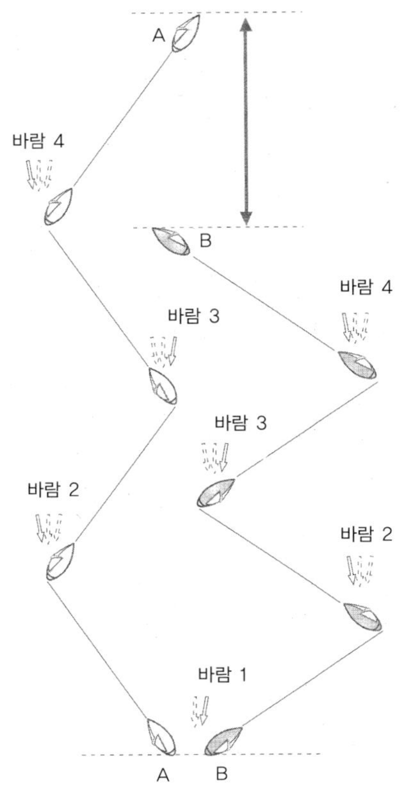

이러한 경우, 최초에 우측 해면으로 나가는 범주에 대해 생각해보자. 우선 최대 VMG를 얻을 수 있는 범주 각도보다 조금 낮은 각도로 범주(footing)함으로써 상대 요트와의 거리를 벌리고, 그 다음 바람이 흔들리는 시점에서의 높이를 크게 벌리는 것이 가능하다.

이와 같이 현 시점에서의 풍상 방향으로의 높이, 즉 VMG를 중시하지 않고 어떤 침로를 향한 속도 성분이 최대가 되도록 범주하는 경우가 있다. 이것을 VMC(VMG on Course)라고 한다. 앞의 경우에서는 다음에 변화하게 될 바람의 방위가 그것의 침로가 되며, 최대 VMG 코스보다 미세하게 늦추는(footing) 것이 된다. 풍상 침로에서 여러 번 바람이 흔들릴 것으로 예상될 때에는 그 구간에서의 평균 풍향이나 목적지 부근의 지배적 풍향에 맞춘 VMC로 달리는 작전을 생각할 수 있다. 이 경우에는 대부분의 택에서 늦추기를 하게 된다(조이기를 할 경우는 상대 요트와 멀리 떨어지지 않겠다는 등의 특별한 이유가 있을 때에 한정되며, 본래는 택바꾸기를 해야 할 경우이다).

VMC를 더욱 쉽게 이해할 수 있는 예로는 순행(reaching)에서의 범주를 들 수 있다. 이 범주 방법은 목적지로 똑바로 향하는 코스(rhumb line, 항정선)에서는 벗어나지만, 우선 목적지에 조금이라도 더 가까이 가 두면 다음에 바람이 흔들렸을 때 결과적으로 더욱 짧은 범주 시간으로 목적지에 도달할 가능성이 있다(역으로 바람이 일정할 때에는 가장 느린 침로가 마지막에 남게 되므로 이 방법이 반드시 유리하다고는 말할 수 없다).

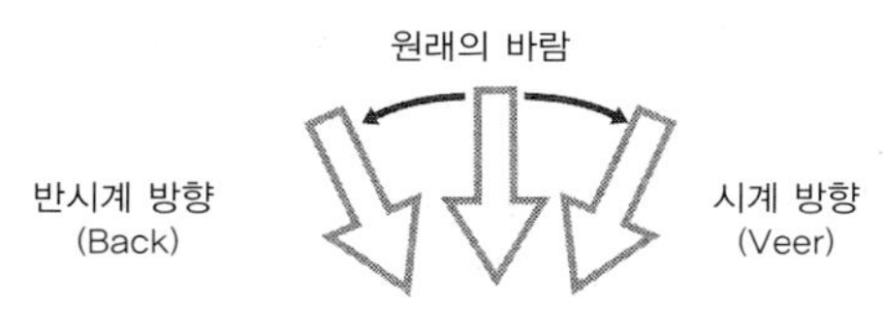

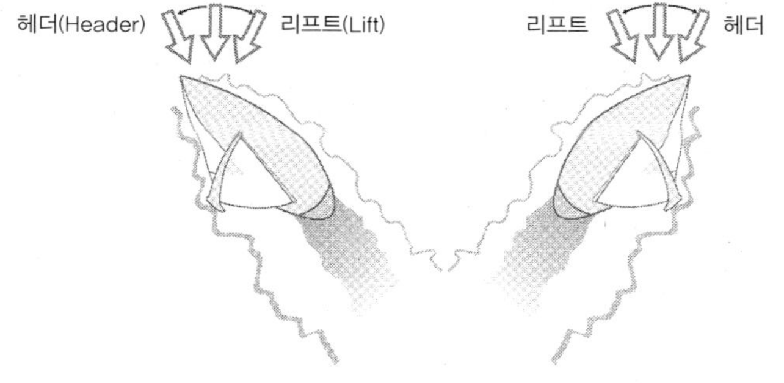

풍향 변화의 호칭
- 헤더(Header) ; 바람각이 좁아지는 현상
- 리프트(Lift) ; 바람각이 넓어지는 현상

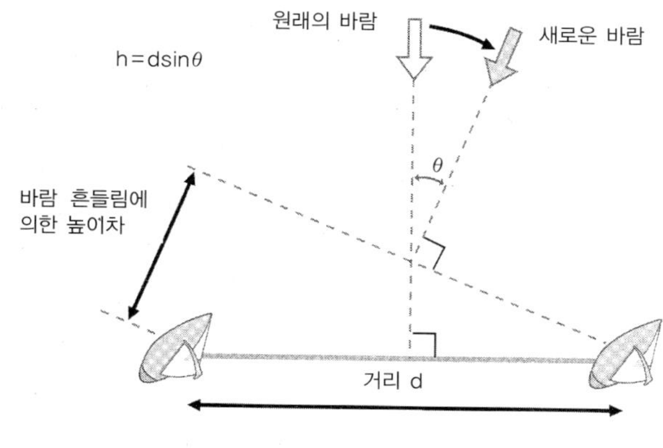

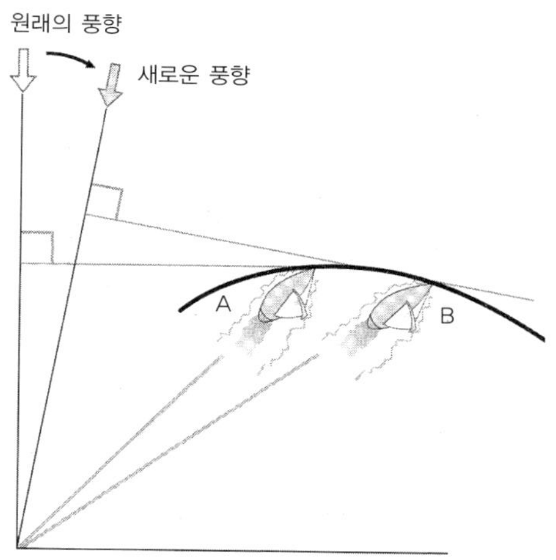

최대 VMG를 얻을 수 있는 각도로 달리는 A 요트보다 다음 풍향에 대한 VMC로 달리는 B 요트가 바람이 흔들린 시점에서 높은 위치에 있다.

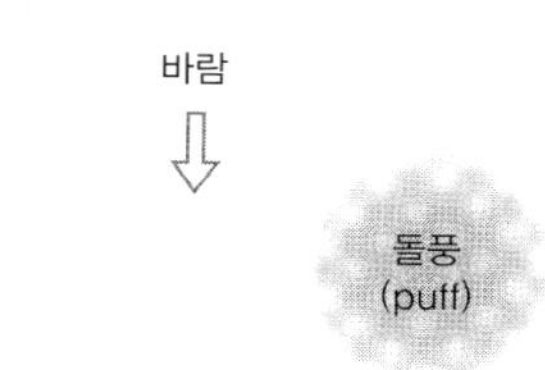

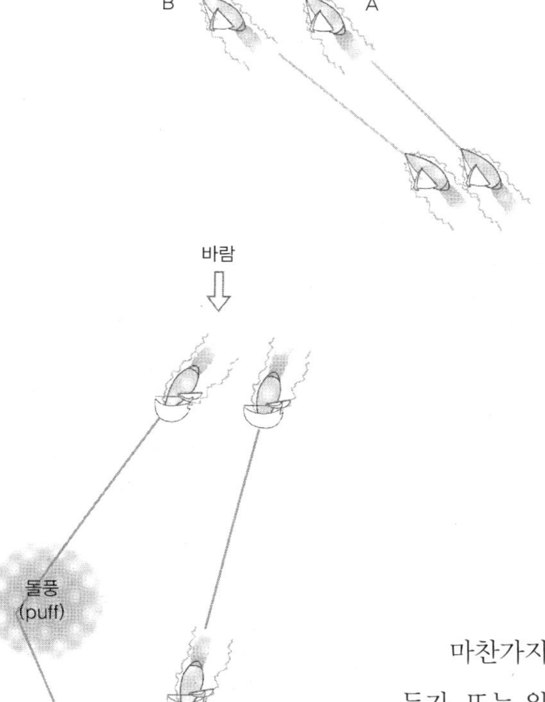

돌풍(puff)을 이용하기 위한 침로 취하기

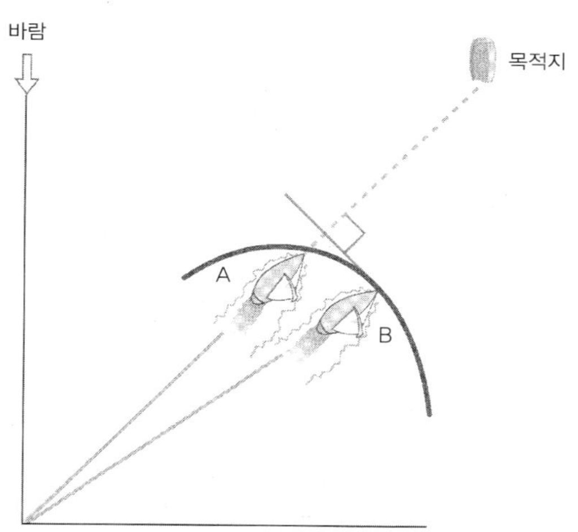

직선 코스를 달리는 A 요트와 VMC로 달리는 B 요트. 어느 요트가 빨리 도착할 것인가는 이 시점에서는 알 수 없다.

마찬가지로 해면에 부분적으로 바람이 강한(puff) 지점이 있다든가, 또는 위치적으로 유리·불리한 위치가 있는 경우에도, 여하튼 그곳에 빨리 도착하기 위해서 이 방법으로 침로를 결정하기도 한다. 순풍범주에는 풍향 변화가 반대가 되므로 혼동하기 쉽지만, 이 경우에도 역시 풍상 범주와 마찬가지 방법으로 침로를 검토할 수 있다.

다음에는 바람의 세기도 변화한다는 것을 고려에 넣어보자. 우선 실전적으로 말한다면, 역풍범주의 경우 바람이 강해지면 최대 VMG가 되는 각도가 작아지므로, 만일 상대방과 자신의 요트가 모두 잘 올라가고 있더라도 그것이 풍향의 변화에 의한 것인지 풍속의 증대에 의한 것인지를 확실히 알아둘 필요가 있다. 잘 거슬러 오르고 있는 요트에 대해 성능이 좋다든가, 혹은 바람의 변화를 잘 잡았다고 평가할 때가 있는데, 실은 그때 그 장소에서 바람이 강해졌기 때문인 경우도 많다.

풍향의 변화가 없고 풍속만 변화할 때에는 다소 주의할 점이 있다. 예를 들어, 바람이 약해지는 순간 겉보기 풍향은 작아진다. 이것은 풍속에 비해 요트의 속력이 일시적으로 빨라졌기 때문인데, 이것을 바람의 흔들림(header)으로 잘못 알고 침로를 급속히 풍하로 바꾸는 것은 좋지 않다. 다시 속도가 날 것이므로 오히려 약간 올라가도록 조정하여 높이를 벌어놓은 후, 원

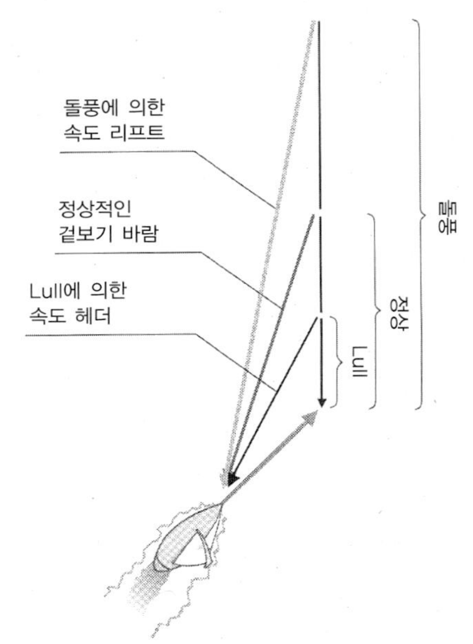

속도 흔들림. 참바람 속도가 변하는 순간에 겉보기 풍향의 변화가 생긴다.

래의 속력으로 돌아오면 본래 각도로 되돌리는 것이 좋은 방법이다. 급히 침로를 늦추면 그만큼 높이를 상실하게 되므로, 바람이 변했다면 택을 바꾸든가 혹은 즉시 그 바람에 맞도록 침로를 변경하여 요트의 속력이 떨어지지 않도록 해야 한다.

한편 바람이 강해지면 겉보기에 순간적으로 양력(lift)이 커진 것 같은 상태가 되지만, 이 경우에는 되도록 빨리 강해진 바람에 알맞은 속력이 되도록 일시적으로 돛을 밖으로 내어 돛 조절을 하는 방법이 있다. 이 방법이 겉보기 바람에 맞추어 요트를 거슬러 올라가게 한 후 속도의 증가를 기다리는 것보다 더 유효한 경우가 많았다고 알려져 있다.

이와 같은 참바람 속도의 변화에 의한 겉보기 바람의 흔들림을 '속도 흔들림(velocity shift)'이라고 하는데, 여기에 올바르게 대처하기 위해서는 돛에 붙인 표시계만을 의지해서는 안 되며, 풍속에 대응하는 목표선속을 올바로 이해해둘 필요가 있다. 한마디 더 덧붙인다면, 바람이 강해지면 목표선속은 조금이라도 증가하므로 아무리 강풍 중이라도 더 강한 바람(puff)을 찾아내어 바람을 움켜 잡아들이듯이 달려 나가야 한다는 것이다. 순풍범주에서도 역시 역풍 때와 같은 논리를 펼 수 있지만, 이 경우에는 속도 흔들림이 더욱 확실히 나타나기 때문에 전술적으로 흥미가 더욱 크다.

파도 중에서의 요트 조종은 더욱 높은 수준
의 기술이 필요하다.

우선 역풍범주를 생각해보자. 이 경우
요트는 맞파도(head sea) 때문에 피칭이나 슬
래밍이 일어나 저항이 증대되어 전진하기 어
려워지므로, 기본적으로 낮추기(footing)로
범주하여 요트가 파도를 넘을 수 있는 충분
한 속력을 낼 수 있도록 해야 한다. 이에 더

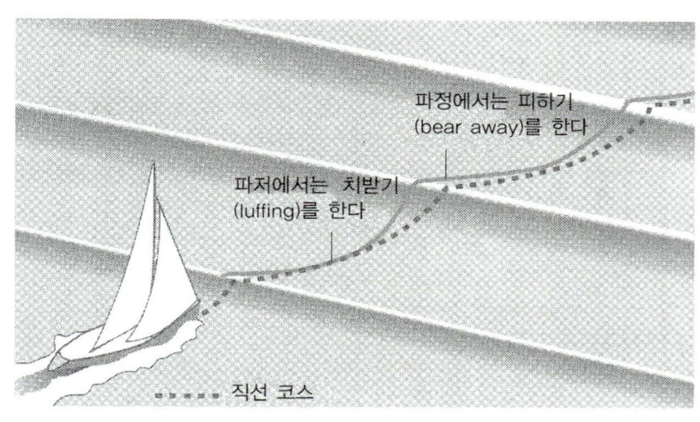

하여 요트는 피칭을 잘 이용하여 큰 파도와 부딪치지 않고 나아갈 수 있는 침로를 골라 범주하여야 한다.
더욱이 하나하나의 파도를 넘는 조종 기술에는, 파저에서는 침로를 풍상으로 돌리고(치받기, luffing) 파정
직전에 풍하로 돌리는(피하기, bear away) 방법이 있다. 이 기술로 심한 슬래밍을 피할 수 있지만, 이 기술
을 타만으로 하려 하면 저항이 증가하여 속력이 나지 않는다. 그러므로 이때에 침로 변경 동작의 효과를
높일 수 있도록 돛 조절을 함께 해주면 더욱 좋다.

뒷바람 중에서 순풍범주(running)로 달릴 때에는 파도가 요트를 앞질러 가므로, 반대로 생각하면 배가
파도를 향하여 천천히 후진한다고 볼 수 있다. 이때에는 요트가 파도의 계곡에 있는 동안은 풍상 침로로
달려 속력이 떨어지지 않게 해두고, 요트 뒤에 파도의 정상이 오는 시기에 맞추어 풍하로 침로를 바꾸어,
그때의 속력을 이용해서 요트가 파도를 타게(surfing) 만든다. 물론 파도와의 각이 직각에 가까워질수록 파
도의 경사각은 급해지므로 파도 타기가 더 쉬워진다. 이렇게 파도의 표면류를 유용하게 이용하기도 한다.
역풍범주(close hauled)에서도 순풍범주에서도, 파도 중에서 코스나 요트의 속력이 변하면 그에 따라 겉보
기 풍향·풍속도 변화하므로, 그것에 상응하는 효과적인 돛 조절이 필요하다.

6. 다른 요트의 영향

근처에 같이 달리는 요트가 있으면 서로 영향을 미치게 된다. 먼저 역풍범주의 경우를 살펴보자. 우선 돛
에 의해 바람이 교란되므로 그것에 의해 분명히 불리한 위치가 있게 된다. 이것은 일반적으로 풍상 후방에
있으며, 이를 '절망적 위치(hopeless position)'라고 부른다. 예를 들어, 지브 돛에 대한 주 돛의 위치관계와
같은 것이다. 또 돛에서 나오는 바람은 유속이 감소되어 있으므로 다른 요트의 돛 후류에 들어있는 요트는
불리하다. 순풍범주의 경우 풍상 후방에 있는 다른 요트의 돛에 의해 바람이 차단되는 상태를 '블랭킷

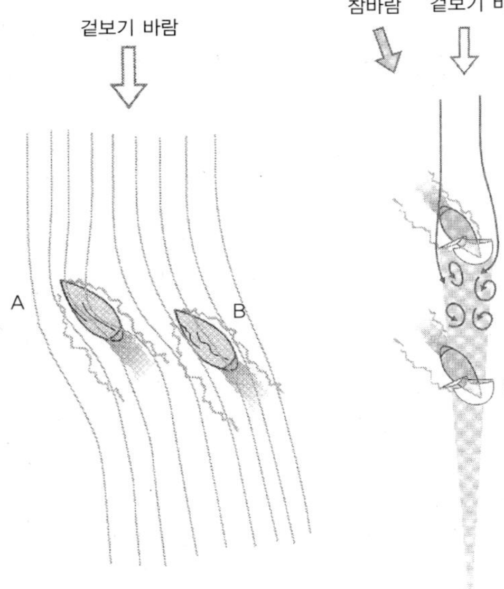

좌측 A의 영향으로 B에서는 바람이 헤더(header)로 변하고 풍속도 떨어진다.

풍상 후방에 위치하여 겉보기 바람을 차단하는 A의 영향으로 B는 충분한 속도를 낼 수 없다.

(blanket) 상태'라고 하며, 역시 유속이 감소하거나 바람이 교란되어 앞에 있는 요트에게는 불리한 상황이 된다.

이와 같은 영향이 미치는 범위는 의외로 넓다. 예를 들어, 블랭킷을 피하려고 할 경우 주 돛 높이의 다섯 배 이상의 거리만큼 떨어져 있어야 한다고 한다. 요트에서 바람은 동력원이므로, 강하고 좋은 바람을 받는다는 것은 빨리 달리고 빨리 목적지에 도달하기 위한 중요한 요건 중의 하나이다. 아메리카컵 요트 경기와 같은 1대 1의 시합 경기에서는 이런 악영향을 줄 수 있는 위치를 선취함으로써 상대 요트의 속력을 둔화시켜, 상대로 하여금 택바꾸기, 돛돌리기를 할 수밖에 없게 만드는 작전을 쓰기도 한다.

부록Ⅲ

한국의 요트

1. 우리나라 요트의 역사

우리나라에서도 삼국시대 이전 아주 오랜 옛날부터 바람의 힘을 이용해 항해하는 목선을 사용해온 것으로 알려져 있으며, 수십 년 전만 해도 한강이나 낙동강 등 주요 내륙 하천에서 황포돛배와 같이 돛을 단 소형 목선들이 사람이나 화물을 운반하는 데 흔히 이용되어왔다. 그러나 유럽이나 미국과 같은 개념의 해양레 저 또는 스포츠로서 범선을 사용한 사례는 찾아보기 어렵다.

1930년경 연희전문학교의 언더우드 씨가 한강변의 한 나루에서 배목수를 시켜 요트를 제작하고 '황해 요트클럽'이라는 이름으로 한강 하류에서 활동한 것이 우리나라 해양 스포츠의 효시라고 할 수 있다. 그러 나 태평양전쟁이 발발하자 일제는 요트 항해 금지령을 내려 요트를 제작하거나 타는 행위를 금지했으므 로, 해방 이후 우리나라에 주둔한 미군들이 진해, 대천 등지에서 개인적으로 요트를 즐기기 시작할 때까지 요트 활동은 중단되었다. 1960년대부터는 우리나라 군인들을 중심으로(간혹 민간인들도) 개인적으로 요트 를 제작하여 즐기는 사람들이 나타나기 시작했으나 동호인 단체를 구성하거나 요트를 보급하려는 시도는 없었다.

본격적으로 요트가 보급되기 시작한 것은 1970년 한강 강나루에서 호수용 요트인 턴(Turn)급 20척을 합판으로 제작하여 '대한요트클럽'을 창설하면서부터이다. 이 클럽은 대학생을 중심으로 활발하게 활동하 였으나 1972년 대홍수 때 요트가 모두 유실되는 불행을 당하고 말았다. 그러나 요트 동호인들은 다시 힘 을 모아 대한조정협회에 요트부를 신설하고 스나이프급과 오케이 딩기급 요트를 제작하여 요트 보급에 나 서게 되었다. 그 결과 1979년에 '대한요트협회'가 창설되어 현재 대한체육회와 국제요트경기연맹에 가입 되어 있으며, 매년 다수의 요트 경기 대회를 주최하고 여러 국제 대회에도 선수를 파견하고 있다.

이렇듯 짧은 요트 역사를 가지고 있음에도 불구하고 '86아시안게임과 '88올림픽에서 성공적인 요트 경기를 운영하고, '98 방콕 아시안게임과 2002 부산 아시안게임에서 각각 여섯 개의 금메달을 획득하여 아시아 최강의 실력을 입증한 것은 국내 요트계의 쾌거가 아닐 수 없다. 그러나 이러한 성과가 생활체육으 로서 요트 활동이 국내에 충분히 파급되었기 때문이 아니라 단지 딩기와 같은 일부 올림픽 종목에 국한된 엘리트 체육 정책의 산출물이었다는 점에서 매우 안타까운 현실이 아닐 수 없다.

2000년대에 들어서면서 비로소 순수 레저 활동으로 요트를 즐기는 동호인들이 점차 늘어나기 시작했 으며, 원양 순항을 즐기는 고급 요트 활동도 나타나고 있다. 또한 우리나라가 세계 1위의 조선 강국이라는 점에서 우리의 선진 조선 기술을 바탕으로 고성능 요트를 자체 개발할 필요가 있다는 인식이 점차 확대되 고 있어, 국내에서도 요트의 설계와 성능 해석, 건조를 위한 노력이 이루어지고 있다. 이에 따라 조선 관련 고급 기술을 확보하고 있는 연구기관과 대학, 그리고 순항 요트를 즐기는 동호인들을 중심으로 아메리카 컵이나 볼보 대회 등 국제적인 요트 경기에 참가하는 꿈을 이루기 위해, 비록 소수이긴 하지만 고성능 요 트를 연구하는 등 나름대로 준비하고 있는 요트 동호인들이 있는 것으로 알려져 있다.

우리나라의 경우 요트는 수상레저안전법상에 정의된 15종의 레저 장비 가운데 하나로 분류되어, 수상레저 사업에 사용되는 경우에만 등록이 의무화되어 있다. 그 결과 2004년 현재 수상레저 사업장(내수면 343개소, 해수면 328개소)에 등록된 요트는 겨우 네 척에 불과하다. 즉, 현재 요트의 대부분은 개인이 보유하고 있기 때문에(개인이 보유하고 있는 경우에는 의무적인 등록 대상에서 제외된다) 정확한 요트 보유 현황을 파악하기가 매우 어렵다. 다만 대한요트협회에 등록된(계측 증명서 발급) 요트의 수는 딩기/윈드서핑급이 931척, 순항급이 44척(30피트 이상 8척, 30피트 이하 35척, 미기재 1척)으로 파악되고 있다.

딩기/윈드서핑급 요트의 등록 척수(2005년 7월 현재, 대한요트협회 자료)

옵티미스트급 (Optimist)	레이저급 (Laser)	미스트랄급 (Mistral)	경기 보드급 (Race board)	공식급 (Formula)	420급	470급	엔터프라이즈급 (Enterprise)	스나이프급 (Snipe)	계
204척	132척	322척	65척	9척	31척	89척	49척	30척	931척

2005년을 기준으로 대한요트협회에 등록된 요트 선수는 495명(남자 431명, 여자 64명)이며, 요트 동호인은 중·고등학교 및 대학교의 요트 동아리와 여러 요트 클럽(한강요트클럽, 서울요트클럽, 수영만 요트클럽, 위네이브 요트클럽, 라이트하우스 요트클럽, 자이언트 요트클럽, 올림피아 요트클럽, 무리애 요트클럽 등)을 중심으로 약 5만 명에 불과한 것으로 추정되고 있다.

그러나 국민소득의 증가에 따른 해양레저 활동에 대한 관심 증대, 주 5일 근무에 따른 여가 시간 활용, 육상레저 자원의 포화 등으로 해양레저에 대한 국민적 관심과 수요가 더욱 증가하고 있어, 머지않아 '마이 요트(My yacht) 시대'의 도래와 함께 요트 동호인이 급증할 것으로 예상된다.

국내의 주요 요트장은 부산 수영만 요트 경기장과 경남 통영의 충무마리나를 포함해 모두 11개소에 이른다. 수영만 요트 경기장은 넓이 97,000m²로 1983년 건설되어, 1986년 아시안게임과 1988년 올림픽 때 요트 경기를 개최한 곳이다. 1,360여 척의 요트를 동시에 계류할 수 있는 넓은 육상·해상 계류장을 갖고 있을 뿐 아니라 주변에 요트를 타기에 적합한 자연 여건을 갖추고 있어, 매년 많은 국내외 요트 경기 대회가 개최되는 우리나라 해양스포츠의 메카로서 요트인들이 가장 즐겨 찾는 곳이다. 그리고 경남 통영의 충무마리나는 금호개발에서 건설한 사설 요트장으로 1994년 4월 17일에 준공

강원대학교	http://www.kangwon.ac.kr/~yacht
경상대학교	http://www.yachtclub.wo.to
경희대학교	http://members.tripod.lycos.co.kr
경성대학교	http://sports.ks.ac.kr
단국대학교	http://www.freechal.com/dkyc
동아대학교	http://www.home.donga.ac.kr/~yacht
부경대학교	http://www.yacht.waa.to
부산대학교	http://keel.woorizip.com
서울대학교	http://www.snus.or.kr
인하대학교	http://www2.inha.ac.kr/~ihyc
중앙대학교	http://www.yacht.cau.ac.kr
한양대학교	http://www.hyyc.org
해양대학교	http://users.unitel.co.kr/~choic
홍익대학교	http://huniv.hongik.ac.kr/~hiyc
세종대학교	http://www.freechal.com/yachtman
이화여자대학교	http://deram.ewha.ac.kr/~escape97

전국 주요 대학의 요트 동아리

되었는데, 90여 척의 요트를 동시에 계류할 수 있는 규모이다. 이곳은 한려수도 중앙에 위치하고 있어 육상 및 해상의 종합 리조트로 개발되었으며, 전용 콘도 이용이 가능하다는 이점이 있다.

부산 수영만 요트 경기장

통영 마리나

국내 주요 요트장 현황

요트장	주 소	전 화	요트학교	비 고
서울 난지요트	서울시 한강 난지지구	02-2236-8260	O	
부산 수영만 요트장	부산시 해운대구 우1동 1393	051-743-1721	O	
여수 요트장	전남 여수시 소호동 502-2	061-683-4511	O	
아산만 요트장	경기도 평택군 현덕면 권관3리	031-466-4287		
강릉 요트장	강원도 강릉시 사천면 진리	033-643-3100		
대천 요트장	충남 보령시 남포면 월전리	041-931-0755		
통영 요트장	경남 통영시 도남동 충무마리나	055-646-7001		종합 리조트
후포 요트장	경북 울진군 후포면 후포해수욕장	054-788-8686		
충북 요트장	충북 충주시 동량면 충주호요트장			
부안 요트장	전북 부안군 변산면 궁항요트장	063-580-4751		
뚝섬지구		02-446-5651		윈드서핑

3. 요트 관련 법규 및 단체

국내의 선박 관련 법규 중 요트와 관련이 있는 법규로는 '수상레저안전법'을 비롯하여, 수상레저기구의 등록·관리와 선체·설비안전에 관련된 '선박법'과 '선박안전법', 수상레저기구의 운항자 자격·면허, 운항안전관리, 세제 지원과 관련된 '선박직원법', '해상교통안전법', '개항질서법', '체육시설 설치 및 이용에 관한 법률' 등이 있다.

수상레저 활동의 안전에 관한 가장 중요한 규정들을 포함하고 있는 수상레저안전법(1999년 제정)에서는 요트 조종 면허시험 대행기관의 시험관 및 기타 요트를 조종하고자 하는 자는 요트 조종 면허를 취득하도록 규정되어 있다. 면허시험은 필기시험과 실기시험으로 구분되고, 면허시험에 합격한 자에게는 요트 조종 면허증이 교부된다. 2004년 말 현재 요트 조종 면허 취득자는 총 353명으로 요트 동호인의 규모에 비해 적은 수치이나 최근 요트 면허 응시자 및 취득자가 증가하고 있는 추세이다.

조종 면허 취득자 현황(2005년 해양경찰백서)

구 분	계	1급	2급	요트
계	36,438	15,066	21,019	353
2000년	6,966	5,128	1,777	61
2001년	9,229	3,230	5,928	71
2002년	6,972	2,466	4,452	54
2003년	6,533	2,259	4,200	74
2004년	6,738	1,983	4,662	93

대표적인 요트 관련 단체로는 대한요트협회(http://yachting.sports.co.kr), 한국외양범주연맹(http://www.kosf.or.kr), 수상레저안전연합회(http://www.kwlsf.or.kr) 등이 있다.

대한요트협회는 1979년 창립되었으며 대한체육회와 국제요트연맹에 가입하고 있는, 국내의 모든 요트 경기 단체를 대표하는 단체이다. 대한요트협회는 요트 경기의 보급과 발전을 꾀하고 우수한 요트 경기인을 양성하는 것을 목적으로 하고 있는데, 주요 사업으로는 요트 발전에 관한 기본 방침 결정, 국내외 요트 경기 대회 개최 및 관련 회의 참가, 산하 가맹단체와 지부의 관리 감독 및 지도 등이 있다.

한국외양범주연맹은 1987년 해운항만청으로부터 인가를 받은 단체로, 외양 범주에 관한 조사 연구, 항해 기법의 향상, 범주정의 안전성 확보 및 성능의 기술적 개선을 도모하고 지원하는 것을 목적으로 하고 있다. 주요 사업으로는 해양경찰청으로부터 요트 조종 면허시험의 대행기관으로 선정되어 면허시험을 대행하고 있으며, 한일 친선 아리랑 요트 경기 등을 개최하고 있다.

수상레저안전연합회는 바다를 아끼고 사랑하는 수상·수중 레저 전문인 및 동호인들이 뜻을 모아 해양 문화 발전에 기여하고자 1999년 설립한 비영리 사단법인으로, 수상레저 안전을 위한 지도자, 안전요원 및 레저기구 사용자 교육, 동력수상레저기구 1, 2급 조종자 면허시험 등을 대행하고 있다.

4. 요트 건조 산업과 수출입 현황

1980년대 초 현대그룹의 자회사인 경일산업과 미원그룹에서 주문자 생산 방식(OEM)으로 요트를 생산하고자 막대한 자금을 초기 생산라인에 투자하였으나 불과 몇 척도 생산하지 못하고 중단되고 말았다. 그 이유는 외국 주문자(바이어)의 계약 조건인 품질검사에 통과하지 못한 것으로 기술력 부재가 가장 큰 원인이었는데, 결국 이때 생산된 요트는 대부분 국내에서 사용하게 되었다.

경일산업에서 건조한 파랑새호(35피트)는 1980년 5월 노형문, 이재웅 씨의 조종으로 울산을 출항하여 76일 만에 태평양을 횡단, 샌프란시스코에 도착함으로써 한국인 최초의 태평양 횡단 기록을 수립하였다. 아직까지도 부산 수영만 요트장과 통영 마리나에는 경일산업에서 생산한 요트 몇 척이 남아있다. 또 강남조선에서도 수출용 요트를 몇 척 건조하였으나 곧 중단되었으며, 그 밖에도 여러 소형 FRP 조선소에서 자체 개발 또는 해외 벤치마킹을 통하여 요트 건조를 시도하였으나 기술력 부족으로 사업화에는 실패하였다. 그리고 2000년대에 들어서면서 정부 지원에 의한 요트 국산화 개발, 산학 협력 또는 외국 업체와의 제휴 등을 통하여 요트가 건조되고는 있으나, 시제선의 건조나 단발적인 생산에 그쳐 아직 대량 생산 단계에는 이르지 못하고 있는 실정이다.

파랑새호

2003년 기준으로 보면 요트의 수출은 거의 없는 데 반해 수입은 약 21만 달러로 나타나고 있으며, 1991~2003년 기간 중 요트 수입의 연평균 증가율은 평균 16.8%에 이르는 반면 수출 실적은 거의 없는 실정이다. 1980년대 초에는 경일산업, 강남조선 등에서 건조한 요트의 수출이 일시적으로 추진되어 연간 수출액이 300만 달러에 이른 적도 있으나 기술력 부족으로 요트 산업이 지속적으로 유지되지 못함에 따라, 현재는 국내의 요트 수요를 전량 수입에 의존하고 있는 것으로 파악되고 있다. 이에 따라 노후화된 중고 요트의 수입에 따른 안전성 및 폐선 문제, 국내 요트산업 및 시장 형성 저해 등의 부작용이 우려되고 있어, 요트의 국산화 개발을 통한 수입 대체가 절실한 실정이다.

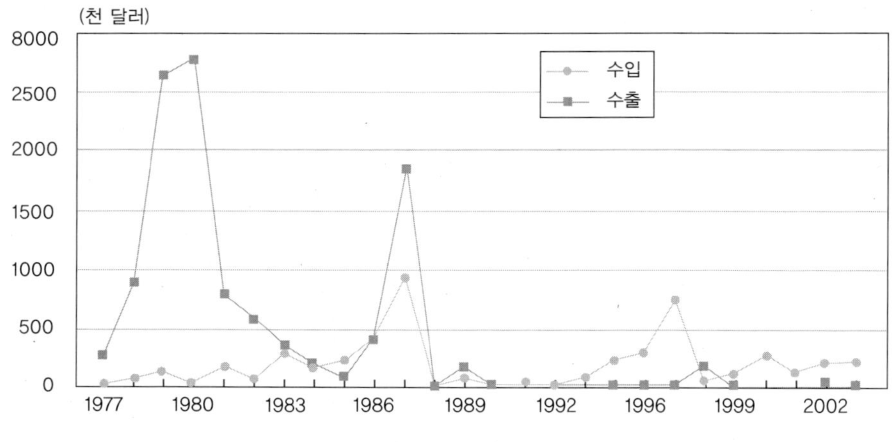

요트의 수출입 추이

5. 국내 기술 현황

요트 및 관련 기술의 국산화를 위한 개발 사업이 해양수산부 등 정부기관의 지원과 산학 협력 등을 통하여 수행되어왔으나 단편적인 사업에 그쳐, 아직 중장기적이며 체계적인 기술 개발은 이루어지지 않고 있다.

요트 관련 기술은 크게 선형 개발, 돛 및 돛대, 선내 거주구, 줄채비 (rigging) 및 의장품 등으로 나눌 수 있다.

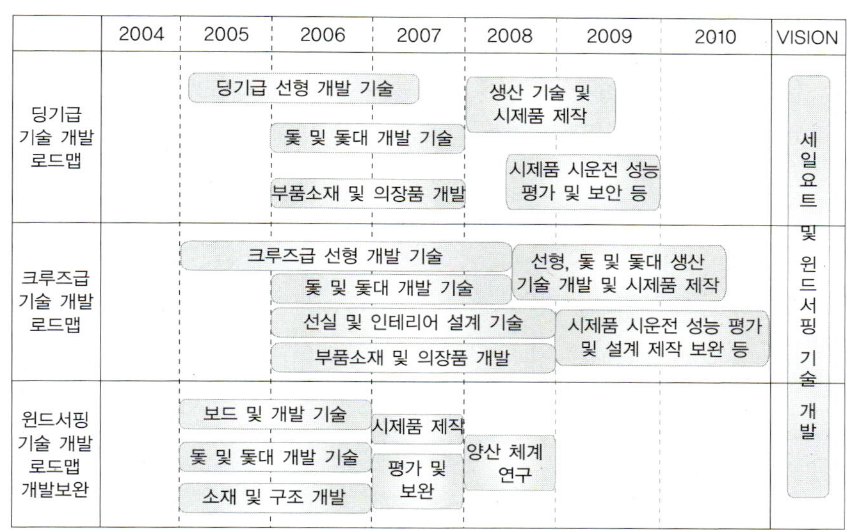

요트 기술 개발 로드맵

선형 개발의 경우, 그동안 많은 영세업자들이 외국 중고 요트의 선체 몰드와 설계 도면을 구입하거나 불법 복제하여 건조해왔다. 그러나 최근에는 세계 최고 수준인 우리나라의 대형 선박 선형설계 기술을 기반으로 한국해양연구원 해양시스템안전연구소, 중소조선연구원, 부경대학교 등에서 자체적으로 요트 선형을 개발하고 있다. 그러나 돛·돛대의 경우 국내 수요의 전량을 수입에 의존하고 있으며, 관련 기술 개발도 전무한 실정이다. 선내 거주구의 경우에도 국내에는 요트의 선내 거주구 설계 및 생산 능력을 갖춘 업체가 없으므로, 세계 최고 수준인 우리나라의 대형 상선 거주구 설계와 생산 기술을 활용하여 기술을 개발해야 할 것으로 생각된다. 줄채비 및 의장품의 경우에도 일부 의장품을 제외하면 대부분 수입에 의존하고 있으며, 이에 관한 기술 개발도 전무한 실정이다.

한편 2004년 서울대학교에서는 국민체육진흥공단의 지원으로 2010년까지 독자적인 요트 기술 개발을 위한 로드맵을 작성하여, 체계적인 국산 요트 개발 및 대량 생산 체계 구축을 위한 비전을 제시한 바 있다.

6. 보급형 범주 요트 'KORDY-30'

한국해양연구원 해양시스템안전연구소(http://www.moeri.re.kr)에서는 해양수산부의 지원을 받아 보급형 해양레저선박 개발사업(2001년 6월~2007년 12월)을 수행하고 있다. 이에 따라 2003년에는 길이 6.5m, 정

원 5~6명의 1.2톤급 동력선 '마
린 패밀리(Marine Family)'를 개
발하였으며, 2005년에는 30피트
급 범주 요트 'KORDY-30'을 개
발하였다. 여기에서는 KORDY-
30의 개발 과정과 특징에 대해
간략히 소개한다.

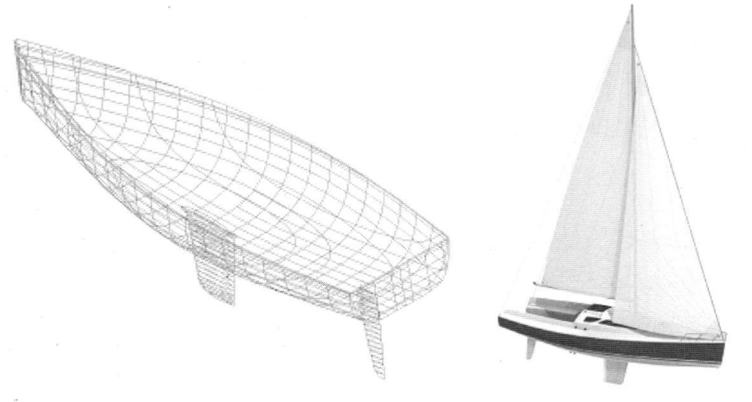

범주 요트의 선형 설계   30피트급 범주 요트 KORDY-30

돛 주위 유동의 CFD 해석

범주 요트는 크게 선체와 돛
으로 구성되어 바람의 힘으로
물의 저항을 이기고 추진하는,
매우 복잡한 과학 이론이 접목된 레저스포츠용 기구
이다. 그러므로 KORDY-30의 개발 과정에서는 크
게 유체역학적인 부분과 구조역학적인 부분으로 나
누어 설계 및 성능 평가가 이루어졌다.

유체역학적인 면에서는 주로 요트의 범주 성능
(즉, 바람의 힘을 효율적으로 사용하기 위한 돛 메커니즘
과 저항, 조종 및 내항 성능)을 비롯한 전반적인 항해
성능을 면밀히 검토하여 선체, 돛, 부가물의 형상과
배치에 대한 설계 및 평가 작업이 수행되었다. 그리
고 구조역학적인 면에서는 요트가 범주 중 겪게 되
는 여러 가지 상황을 종합하여 단순화된 외력 조건
으로 치환한 후, 선체와 갑판, 돛대 및 각종 부가물
의 연결 부분에 대한 구조 해석을 통해 요트의 구조
안전성과 강도를 확인하는 작업을 수행하였다.

또한 설계 수행 과정에서는 CFD를 통한 선형의
저항 성능 평가는 물론 요트의 범주 성능을 추정하
기 위해, VPP를 사용하여 설계된 선형과 부가물의
최종적인 속도 성능을 추정하고 개선하는 작업을
반복하였다. 그리고 설계가 마무리되는 과정에서는 모형선을 제작하여 수조에서의 예인 시험을 통해 설계
요트의 유체역학적인 성능을 파악하였고, 풍동에서는 돛의 성능을 파악하기 위한 모형 시험이 수행되었

다. 이러한 실험과 컴퓨터 시뮬레이션 결과를 바탕으로 선형
과 돛의 설계를 완료하였다.

2004년 12월에 시작된 목형 및 몰드 제작을 포함하여
2005년 상반기에는 선형 및 갑판의 시제품이 제작되고,
2005년 8월에는 내부 인테리어 설계와 함께 선체의 제작이
완료되었다. 이후 의장품과 각종 부가물의 제작, 돛대 및 범
장의 조립·부착 등을 포함하여 9월 하순에는 최종적인 시
제품이 완성되었으며, 기본적인 줄채비 조율을 마친 후 안전
성 시험을 거쳐 2005년 10월 21일, 부산 수영만 요트 경기장
에서 시제품 시연회가 개최되었다.

KORDY-30은 비교적 큰 크기의 돛을 장착할 수 있어
고속화가 가능하고 경기 성능이 우수한 선형을 채택하였으
며, 초보자들도 손쉽게 조종할 수 있는 시스템이 되도록 설
계하였다. 또한 각종 의장의 상세 설계 및 배치, 선실 거주구
의 인간공학적 설계로 더욱 넓고 편리한 선실 내외부를 확보
한 것이 가장 큰 특징이다. 생산 기법에서도 작업자가 손으
로 일일이 작업하던 기존의 FRP 적층법을 개선하여 신공법
을 적용하였다. 즉, 진공 압축기법을 이용하는 인퓨전 기법
을 적용하여 공정을 단축하는 동시에 제품의 질을 높일 수
있도록 하였다. 이렇게 건조된 KORDY-30은 실제 해역 시
운전 및 성능 평가 과정에서, 국가 대표 요트 선수를 비롯한
전문가들로부터 해외 유수의 요트들에 비해 손색없는 기능
과 성능을 가진 것으로 평가받았다.

앞으로도 한국해양연구원 해양시스템안전연구소에서는
시제선의 상품화와 더불어 효율적인 설계·생산 시스템의
개발과 구축을 위한 사업을 지속적으로 수행하여 국내 요트
산업의 기반 구축과 성공적인 정착을 위한 기술을 제공할 예
정이며, 아메리카컵이나 볼보 대회 등 최첨단 과학기술이 필
요한 고성능 범주 요트의 요소 기술을 개발하기 위한 연구도
계속 수행할 예정이다.

범주 요트 모형선의 예인 시험

KORDY-30의 시연회 및 범주 모습

선착장에 계류 중인 KORDY-30

1995년 1월 14일, 샌디에이고 만 입구의 태평양상에는 8~10노트 정도의 알맞은 바람이 불고, 진한 감청색 바다는 장대한 파도로 유유히 울렁대고 있었다. 그 바다 위에서 일본의 '닛폰 챌린지(Nippon Challenge)호'와 호주의 '오스트레일리아 I 호'가 수많은 배들이 지켜보고 있는 가운데 출발을 기다리며 택바꾸기를 반복하고 있었다. 바로 1995년 아메리카컵 요트 경기의 도전자를 결정하는 루이뷔통(Louis Vuitton)컵 요트 경기의 시작이었다.

이 순간을 위해 닛폰 챌린지 팀의 선원은 물론 야마자키 회장 이하 많은 회원들이 샌디에이고의 하프 뭄 베이(Half Moom Bay) 기지에서 범주 기술의 연마, 요트의 개보수와 조정에 심혈을 기울여왔다. 나도 관계자의 한 사람으로서 이 기지를 방문하여 거기에서 일하는 사람들이 자아내는 고양된 분위기를 느낄 수 있었고, 또한 닛폰 챌린지호의 아름답게 마무리된 선체 표면 상태를 직접 만져볼 수 있었다. 그리고 앞에서 기술한 광경을 옆에서 범주하는 요트에서 바라보았었다.

지금 생각해보면 한없이 뜻 깊은 추억이었다. 나는 그곳에 머무는 동안 틈만 나면 산책하는 대신 근처 서점에 들러 요트용 파카(parka) 등과 함께 몇 권의 요트 관련 책들을 샀다. 이 서점은 아주 작은 규모였으나 아메리카컵을 차지하고 있는 샌디에이고 요트클럽의 본고장답게 요트와 관련된 서적들이 많았다. 그러나 감동적인 것은 그 책들의 숫자가 아니라 내용이었다. 초심자용의 입문서도 내용이 아주 충실하였다. 바람의 역할, 돛의 기능에 관한 물리적 설명 등 잘된 것이 많았다. 더욱이 상급 범주 기술, 경기 전술에 관한 책은 물론, 돛 주위 공기 유동의 유체역학적 해석부터 선체 강도 해석에 이르기까지, 요트에 관한 기본적인 지식에서부터 고도의 전문 영역까지, 각각의 분야에서 일어날 수 있는 여러 가지 현상들을 확실히 파악하여 물리적으로 충실히 설명한 책이 많았다. 그리고 그 저자들도 여러 분야의 쟁쟁한 인사들로, 오로지 요트를 사랑하기 때문에 심도 깊은 요트 세계의 지식과 견해를 독자적인 입장에서 책으로 엮어냈다는 것을 느낄 수 있었다. 그들은 모두 다 요트 및 범주를 하나의 과학으로 보고 몸에 익히고 있다고 말할 수 있으며, 과학이야말로 이 스포츠에 대한 가장 정당한 접근으로 생각하고 있다는 것을 알게 되었다. 미국의 요트계가 립턴(Lipton) 경의 도전을 물리친 이래 줄곧 아메리카컵을 차지해온 실력의 정체가 바로 여기에 있었다고 생각되었다.

일본의 사정을 살펴보건대 요트 관련 출판물의 빈약함, 특히 질적 빈약함이 생각나 슬펐다. 그러나 지금 우리는 아메리카컵에 도전하고 있으며, 우리의 독자적인 연구 개발에 의해 요트를 제작하고 독자적인 승조원들을 구성하여 이 땅에 와있는 것이다. 바라건대 이 시점에 이르기까지의 요트에 대한 과학적 접근을 선진 요트국에 뒤지지 않는 한 권의 책으로 엮어 일본어로 간행해주길 간절히 염원하였다.

샌디에이고의 경기가 끝난 후 이 바람을 사사가와 요헤이(笹川陽平) 이사장께 말씀드리니 전적으로 찬동해주셨다. 여기에 힘입어 이 분야의 일인자인 도쿄대학의 미야타 교수께 꼭 실현시켜주실 것을 부탁드렸으며, 그것이 오늘 이같이 훌륭한 책으로 완성되게 되어 기쁘기 한이 없다.

어려운 가운데 이 책을 기획하고 집필해주신 미야타 교수는 물론, 함께 집필해주신 여러 분들, 더욱이 샌디에이고에서 닛폰 챌린지호를 개보수, 조정하여 승조원들에게 제공함으로써 여러 차례 승리를 안겨준 여러 분께 마음 깊이 감사드리며, AC기술위원회 설립부터 이 책의 출판에 이르기까지 우리 활동에 많은 지원과 절대적 이해를 베풀어주신 일본재단과 사사가와 이사장께 관계자 일동을 대표하여 깊이 감사드린다.

끝으로 바다와 바람과 요트를 사랑하는 젊은이들이 이 책에서 요트의 과학을 익히고 크게 자라, 앞으로 언젠가는 아메리카컵을 일본으로 가져와 주기를 진심으로 바라 마지않는 바이다.

재단법인 선박해양재단
첨단선박(AC)기술위원회
위원장 이마이치 겐사쿠(今市憲作)

● 저자 대표

미야타 히데아키(宮田秀明)

1948년 에히메 현(愛媛縣) 출생. 도쿄대학 선박공학과 졸업. IHI 근무. 도쿄대학 조수, 강사, 조교수를 거쳐 1993년부터 교수 재직. 선형학, 전산유체역학, 선박 시스템 개발 등 전공. '닛폰 챌린지(Nippon Challenge)' 기술 관리.

● 그 외 저자

요코야마 이치로(横山一郎)

다카하시 다로(高橋太郎)

나가이 준(永井 潤)

● 코디네이터

가쿠 하루히코(角 晴彦)

● 역자 대표

홍성완(洪性完)

1931년 강원 동해 출생. 인하대학교 공과대학 조선과 학사/석사/박사. 도쿄대학 객원교수. 대한조선학회 회장(1986~87). 현재 인하대학교 선박해양공학전공 명예교수.

● 그 외 역자

김사수 (부산대학교 명예교수)

김효철 (서울대학교 명예교수)

이승희 (인하대학교 교수)

이영길 (인하대학교 교수)

김용재 (부경대학교 교수)

김상현 (인하대학교 교수)